国家科学技术学术著作出版基金资助出版

先进计算光刻

李艳秋　马　旭　孙义钰　袁　淼　著

科学出版社

北　京

内 容 简 介

先进计算光刻技术是集成电制造装备和工艺的核心技术。本书主要介绍作者在20余年从事光刻机研发中，建立的先进计算光刻技术，包括矢量计算光刻、快速-全芯片计算光刻、高稳定-高保真计算光刻、光源-掩模-工艺多参数协同计算光刻等，能够实现快速-高精度-全曝光视场-低误差敏感度的高性能计算光刻。矢量计算光刻包括零误差、全光路严格的矢量光刻成像模型及OPC和SMO技术。快速-全芯片计算光刻包括压缩感知、贝叶斯压缩感知、全芯片压缩感知计算光刻技术。高稳定-高保真计算光刻包括低误差敏感度的SMO技术、全视场多目标SMO技术、多目标标量和矢量光瞳优化技术。光源-掩模-工艺多参数协同计算光刻包括含偏振像差、工件台振动误差、杂散光误差的光刻设备-掩模-工艺多参数协同优化技术。解决传统计算光刻在零误差假设、局域坐标系、理想远心、单个视场点获得的掩模-光源，无法最佳匹配实际光刻系统之所需，导致增加工艺迭代时间的问题。

本书可供从事光学成像、计算成像、计算光刻、芯片制造工艺、光刻机曝光系统设计-加工-检测-集成协同研制、空间光学、高性能光学仪器等领域的师生、科研人员、工程师、软件开发人员学习。

图书在版编目（CIP）数据

先进计算光刻/李艳秋等著. —北京：科学出版社，2024.4
ISBN 978-7-03-078124-6

Ⅰ. ①先… Ⅱ. ①李… Ⅲ. ①集成电路工艺-电子束光刻 Ⅳ. ①TN405.98

中国国家版本馆CIP数据核字（2024）第038847号

责任编辑：张艳芬 魏英杰 / 责任校对：崔向琳
责任印制：赵 博 / 封面设计：陈 敬

科学出版社 出版
北京东黄城根北街16号
邮政编码：100717
http://www.sciencep.com

三河市春园印刷有限公司印刷

科学出版社发行 各地新华书店经销

*

2024年4月第 一 版 开本：720×1000 1/16
2024年10月第二次印刷 印张：15 1/4
字数：305 000

定价：130.00元

（如有印装质量问题，我社负责调换）

序

集成电路产业在大国竞争中有战略性和基础性作用，一直引起世界各国的高度重视。欣闻《先进计算光刻》即将付梓，特表祝贺。

2001年，我随中国科学院路甬祥院长访问日本期间，经日本光学界著名学者波冈武教授和木下教授介绍与李艳秋教授相识。当时，她是日本尼康公司“半导体露光事业部”的高级工程师，主要从事光刻机曝光系统光学设计和波像差检测相关的研发工作。

2002年2月她以中国科学院“百人计划”入选者的身份回国，二十多年来一直从事100～5nm深紫外和极紫外光刻机曝光系统的光学设计、像差检测、先进计算光刻及光刻机一体化协同设计等关键技术的研发工作。

先进光刻机是制造高端芯片的利器。20世纪70年代至今，欧、美、日等国家沿着摩尔定律预测的发展路径和周期，相继研制和批量生产了接触式与接近式光刻机、步进式光刻机，以及步进扫描式光刻机。国际半导体协会发布的集成电路制造发展进程图显示：摩尔定律将延续到1nm技术节点。同期中国的集成电路产业则走过了一段艰难曲折的发展道路。进入21世纪之后，中国逐步发展成为全球集成电路芯片的最大应用国和进口国，但我国的相关装备制造技术和产业发展长期以来一直受到发达国家的压制，2016年以后，我国进口高端浸没式深紫外和极紫外光刻机、先进计算光刻软件等也受到限制。

在局域坐标系下，传统计算光刻假设光刻成像系统是无像差、理想的远心成像系统。通过建立逆向优化模型和算法，优化并获得满足光刻性能需求的光源和掩模。但是，面向28～10～7～1nm技术节点需求，深紫外和极紫外光刻成像误差容限更严格，光刻成像性能对系统误差，如系统杂散光、物镜波像差、偏振像差等更加敏感，对全曝光视场内光刻成像性能的一致性要求更高。

《先进计算光刻》是李艳秋教授团队长期潜心研究的成果。该书通过建立“全光路”严格的矢量计算光刻理论和算法，用全曝光视场-低误差敏感度的“多目标”先进计算光刻技术实现了更高精度的光源-掩模协同优化及光刻性能。同时，建立了光刻设备-掩模-工艺多参数协同优化设计的计算光刻技术，以及多种非线性压缩感知、贝叶斯压缩感知、逆向点扩散函数的快速计算光刻技术。这些高精度、低误差敏感度计算光刻技术，可以实现高分辨、大焦深、高稳定和高保真的先进光刻成像，进一步提高工艺迭代效率。

相信该书的出版将为我国光刻机研发、计算光刻和光刻工艺、掩模版设计与制造等领域的发展提供有力的帮助，进一步促进这些领域的发展。

是为序。

曹健林

科技部原副部长

中国集成电路创新联盟理事长

国际半导体照明联盟主席

前　言

集成电路制造装备和工艺作为国家重大战略，再次纳入国家 2035 规划。实现“中国芯”，必先攻克先进光刻技术。光刻技术是利用光刻设备，将掩模母版图形“高精度地复制”到光刻胶中的核心技术。为了延续摩尔定律，光刻分辨率增强技术不断突破光学成像系统的分辨极限。传统光刻分辨率增强技术包括离轴照明、基于规则的邻近效应修正、相移掩模等。传统的计算光刻包括基于模型邻近效应修正、光源-掩模优化等，发挥了重要作用。传统的计算光刻理论模型是在假设光刻系统(包括光刻机、掩模、光刻工艺)不存在误差(零误差系统)的理想情况下，利用“标量”成像理论，以特定节点对应的光刻性能指标为目标，建立逆向光刻成像模型和优化算法，获得满足光刻成像性能要求的掩模、光源的结构及光强分布，优化并调控成像光波的传播方向、振幅、相位，实现跨越瑞利衍射分辨极限的高分辨成像。

传统计算光刻采纳了零误差、局域坐标系、理想远心、单个光刻成像视场点的标量成像模型及算法。实际光刻系统受照明系统误差(光源结构、强度分布、偏振态)、掩模误差、物镜波像差、偏振像差、非远心成像等因素的影响，导致光刻区域内的各个视场点成像性能各异。传统计算光刻优化获得的掩模和光源偏离实际系统(含误差)需求的真值，导致工艺迭代优化的时间较长。

28～7nm 技术节点光刻成像误差容限更小，因此先进计算光刻必须建立“矢量”光刻成像理论、非零误差、多目标、全视场成像理论，以及先进、快速的算法。先进计算光刻可获得更加匹配实际光刻系统所需的光源和掩模结构，减少工艺迭代周期，最终实现高分辨、大焦深、高保真的光刻成像。

本书在介绍光刻设备和光刻工艺的基础上，概述传统的分辨率增强技术和计算光刻的历史现状，重点介绍先进计算光刻特色内容：采纳全光路严格的矢量光刻成像理论和模型，详细分析对比矢量成像模型与全光路矢量成像模型的成像精度；零误差矢量计算光刻理论模型和先进算法，对比分析标量计算光刻和矢量计算光刻优化光源-掩模的异同和特征；含光刻系统误差(如波像差和偏振像差)的计算光刻；补偿多种误差影响的高稳定-低误差敏感度计算光刻；含其他误差(如掩模厚度及侧壁角误差、工件台震动误差、工艺参数误差等)的计算光刻；光刻设备-掩模-工艺多参数协同优化计算光刻。同时，介绍多种非线性压缩感知、贝叶斯压缩感知的快速计算光刻技术，有效提高计算光刻效率。

希望本书能为从事光刻机研制、光刻工艺研发、集成电路设计与制造、掩模设计与制造、电子信息、光学及精密仪器研制领域的研究人员、工程师、教师和学生提供先进光刻成像与计算光刻方法和技术，促进相关领域的发展。

感谢韩春营、郭学佳、董立松、盛乃援、李铁、孙义钰、王婧敏、宋之洋、廖光辉等研究生为本书编写做出的贡献。感谢在本书的撰写过程中参与修改、排版与校对的袁淼、李兆轩、张志伟、李祯、杨贺等研究生。

限于作者水平，书中难免存在不妥之处，恳请读者批评指正。

目　录

第1章　绪　　论

1.1　光刻机和光刻成像

1.1.1　光刻机简史

光刻机是集成电路(integrated circuit，IC)制造的利器，让摩尔定律[1]“生命”不竭。通常，光刻机系统由光源、照明系统、掩模台、缩小投影物镜、硅片台组成，如图 1.1 所示[2]。

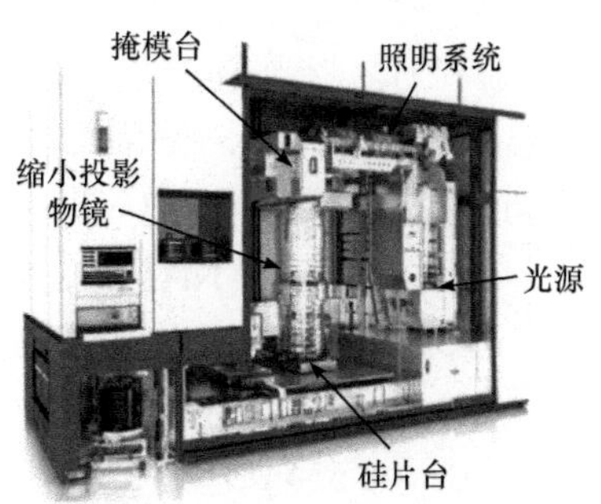

图 1.1　光刻机系统结构图

20 世纪 60～70 年代，光刻机主要有接触式光刻机和接近式光刻机[3]。这两种光刻机曝光时，掩模接触或接近涂有光刻胶的硅片，缩小倍率为 1×，掩模图形覆盖整个硅片。接触式光刻很容易污染掩模，接近式光刻对掩模更友好，但需要保持一个合适的空隙，技术要求较高[4]。1973 年，Perkin Elmer 公司推出第一台扫描投影式光刻机 Micralign[5]。这台光刻机数值孔径(numerical aperture，NA)为 0.17，使用 400nm 为中心波长的汞灯照明，分辨率可达 2 μm 以下。如图 1.2(a)所示，扫描式光刻机单次扫描完成整个硅片曝光。投影式光刻机可以有效解决掩模和光刻胶的污染问题。20 世纪 80 年代初出现最早的商业化步进式光刻机[6]。相比曝光全硅片的扫描式光刻机，步进式光刻机单次曝光面积只有一个芯片大小区域。最早的步进式光刻机的物镜 NA 为 0.28，在波长 436nm 的光源(汞灯，G 线)下，能实现 1.25μm 的分辨率。如图 1.2(b)所示，步进式光刻机先完成一小块区域曝光，再步进至下一个区域进行曝光。虽然曝光整个硅片的时间大大增加了，但步进式光刻机的物镜的 NA 更大。同时，步进式光刻机使用 4×～10×缩小投影物镜，可以大大提高分辨率。80 年代末开始研发新型光刻机[7]，90 年代将其命名为步进扫描式光刻机。它具有更大的 NA、更高的曝光分辨率。如图 1.2(c)所示，步进扫描式光刻机以扫描的方式完成单个芯片曝光，再步进至下一个芯片起点位置进行曝光。这种曝光方式一直沿用至今，现在主流的深紫外(deep ultraviolet，DUV)和极紫外(extreme ultraviolet，EUV)光刻机都是步进扫描式光刻机。

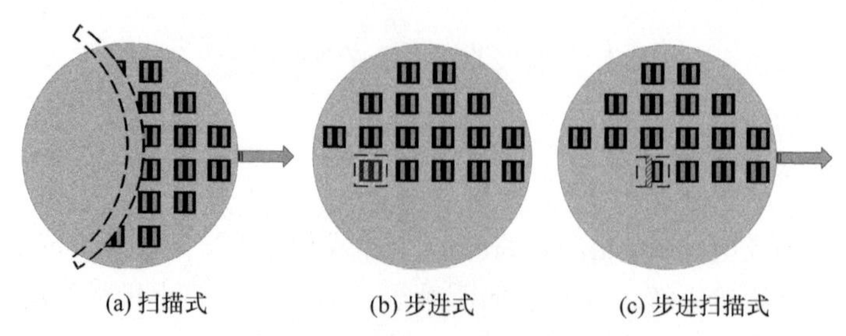

图 1.2　投影式光刻机的发展

如图 1.3 所示[8]，光刻机沿着缩短曝光光源波长，增大物镜 NA 的路径发展。光源先后经历汞灯 g 线(436nm)、i 线(365nm)，准分子激光 KrF(248nm)、ArF(193nm)，EUV 光源(13.5nm)的变化。20 世纪 80～90 年代，NA 从 0.28 增大到 0.93，浸没式光刻机 NA 最高达到 1.35。NA1.35、缩小倍率 4× 浸没式 DUV 光刻机单次曝光光刻分辨率可达 36nm[2]。EUV 光刻机采用全反式投影物镜结构[9]，研究型 EUV 曝光系统的 NA 在 0.1～0.25，第一代 EUV 产品光刻机 NA = 0.33。研发中的 EUV 光刻机 NA 已经达到 0.55[10]。

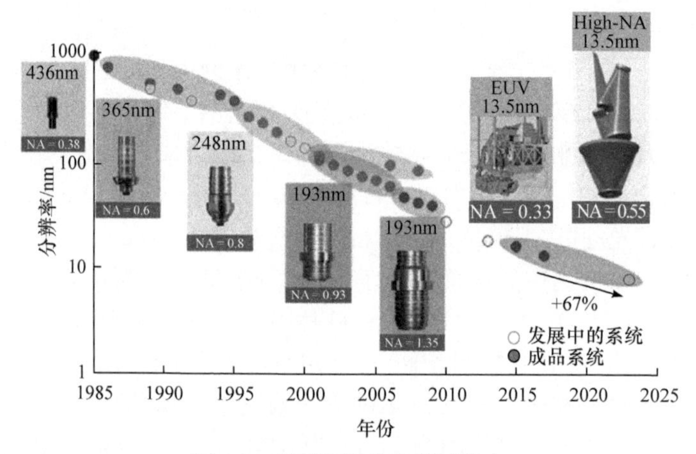

图 1.3　光刻机机型和发展简史

1.1.2　光刻成像及其性能指标

光学成像系统的分辨率极限由瑞利判据 $R = 0.61\dfrac{\lambda}{\mathrm{NA}}$ 决定。光学成像系统的分辨率与光刻成像分辨率不同。光刻成像分辨率是指光刻胶成像的分辨率[11]。因此，高分辨、高灵敏光刻胶成像时，即使光学成像系统调制传递函数(modulation transfer function，MTF)较小，也可以获得高分辨光刻成像。在光刻技术领域，Lin 用下式表示光刻分辨的最小特征尺寸(critical dimension，CD)和焦深(depth of focus，DOF)[12]，即

$$\mathrm{CD} = k_1 \frac{\lambda}{\mathrm{NA}} \tag{1.1}$$

$$\mathrm{DOF} = k_2 \frac{\lambda}{\mathrm{NA}^2} \tag{1.2}$$

其中，k_1 为光刻工艺因子；λ 为照明光波的波长；NA 为光刻曝光系统的像方数值孔径；k_2 为曝光工艺因子。

因此，评价光刻成像性能的指标有别于光学成像的性能指标。光刻成像性能的主要技术指标包括 CD、CD 均匀性(critical dimension uniformity，CDU)、DOF、曝光宽容度(exposure latitude，EL)、图形误差(pattern error，PAE)、边缘放置误差(edge placement error，EPE)、图形偏移(pattern shift，PS)、线边缘粗糙度(line edge roughness，LER)、掩模误差增强因子(mask error enhancement factor，MEEF)、归一化图像对数斜率(normalized image log slope，NILS)、工艺窗口(process window，PW)等。

1.1.3　影响光刻成像性能的主要因素

通常用光刻成像可以分辨的 1∶1 线-空周期图形的最小半周期表示光刻图形的 CD[3]。CD 示意图如图 1.4 所示。在一个曝光场中(26mm × 5.5mm)有多种不同

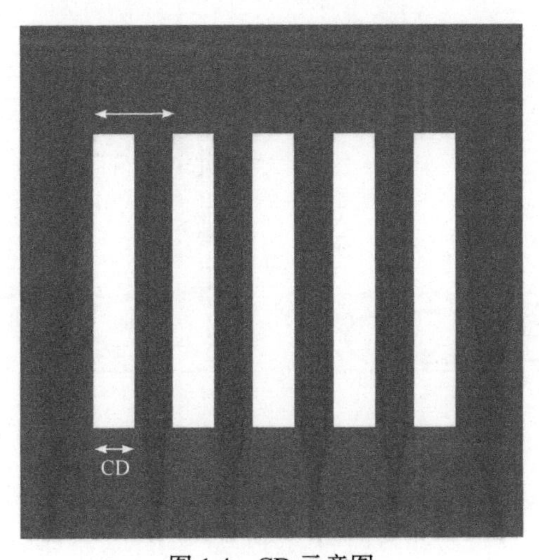

图 1.4　CD 示意图

结构的曝光图形，需测量多个位置图形的 CD，并计算获得 CDU[13]。影响光刻成像 CD 和 CDU 的主要因素包括光刻机性能和曝光条件，以及特征图形的形状、大小，光刻胶特性和工艺条件等[14]。

如图 1.5 所示，能满足成像性能要求所允许的最大离焦量称为 DOF[15]。影响 DOF 的主要因素包括照明的均匀性、掩模形貌和质量、光学邻近效应(optical proximity effect，OPE)、物镜的像差和热效应、光刻胶的厚度及其不均匀性、表面形貌因素，以及晶元表面的不平整性、倾斜度、夹持误差等[14]。

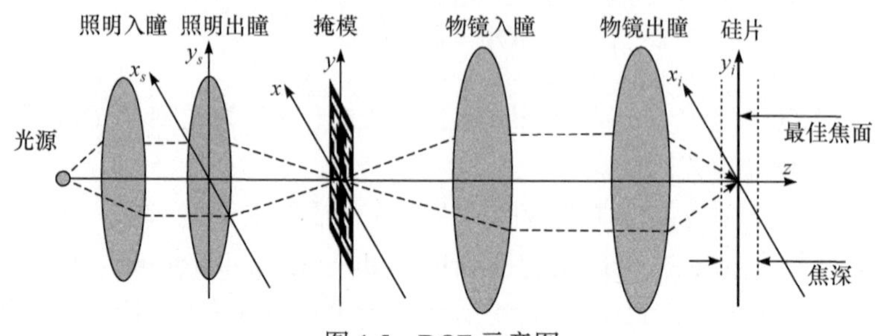

图 1.5　DOF 示意图

满足光刻成像性能要求的最大曝光剂量的变化范围即 EL[15]。影响 EL 的主要因素包括曝光剂量设置误差、照明不均匀性、杂散光、掩模的形貌、掩模反射率的波动、掩模图形 CD 误差(CD error，CDE)等[15]。

PAE 和 EPE 示意图如图 1.6 所示。PAE 是指特定光刻配置和工艺条件下，光刻胶中的成像图形与目标图形之间的差值，通常用二者欧拉距离的平方表示。EPE 是实际成像图形轮廓与目标图形轮廓之间的差值[16]。影响 PAE 与 EPE 的主要因素包括 OPE、掩模制造误差、套刻误差、CDU，以及 LER 等。

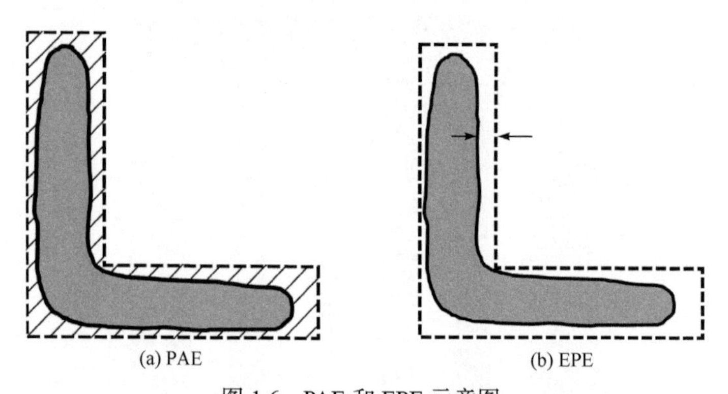

(a) PAE　(b) EPE

图 1.6　PAE 和 EPE 示意图

PS 是指光刻成像图形位置偏离设计要求的图形位置。影响 PS 的主要因素包括投影物镜的像差、掩模和硅片工作台的微小振动、掩模和硅片工作台扫描运动不同步、物方非远心等[17, 18]。

LER 是指光刻成像的实际轮廓与设计的理想图形轮廓的偏离程度[19]。LER 示意图如图 1.7 所示。影响 LER 的主要因素包括曝光剂量、成像图像的对比度、掩模吸收体边缘的粗糙度、光刻胶的材料、曝光和显影后的工艺过程等[13, 17]。

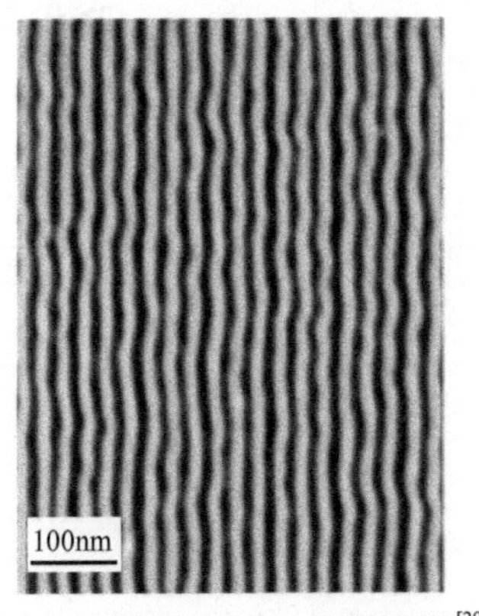

(a) 实际线边粗糙扫描电子显微镜图像[20]

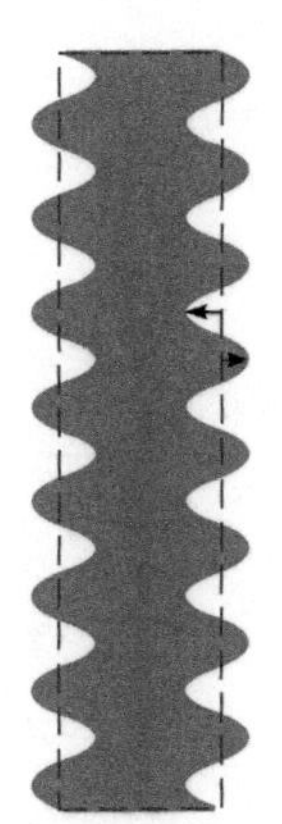
(b) LER定义示意图

图 1.7　LER 示意图

MEEF 是指硅片上的成像图形 CD 随掩模图形 CD 变化的比率与缩小倍率的乘积，即

$$\mathrm{MEEF} = M\frac{\Delta \mathrm{CD}_{\mathrm{wafer}}}{\Delta \mathrm{CD}_{\mathrm{mask}}} \tag{1.3}$$

其中，M 为投影物镜的缩小倍率[17]；MEEF 的理想值为 1。

影响 MEEF 的主要因素包括掩模图形的尺寸、形状、密度，以及曝光条件和掩模材质等。

NILS 表示特征图形空间像边缘处强度分布的陡度，反映空间像的对比度，即

$$\mathrm{NILS} = \mathrm{CD}\frac{\mathrm{d}(\ln I(x))}{\mathrm{d}x} \tag{1.4}$$

其中，$I(x)$ 为空间像截面边缘处的光强；x 为空间像截面边缘处坐标[17]。

影响 NILS 的主要因素包括曝光剂量、掩模图形特征及形貌、光刻曝光系统性能等。

光刻 PW 示意图如图 1.8 所示。图中三条曲线分别为 90%目标 CD(上部曲线)、精确目标 CD(中心虚线曲线)和 110%目标 CD(下部曲线)所需曝光剂量，PW 是指能够满足成像性能要求的曝光剂量和离焦量的变化范围。该成像性能要求可用

CDE、光刻胶图形侧壁角(sidewall angle，SA)、LER 等一个或多个指标来表述。实际的图案布局包含多种特征，最终的 PW 应是各个特征 PW 的重叠，即重叠 PW[17]。此外，PW 也可用偏离额定剂量 5%或 10%曝光剂量下的 DOF 表示。

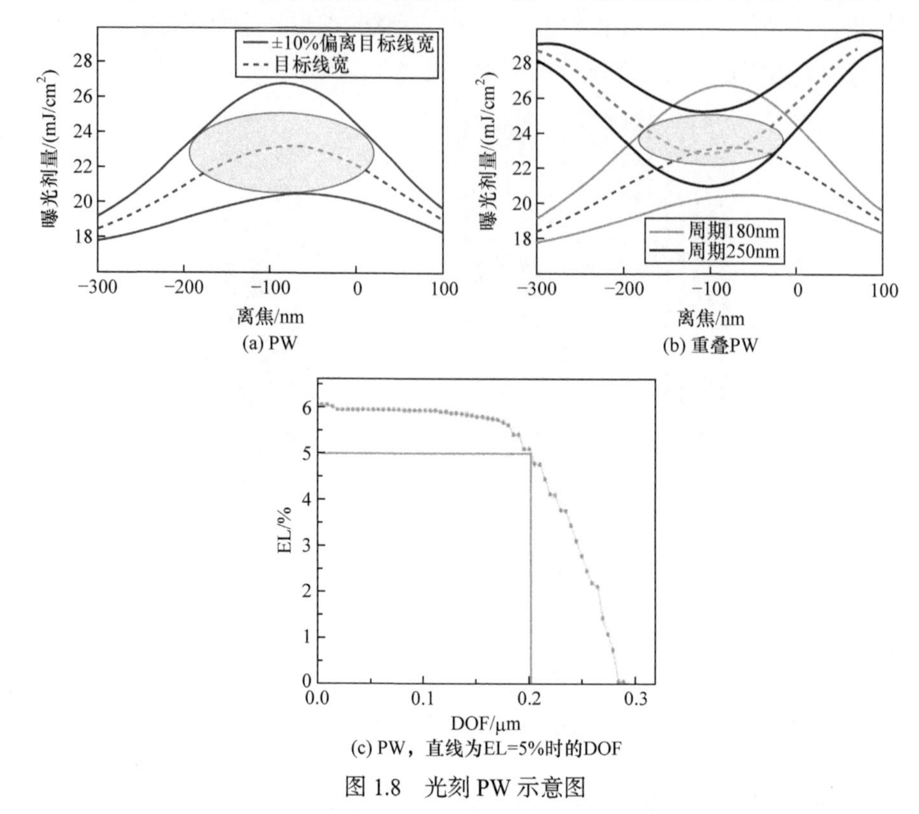

(a) PW　(b) 重叠PW

(c) PW，直线为EL=5%时的DOF

图 1.8　光刻 PW 示意图

PW 的影响因素主要包括成像性能、EL、DOF 这三个方面的因素。成像性能受 CDU、PAE、EPE、PS、LER、MEEF 等影响；EL 受照明不均匀性、杂散光、掩模形貌、曝光剂量，以及 CDE 等影响；DOF 受离焦、硅片表面形貌、掩模不平坦度等影响[15]。

集成电路制造对光刻成像性能要求的不断提高，推动了光刻分辨率增强技术(resolution enhancement technique，RET)的不断进步。RET 包括离轴照明(off-axis illumination，OAI)、基于规则的光学邻近效应校正(rule-based optical proximity correction，RBOPC)技术、相移掩模(phase shift mask，PSM)等技术的传统 RET；基于模型的光学邻近效应校正(model-based optical proximity correction，MBOPC)技术、光源-掩模优化(source-mask optimization，SMO)技术等计算光刻技术。

1.2　传统分辨率增强技术

光波的基本特性包括相位、振幅、偏振态、传播方向等，如图 1.9 所示[11]。在传统的光刻 RET 中，通过调控上述光波特性的某一项，可实现光刻分辨率增强。下面简要介绍几种传统 RET。

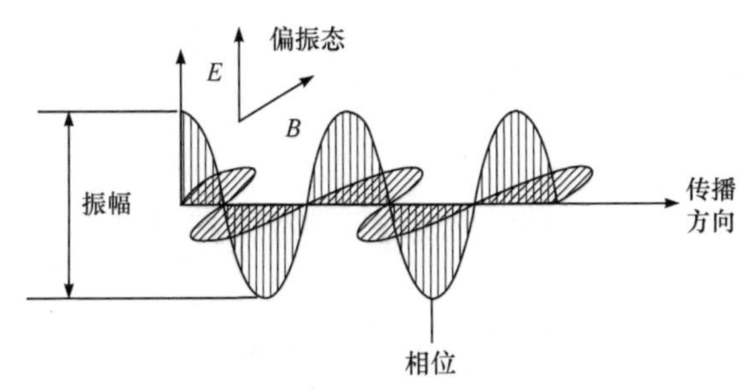

图 1.9　光波的四个基本性质示意图

1.2.1　离轴照明

OAI 是一种通过改变光波的传播方向来提高分辨率的技术。OAI 能增加投影物镜入瞳接收到的高频分量，实现高分辨光刻成像。常见的 OAI 方式有传统照明(conventional illumination, CI)、环形照明(annular illumination, AI)、二极照明(dipole illumination，DI)、四极照明(quasar illumination，QI)等[21, 22]。几种常见的照明方式示意图如图 1.10 所示。

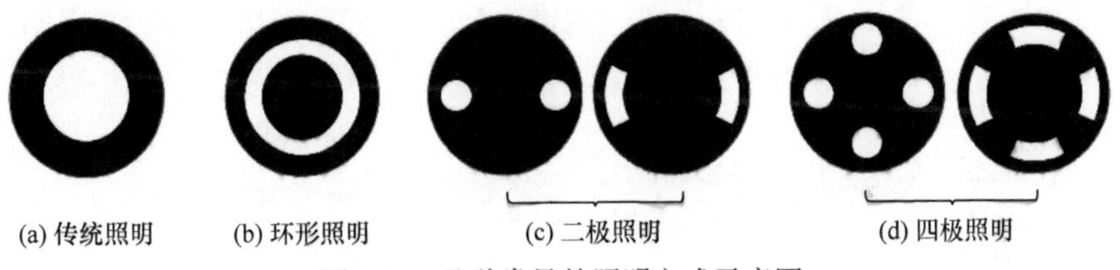

图 1.10　几种常见的照明方式示意图

如图 1.11 所示，CI 光刻分辨率可以表示为[23]

$$\mathrm{CD_{CI}} = \frac{\lambda}{2\,\mathrm{NA}(1+\sigma)} \tag{1.5}$$

其中，$\sigma = n_i \sin\varphi/\mathrm{NA}$，称为部分相干因子，$n_i$ 为像方折射率，φ 为边缘光线与主光线之间的夹角。

如图 1.11(b)所示，OAI 光刻分辨率为

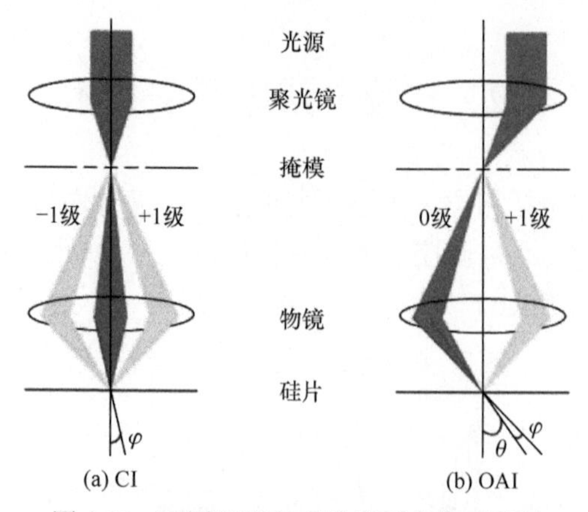

图 1.11　不同照明方式的光刻成像示意图

$$\mathrm{CD_{OAI}}=\frac{\lambda}{2\,\mathrm{NA}(1+\sigma)+\Theta} \tag{1.6}$$

其中，倾斜因子$\Theta = n_i \sin\theta/\mathrm{NA}$，$\theta$为主光线与光轴之间的夹角。

对比式(1.5)和式(1.6)可知，由于 OAI 倾斜因子Θ的引入，OAI 能明显提高光刻分辨率。

1.2.2　相移掩模

1982 年和 1984 年，Levenson 阐述并制造了 PSM，同时证明了其分辨率增强的效果[24, 25]。二元掩模(binary intensity mask，BIM)和 PSM 成像对比图如图 1.12 所示[15]，以交替型 PSM(alternating PSM，AltPSM)为例。与 BIM 相比，PSM 在掩模的透光区域交替地制造特定深度的沟槽，使通过相邻透光区域的光之间产生 180°的相位差。这两束光在硅片上将发生干涉相消，提高光刻分辨率和对比度。

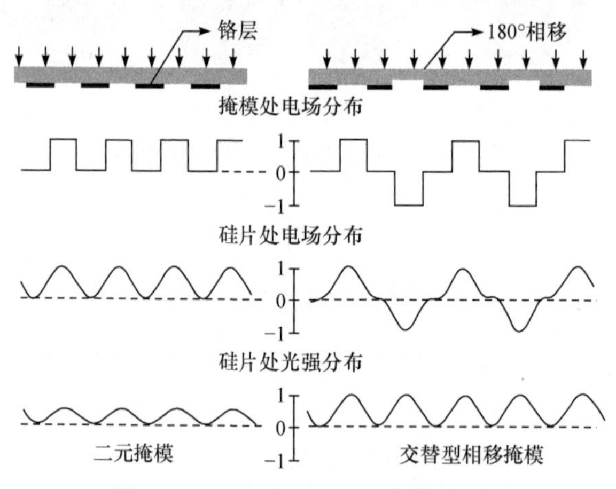

图 1.12　BIM 和 AltPSM 成像对比图

除了 AltPSM，常见的 PSM 还有衰减型 PSM(attenuated PSM，AttPSM)和无铬型 PSM (chromeless PSM，ClPSM)，均可实现分辨率增强。

1.2.3　基于规则的光学邻近效应校正

OPE 是指相邻特征图形之间相互影响，导致具有相同 CD 的图形因相邻图形特征的不同而曝光出不同线宽的现象。

RBOPC 是根据研究人员或工程师的经验，进行掩模预畸变或添加亚分辨率辅助图形(sub-resolution assist feature，SRAF)，借此补偿由 OPE 产生的分辨率下降及光刻成像误差[15]，实现光刻分辨率增强的技术。RBOPC 前后对比示意图如图 1.13 所示。

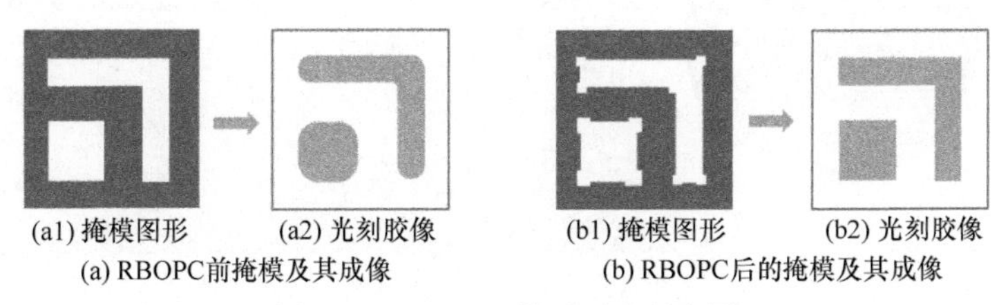

图 1.13　RBOPC 前后对比示意图

1.2.4　偏振照明

偏振照明通过合理选择偏振照明模式可以提高光刻分辨率。如图 1.14 所示，双光束干涉时，垂直于入射面的横电偏振光(transverse electric polarized light，TE 偏振光)之间始终相互平行，则成像对比度最好；平行于入射面的横磁偏振光(transverse magnetic polarized light，TM 偏振光)之间产生一定的夹角，使成像对比度下降。因此，针对特定掩模结构选取合理的偏振照明，能够有效地提高光刻成像质量。常见的偏振照明有 X 偏振、Y 偏振、TE 偏振和 TM 偏振等，如图 1.15 所示。

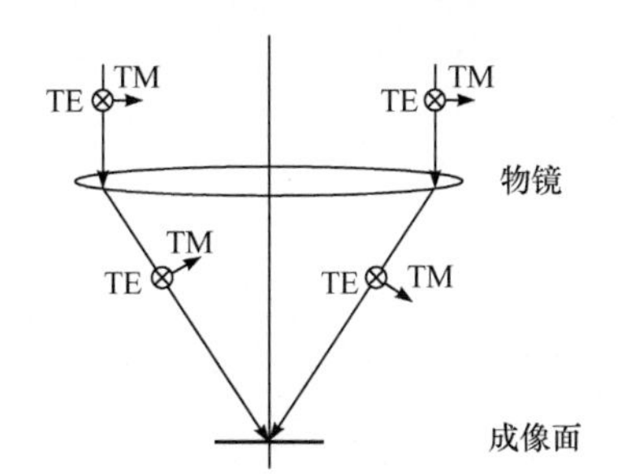

图 1.14　大 NA 情况下偏振光成像示意图

对于 NA > 0.9 的光刻系统，光的偏振特性已不可忽视[26]。因此，Nikon 在 NA 为 0.92 的干式光刻机中采用偏振照明曝光 45nm 技术节点的特征图形，通过模拟和实验验证偏振照明在高 NA 光刻成像中的潜力，如图 1.16 所示[26]。

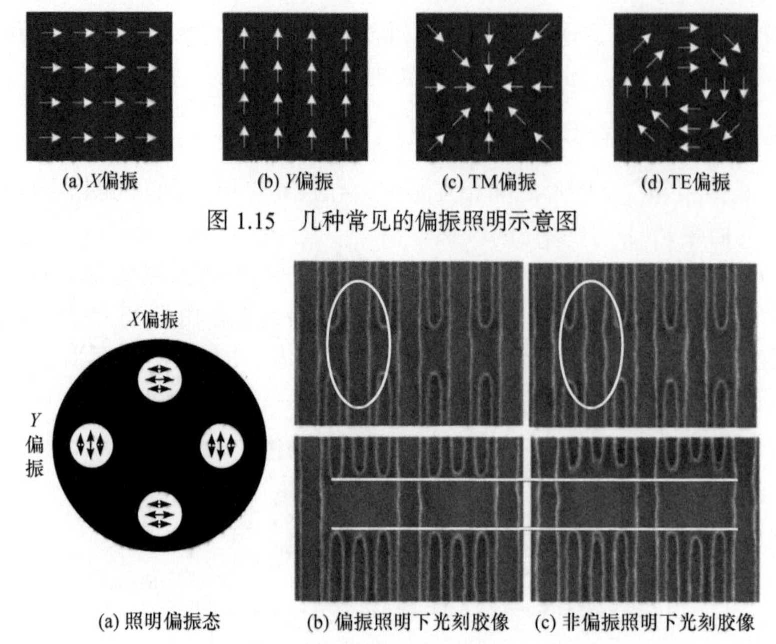

(a) X偏振　(b) Y偏振　(c) TM偏振　(d) TE偏振

图 1.15　几种常见的偏振照明示意图

(a) 照明偏振态　(b) 偏振照明下光刻胶像　(c) 非偏振照明下光刻胶像

图 1.16　偏振照明下光刻胶像的线段缩短现象和线宽均匀性

如图 1.17 所示[27]，模拟条件是 NA = 1.35 的透镜、6% AttPSM、AI、0.7 内相干因子和 0.9 外相干因子。使用偏振光后，图像对比度可以达到 0.53，EL 从 4.9%增加到 8%，DOF 从 0.28 增加到 0.43。在 NA = 1.35 的浸没式光刻机中曝光 28nm 技术节点的一维图形，使用偏振照明后，图像对比度可以大大增加，DOF 和曝光阈值可以显著增大，证明了偏振照明在高 NA 的光刻成像中能够有效提高成像分辨率。

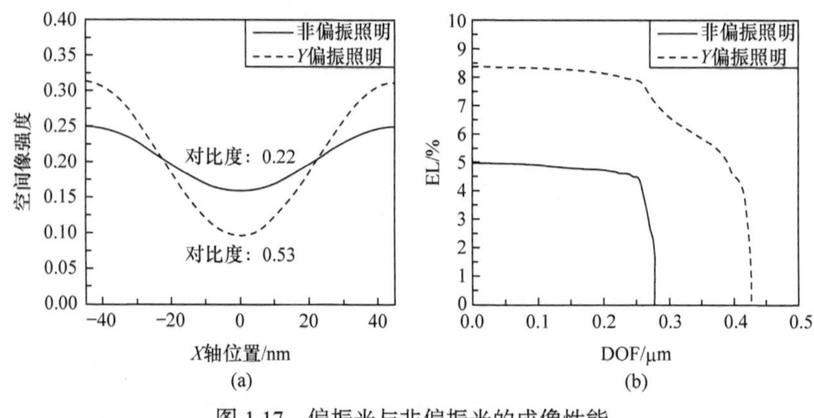

图 1.17　偏振光与非偏振光的成像性能

随着集成电路节点的不断前移，掩模图形结构更加复杂、密度更高，邻近效应更加显著，仅用传统 RET 难以满足先进半导体制造行业的需求，因此诞生了计算光刻技术。

1.3　计算光刻技术

计算光刻技术利用标量或矢量光刻成像理论，建立逆向光刻优化模型和算法，通过修正和优化光源结构和强度分布，以及掩模的结构，调控光波传播方向、振幅和相位，实现高分辨光刻成像。本节概述计算光刻成像模型的发展，以及计算光刻的目标函数及算法。

1.3.1　光刻成像模型

如图 1.18 所示，随光刻技术的发展，光刻成像系统的 NA 不断增大。因此，光刻成像理论和模型也经历了由标量到矢量的演变。

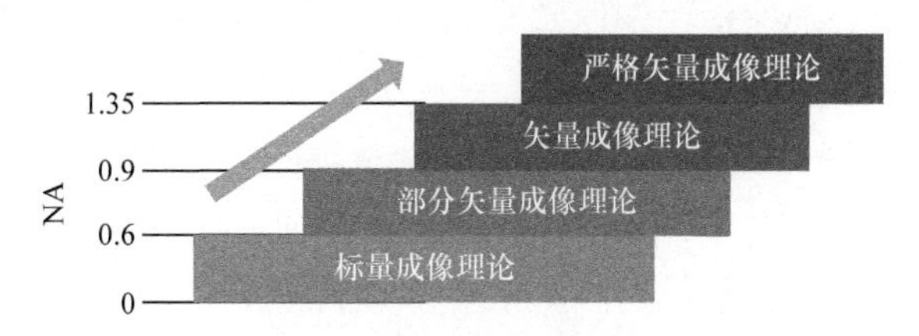

图 1.18　光刻成像模型发展图

在部分相干光照明下，光刻成像模型有 Abbe[28]和 Hopkins[29, 30]两种。其成像理论如图 1.19 所示[31]。

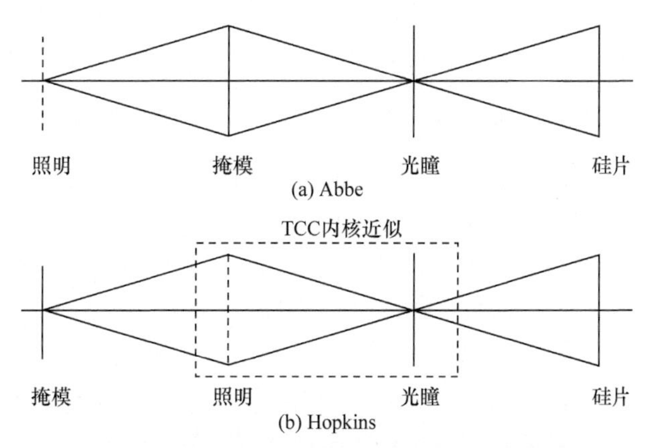

图 1.19　Abbe 成像理论和 Hopkins 成像理论

在 Abbe 成像模型中，照明系统出瞳面上的每一点被视为二次子光源，光刻成像是每一个二次子光源发出的光，经掩模上所有物点衍射后，进入投影物镜在像面成像的叠加。

在 Hopkins 成像模型中，通过计算成像系统中的物面相干函数、成像系统衍射分布函数、物体结构函数，然后对这些函数，以及后两项的复共轭进行四重积分得到成像。

目前，两种成像模型在工业界都广泛使用。Hopkins 模型因计算速度快，在大版图光学邻近效应校正(optical proximity correction，OPC)中较多应用。Abbe 模型拥有更高的计算精度，在针对局部坏点的 SMO 中使用较多。随着光刻技术节点不断前移，本书聚焦高精度先进计算光刻技术，因此均采纳 Abbe 成像模型。

上述 Abbe 光刻成像模型和 Hopkins 光刻成像模型均经历了标量模型、部分矢量模型、矢量模型严格矢量模型的发展。模型逐步考虑光源偏振特性、光刻胶中的成像特性、物镜系统偏振像差，以及厚掩模衍射频谱的偏振特性。

早期的光刻成像模型是标量成像模型。标量成像模型示意图如图 1.20 所示。在标量成像模型中，照明是非偏振光照明，掩模是基尔霍夫近似的薄掩模模型，物镜像差是标量波像差。

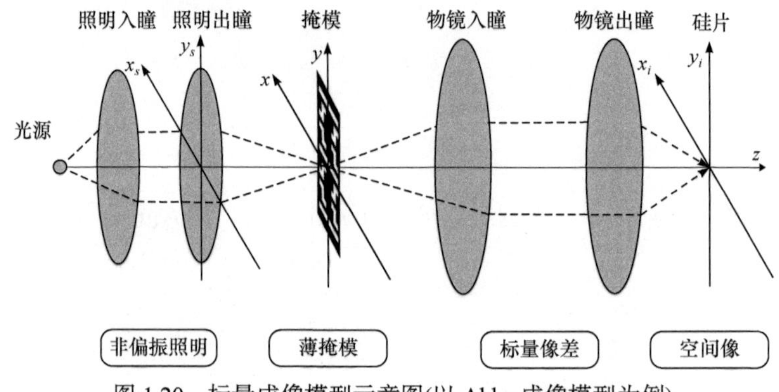

图 1.20　标量成像模型示意图(以 Abbe 成像模型为例)

当投影物镜的 NA 增大到 0.6 以上时，因为高 NA 成像系统从出瞳出射的光与光轴夹角较大，在不同出瞳坐标处，出射光的偏振方向明显不同，会显著降低成像对比度[32]，标量成像模型不再适用。Mansuripur[33, 34]建立了考虑偏振光影响的成像模型。Yeung[35]在此基础上建立了一维周期掩模图形的光刻胶成像的模型。Flagello 等[32, 36, 37]建立了点光源照明下，$0.5 < NA < 0.95$ 时，均匀线性的光刻胶膜层中三维成像模型。1993 年，Yeung 等[38]在部分相干的 Hopkins 模型中，考虑光的偏振特性和光刻胶成像，建立了仿真高 NA 光刻部分相干成像的矢量 Hopkins 模型。

考虑上述照明偏振特性，光刻胶中部分矢量成像模型示意图如图 1.21 所示。

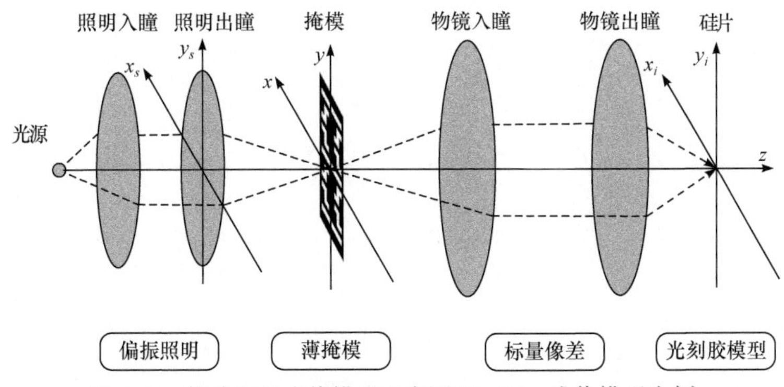

图 1.21　部分矢量成像模型示意图(以 Abbe 成像模型为例)

随着光刻技术节点的前移，光刻物镜偏振像差对成像性能的影响进入研究者的视野。2001～2007 年，Totzeck[39]、Rosenbluth 等[40]、Lai 等[41]将偏振像差纳入矢量成像模型，并仿真其对成像性能的影响。考虑偏振像差的矢量成像模型示意图如图 1.22 所示。

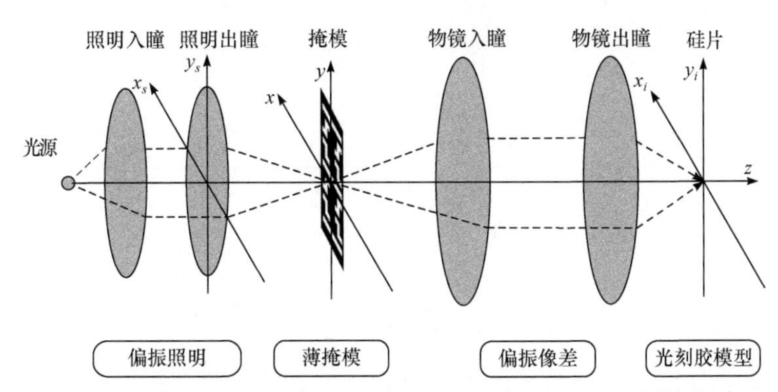

图 1.22　考虑偏振像差的矢量成像模型示意图(以 Abbe 成像模型为例)

此外，随着光刻节点的前移，厚掩模的矢量衍射特性不可忽视。从 20 世纪 90 年代开始，Taflove 等[42, 43]、Wong 等[44]、Moharam 等[45]分析研究了电磁波在厚掩模中的传播特性。Pistor 等[46, 47]用时域有限差分(finite-difference time-domain, FDTD)方法计算掩模衍射近场，并采用 Abbe 模型计算了空间像。

2009～2011 年，Evanschitzky 等[48, 49]综合上述研究，建立了严格的矢量光刻成像模型。其示意图如图 1.23 所示。

Evanschitzky 等利用其模型对 10μm × 10μm 的大掩模区域进行成像仿真。2010 年，Peng 等[50]也发表了类似的研究工作。

2012～2013 年，李艳秋等[51-54]建立了包含远心误差和三维偏振像差的全光路严格矢量成像模型。其示意图如图 1.24 所示。

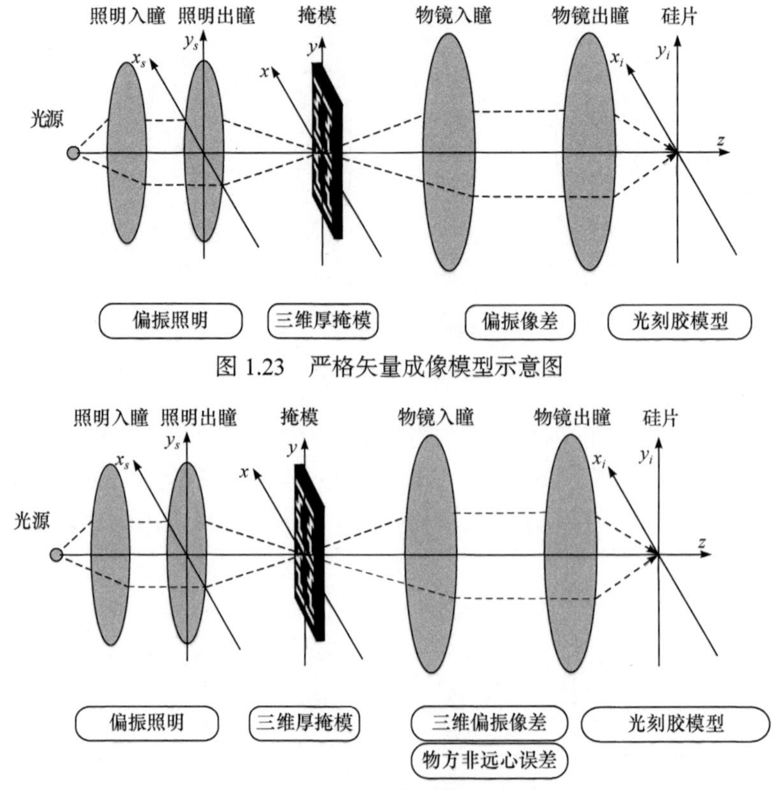

图 1.23　严格矢量成像模型示意图

图 1.24　全矢量成像模型示意图

该模型在全局坐标系下，考虑投影物镜物方和像方空间三维电场矢量的传播与成像，建立新的投影物镜光瞳函数和三维偏振像差函数。全光路严格三维矢量光刻成像理论，能够精确分析部分相干偏振光经过二维薄掩模或三维厚掩模衍射，进入超大 NA、非严格远心、含偏振像差的实际光刻投影物镜后在像面的成像性能。

李艳秋等[27, 55-59]系统论证了投影物镜偏振像差、NA 误差，以及照明光源相干因子偏差等多种误差对光刻成像性能的影响。全光路严格矢量光刻成像理论不但涵盖现有的矢量光刻成像理论，而且对现有的理论进行了扩展，可以提高光刻仿真的精度与适用性，为后续创新性研究先进光刻 RET 奠定了基础。

1.3.2　先进计算光刻目标函数

目标函数是综合光刻成像模型、光刻成像性能指标、优化目标，以及约束条件的度量函数，是计算光刻逆向优化的重要组成部分。

如图 1.25 所示，计算光刻通过建立从光源、掩模到硅片上光刻胶像的正向光刻成像模型，依据目标函数和优化算法，逆向求解光源、掩模图形等光刻系统参数和工艺参数。

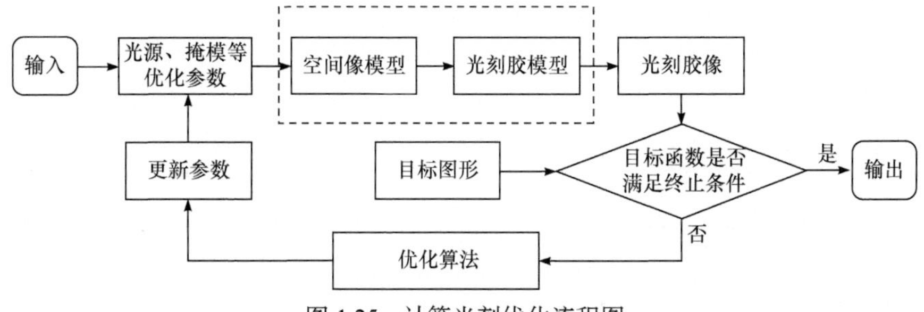

图 1.25　计算光刻优化流程图

目标函数是用于量化计算光刻优化过程中光刻胶像与目标图形之间差异的函数[60]。计算光刻通过迭代求解目标函数的极小值，调整光刻优化参数，如光源优化(source optimization，SO)参数、掩模优化(mask optimization，MO)参数。其数学模型的一般表达式为[61]

$$\hat{x} = \min_{x} F(x) \tag{1.7}$$

其中，$x \in \mathbb{R}^N$ 为 N 维矢量，表示带有限制条件的光刻优化参数；min 为取极小值运算；$F(x)$ 为优化参数为 x 时的目标函数；$\hat{x}$ 为优化的最终结果。

通常依据光刻成像性能评价指标构建目标函数。常用的评价指标包括 PAE、EPE、NILS、MEEF 和 PW 等。依据 PAE 构建的目标函数 F 为

$$F = d(Z, \tilde{Z}) = \left\| Z - \tilde{Z} \right\|_2^2 \tag{1.8}$$

其中，F 为特定光刻配置和工艺条件下光刻胶像与目标图形之间的差值；$Z \in \mathbb{R}^{M \times N}$ 为光刻胶像；$\tilde{Z} \in \mathbb{R}^{M \times N}$ 为目标图形；$d(\cdot,\cdot)$ 为两个矩阵之间欧拉距离的平方；$\left\| \cdot \right\|_2^2$ 表示矩阵二范数的平方。

PAE 能够反映光刻成像图形的保真度，不依赖测量位置的选择。

随着光刻技术节点的前移，必须同时考虑多种因素对成像的影响。李艳秋团队建立的多目标函数[62-65]为

$$F = \sum_{i}^{n} \omega_i F_i \tag{1.9}$$

其中，F_i 为子目标函数；ω_i 为各子目标函数的权重。

多目标函数 F 在高稳定计算光刻技术中，能更有效地控制多种误差对成像性能的影响，实现高保真光刻成像。例如，建立约束光刻 PAE、光源不均匀性、杂散光效应的多目标函数，能够有效降低光源不均匀性和杂散光的影响，进一步提高光刻图形保真度[62]；建立平衡全视场像差的多目标函数，能够有效降低像差在

全视场内的不均匀分布对成像性能的影响，扩大 PW，提高光刻工艺稳定性[65]。

多目标函数能更全面地评价光刻系统的成像性能，但是会增加优化算法的计算复杂度，延长优化迭代的时间。因此，研究先进计算光刻算法具有重要的实用价值和意义。

1.3.3 先进计算光刻算法

计算光刻算法是实现高精度、高稳定、快速光刻成像，满足最新技术节点光刻成像性能指标的关键技术。计算光刻的优化算法主要可以分为两类。一类采取梯度下降算法，如最速下降(steepest descent，SD)算法、共轭梯度(conjugate gradient，CG)算法、随机梯度下降(stochastic gradient descent，SGD)算法等[62, 65-81]，有严格数学理论支撑收敛性，优化效率高、速度快，但是易陷入初始掩模图形附近的局部最优解。另一类采取启发式算法，如遗传算法、粒子群算法等[82-89]，具有不依赖初始掩模图形、有较高概率找到全局最优解的优势，但是其收敛性较差、计算量较大。本书主要讨论梯度下降算法的应用。

1. SD 算法

SD 算法最早由法国数学家 Cauchy 于 1847 年提出，之后经过进一步研究和发展已成为一种最基本的算法[90]。由数学推导可知，函数 $f(x)$ 在点 x 处的最速下降方向是该点处的负梯度方向，即

$$d = -\nabla f(x) \tag{1.10}$$

SD 算法沿着负梯度方向对参数进行迭代优化，即

$$x^{(k+1)} = x^{(k)} + s_k d^{(k)} \tag{1.11}$$

其中，上标 (k) 为第 k 次迭代；s_k 为 $x^{(k)}$ 沿着 $d^{(k)}$ 方向的优化步长。

SD 算法的优化步骤如下。

步骤 1，给定初始点 $x^{(1)} \in \mathbb{R}^N$，允许误差 $\varepsilon > 0$，赋值循环次数 $k = 1$。

步骤 2，利用式(1.10)计算搜索方向 $d^{(k)}$。

步骤 3，若 $\left\|d^{(k)}\right\|^2 < \varepsilon$，则停止优化；否则，从 $x^{(k)}$ 出发，沿 $d^{(k)}$ 方向按照式(1.11)进行迭代优化。

步骤 4，更新循环次数 $k = k + 1$，转至步骤 2。

2. CG 算法

1952 年，Hestenes 等[91]为了求解线性方程组首次提出 CG 算法。随后，CG 算法被广泛用于求解各种线性和非线性优化问题，以及计算光刻领域[92]。CG 算

法的基本思想是利用本次迭代的梯度信息和上次迭代的搜索方向，组合构造新的共轭方向，并沿该共轭方向进行搜索，求出目标函数的极小值。需要指出的是，为了保证优化过程中搜索方向的共轭性，CG 算法的初始搜索方向一般选取目标函数在初始点处的最速下降方向。下面给出 CG 算法的一般步骤。

步骤 1，给定初始点 $x^{(1)}$，允许误差阈值 $\varepsilon > 0$，将初始搜索方向确定为 $d_{CG}^{(1)} = -\nabla f(x^{(1)})$，迭代次数 $k = 1$。

步骤 2，若 $\left\|\nabla f(x^{(k)})\right\|_2 < \varepsilon$ 或者迭代次数 k 达到上限，停止优化；否则，从 $x^{(k)}$ 出发，沿 $d_{CG}^{(k)}$ 方向进行迭代优化，即

$$x^{(k+1)} = x^{(k)} + s_k d_{CG}^{(k)} \tag{1.12}$$

步骤 3，令

$$d_{CG}^{(k+1)} = \vartheta_k d_{CG}^{(k)} - \nabla f(x^{(k+1)}) \tag{1.13}$$

其中

$$\vartheta_k = \frac{\left\|\nabla f(x^{(k+1)})\right\|_2^2}{\left\|\nabla f(x^{(k)})\right\|_2^2} \tag{1.14}$$

步骤 4，更新循环次数 $k = k + 1$，转至步骤 2。

3. SGD 算法

实际光刻系统总是存在各种随机误差，为了使优化后的各项光刻系统参数能够适用于存在随机误差的实际光刻系统，可将考虑随机误差的光刻成像 PAE 的数学期望作为目标函数(式(1.8))进行优化。然而，式(1.8)的计算量与采样点成正比，当目标函数包含多种误差影响时，计算复杂度将指数级增加。首先将随机误差影响下的计算光刻优化过程看作训练过程，然后利用 SGD 算法实现对光刻系统参数的优化。所谓训练过程是指优化参数使训练误差的均方根最小化的过程[93]。训练误差的均方根可表示为

$$F_{\delta}(\Omega) = \sum_i \left\|\tilde{O}(\delta_i) - O(\Omega, \delta_i)\right\|_2^2 \tag{1.15}$$

其中，$\delta = \{\delta_i\}$ 为训练集；$\tilde{O}(\delta_i)$ 为训练样本点 δ_i 对应的目标输出值；$O(\Omega, \delta_i)$ 为优化参数等于 Ω 时对应的实际输出值。

选取目标图形 $\tilde{Z}$ 作为目标输出值 $\tilde{O}$，因此目标输出值 $\tilde{O}$ 是一个恒定值，与训练样本点 δ_i 的取值无关。

SGD 算法在每次迭代中随机生成一个训练采样点 δ_i，然后用该采样点处的梯

度来指导该次迭代的参数更新[73, 94]，即

$$\Omega^{(k+1)} = \Omega^{(k)} - s_k \nabla F_{\delta_i}(\Omega^{(k)}) \tag{1.16}$$

其中，上标(k)代表第k次迭代；s_k为优化步长。

由于训练集δ服从某种统计分布，因此生成点δ_i的概率η_i是确定的，并且可以通过训练集的概率分布计算得到。此时，训练误差的均方根为

$$F_{\delta_i}(\Omega) = \eta_i(\tilde{O} - O(\Omega, \delta_i))^2 \tag{1.17}$$

由式(1.16)和式(1.17)可知，在不增加计算复杂度的前提下，SGD算法可以综合利用多个训练采样点处的梯度信息指导参数更新。

此外，Song 等[95]率先建立了压缩感知(compressive sensing，CS)计算光刻技术。该技术是一种用于获取和重构稀疏且未知信号的信号处理技术。奈奎斯特采样定理表明，想让采样之后的数字信号完整保留原始信号中的信息，采样频率必须大于信号中最高频率的2倍。CS理论认为，如果信号是稀疏的，那么它可以由远低于采样定理要求的采样点重建恢复。CS技术原理如下。

如果信号$x \in \mathbb{R}^{\tilde{N}\times 1}$是$k$阶稀疏的，则可以表示为

$$x = \Psi\theta \tag{1.18}$$

其中，$\Psi = [\Psi_1, \Psi_2, \cdots, \Psi_{\tilde{N}}] \in \mathbb{R}^{\tilde{N}\times\tilde{N}}$为稀疏基；稀疏系数$\theta \in \mathbb{R}^{\tilde{N}\times 1}$有个$K = \tilde{N}$个非零元素；$\tilde{N}$为稀疏基长度。

CS表示信号x可以从一些非自适应随机测量集y以高概率重建，即

$$y = \Phi x = \Phi\Psi\theta \tag{1.19}$$

其中，$y \in \mathbb{R}^{M\times 1}$；$\Phi = [\phi_1, \phi_2, \cdots, \phi_M]^{\mathrm{T}} \in \mathbb{R}^{M\times\tilde{N}}$为$M = \tilde{N}$行的随机投影矩阵。

通过CS重构算法，可以从y重构出最优解θ，进而获得信号x。

参 考 文 献

[1] Moore G E. Cramming More components onto integrated circuits. Proceedings of the IEEE, 1998, 86(1): 82-85.

[2] Jan M, Bram S, Michael K, et al. Holistic approach for overlay and edge placement error to meet the 5nm technology node requirements// Metrology, Inspection, and Process Control for Microlithography XXXII, San Jose, 2018: 105851L.

[3] Smith B W, Suzuki K. Microlithography: Science and Technology. New York: CRC, 2020.

[4] Lin B J. Deep UV lithography. Journal of Vacuum Science and Technology, 1975, 12(6): 1317-1320.

[5] Markle D A. New projection printer. Solid State Technology, 1974, 17(6): 50-53.

[6] Bruning J H. Optical imaging for microfabrication. Journal of Vacuum Science and Technology,

1980, 17(5): 1147-1155.
[7] Buckley J D, Karatzas C. Step and scan: a systems overview of a new lithography tool// Optical/Laser Microlithography II, San Jose, 1989, 1088: 424-433.
[8] Wischmeier L, Gräupner P, Kuerz P, et al. High-NA EUV lithography optics becomes reality// Extreme Ultraviolet (EUV) Lithography XI, San Jose, 2020: 1132308.
[9] Jewell T E. Optical system design issues in development of projection camera for EUV lithography// Electron-Beam, X-Ray, EUV, and Ion-Beam Submicrometer Lithographies for Manufacturing V, Santa Clara, 1995, 2437: 340-346.
[10] Lee I, Franke J H, Philipsen V, et al. Hyper-NA EUV lithography: an imaging perspective// Optical and EUV Nanolithography XXXVI, San Jose, 2023: 1249405.
[11] Schellenberg F M. Resolution enhancement technology: the past, the present, and extensions for the future// Optical Microlithography XVII, Santa Clara, 2004, 5377: 1-20.
[12] Lin B J. Where is the lost resolution?// Optical Microlithography V, Santa Clara, 1986, 633: 44-50.
[13] 韦亚一. 超大规模集成电路先进光刻理论与应用. 北京: 科学出版社, 2016.
[14] Lin B J. Optical Lithography: Here is Why. 2nd ed. Bellingham: SPIE, 2021.
[15] Wong A K K. Resolution Enhancement Techniques in Optical· Lithography. Bellingham: SPIE, 2001.
[16] Cobb N B. Fast optical and process proximity correction algorithms for integrated circuit manufacturing. Berkeley: University of California, 1998.
[17] Erdmann A. Optical and EUV Lithography: A Modeling Perspective. Bellingham: SPIE, 2021.
[18] Liu P, Xie X, Liu W, et al. Fast 3D thick mask model for full-chip EUVL simulations// Extreme Ultraviolet (EUV) Lithography IV, San Jose, 2013, 8679: 211-226.
[19] 伍强. 衍射极限附近的光刻工艺. 北京: 清华大学出版社, 2020.
[20] Dixit D, O'Mullane S, Sunkoju S, et al. Sensitivity analysis and line edge roughness determination of 28-nm pitch silicon fins using Mueller matrix spectroscopic ellipsometry-based optical critical dimension metrology. Journal of Micro/Nanolithography, MEMS, and MOEMS, Society of Photo-Optical Instrumentation Engineers, 2015, 14(3): 31208.
[21] Li Y Q, Zhou Y. Option of resolution enhancement technology in advanced lithography// International Symposium on Advanced Optical Manufacturing and Testing Technologies: Design, Manufacturing, and Testing of Micro-and Nano-Optical Devices and Systems, Chengdu, 2007, 6724: 115-120.
[22] Zhang F, Li Y Q. The effects of RET on process capability for 45nm technology node// International Symposium on Advanced Optical Manufacturing and Testing Technologies: Advanced Optical Manufacturing Technologies, Xi'an, 2006, 6149: 197-202.
[23] Luehrmann P F, Oorschot P V, Jasper H, et al. 0.35-μm lithography using off-axis illumination// Optical/laser Microlithography, San Jose, 1993, 1927: 103-124.
[24] Levenson M D, Viswanathan N S, Simpson R A. Improving resolution in photolithography with a phase-shifting mask. IEEE Transactions on Electron Devices, 1982, 29(12): 1828-1836.
[25] Levenson M D, Goodman D S, Lindsey S, et al. The phase-shifting mask II: imaging

simulations and submicrometer resist exposures. IEEE Transactions on Electron Devices, 1984, 31(6): 753-763.

[26] Ozawa K, Thunnakart B, Kaneguchi T, et al. Effect of azimuthally polarized illumination imaging on device patterns beyond 45nm node// Optical Microlithography XIX, San Jose, 2006, 6154: 120-131.

[27] Guo X J, Li Y Q. Impact of non-uniform polarized illumination on hyper-NA lithography// Optical Microlithography XXV, San Jose, 2012, 8326: 720-726.

[28] Abbe E. Beiträge zur theorie des mikroskops und der mikroskopischen wahrnehmung. Archiv Für Mikroskopische Anatomie, 1873, 9(1): 413-468.

[29] Hopkins H H, Mott N F. On the diffraction theory of optical images. Proceedings of the Royal Society of London. Series A, Mathematical and Physical Sciences, Royal Society, 1953, 217(1130): 408-432.

[30] Hopkins H H. Applications of coherence theory in microscopy and interferometry. Journal of the Optical Society of America, 1957, 47(6): 508-526.

[31] Schlief R E, Liebchen A, Chen J F. Hopkins versus Abbe: a lithography simulation matching study// Optical Microlithography XV, Santa Clara, 2002, 4691: 1106-1117.

[32] Flagello D G, Milster T D. Three-dimensional modeling of high-numerical-aperture imaging in thin films. Design, Modeling, and Control of Laser Beam Optics, Los Angeles, 1992, 1625: 246-261.

[33] Mansuripur M. Distribution of light at and near the focus of high-numerical-aperture objectives. Journal of the Optical Society of America A, 1986, 3(12): 2086.

[34] Mansuripur M. Certain computational aspects of vector diffraction problems. Journal of the Optical Society of America A, 1989, 6(6): 786.

[35] Yeung M S. Photolithography simulation on nonplanar substrates// Optical/Laser Microlithography III, San Jose, 1990, 1264: 309-321.

[36] Flagello D G. High numerical aperture imaging in homogeneous thin films. Arizona: The University of Arizona, 1993.

[37] Flagello D G, Milster T, Rosenbluth A E. Theory of high-NA imaging in homogeneous thin films. Journal of the Optical Society of America A, 1996, 13(1): 53.

[38] Yeung M S, Lee D, Lee R S, et al. Extension of the Hopkins theory of partially coherent imaging to include thin-film interference effects// Optical/Laser Microlithography, San Jose, 1993, 1927: 452-463.

[39] Totzeck M. Numerical simulation of high-NA quantitative polarization microscopy and corresponding near-fields. Optik, 2001, 112(9): 399-406.

[40] Rosenbluth A E, Gallatin G M, Gordon R L, et al. Fast calculation of images for high numerical aperture lithography// Optical Microlithography XVII, Santa Clara, 2004, 5377: 615-628.

[41] Lai K F, Rosenbluth A E, Han G, et al. Modeling polarization for hyper-NA lithography tools and masks// Optical Microlithography XX, San Jose, 2007, 6520: 152-173.

[42] Taflove A. Advances in finite-difference time-domain methods for engineering electromagnetics. Boston: Springer, 1995: 381-401.

[43] Taflove A, Hagness S C, Piket-May M. 9-Computational Electromagnetics: The Finite-Difference Time-Domain Method. The Netherlands: Academic, 2005: 629-670.
[44] Wong A K, Neureuther A R. Mask topography effects in projection printing of phase-shifting masks. IEEE Transactions on Electron Devices, 1994, 41(6): 895-902.
[45] Moharam M G, Pommet D A, Grann E B, et al. Stable implementation of the rigorous coupled-wave analysis for surface-relief gratings: enhanced transmittance matrix approach. Journal of the Optical Society of America A, 1995, 12(5): 1077-1086.
[46] Pistor T V, Neureuther A R, Socha R J. Modeling oblique incidence effects in photomasks// Optical Microlithography XIII, Santa Clara, 2000, 4000: 228-237.
[47] Pistor T V. Electromagnetic simulation and modeling with applications in lithography. Berkeley: University of California, 2001.
[48] Evanschitzky P, Erdmann A, Fühner T. Extended Abbe Approach for Fast and Accurate Lithography Imaging Simulations// 25th European Mask and Lithography Conference, Dresden, 2009: 747007.
[49] Evanschitzky P, Fühner T, Erdmann A. Image Simulation of Projection Systems in Photolithography// Modeling Aspects in Optical Metrology III, Munich, 2011: 80830E.
[50] Peng D, Hu P, Tolani V, et al. Toward a consistent and accurate approach to modeling projection optics// Optical Microlithography XXIII, San Jose, 2010: 76402Y.
[51] Wang J M, Li Y Q. Three-dimensional polarization aberration in hyper-numerical aperture lithography optics// Optical Microlithography XXV, San Jose, 2012, 8326: 727-734.
[52] 李艳秋. 基于 Abbe 矢量成像模型获取非理想光刻系统空间像的方法: 中国, CN102323721A. 2012-01-18.
[53] 李艳秋. 一种分析高数值孔径成像系统空间像的方法: 中国, CN102636882B. 2013-10-02.
[54] Dong L S, Li Y Q, Guo X J. Influence of the axial component of mask diffraction spectrum on lithography imaging. Acta Optica Sinica, 2013, 33(11): 1111002.
[55] Li Y Q, Guo X J, Liu X L. Polarization aberration influence on image in lithography system at hyper-NA// Technical Digest of 7th International Conference on Optics-photonics Design & Fabrication, Yokuhama, 2010, 19: S1-11.
[56] 李艳秋. 一种光刻机照明系统相干因子的优化方法: 中国, CN102253607A. 2011-11-23.
[57] 李艳秋. 一种光刻机 NA-Sigma 配置的优化方法: 中国, CN102289156B. 2013-06-05.
[58] Dong L S, Li Y Q, Dai X B, et al. Measuring the polarization aberration of hyper-NA lens from the vector aerial image// The 7th International Symposium on Advanced Optical Manufacturing and Testing Technologies: Design, Manufacturing, and Testing of Micro- and Nano-Optical Devices and Systems, Harbin, 2014: 928313.
[59] Dong L S, Li Y Q, Guo X J, et al. Measurement of lens aberration based on vector imaging theory. Optical Review, 2014, 21(3): 270-275.
[60] Pang L. Inverse lithography technology: 30 years from concept to practical, full-chip reality. Journal of Micro/Nanopatterning, Materials, and Metrology, 2021, 20(3): 121-129.
[61] 马旭, 张胜恩, 潘毅华, 等. 计算光刻研究及进展. 激光与光电子学进展, 2022, 59(9): 922008.

[62] Han C Y, Li Y Q, Ma X, et al. Robust hybrid source and mask optimization to lithography source blur and flare. Applied Optics, 2015, 54(17): 5291-5302.

[63] Sheng N Y, Sun Y Y, Li E Z, et al. Co-optimization method to reduce the pattern distortion caused by polarization aberration in anamorphic EUV lithography. Applied Optics, 2019, 58(14): 3718-3728.

[64] Sheng N Y, Li E Z, Sun Y Y, et al. Mitigating the impact of mask absorber error on lithographic performance by lithography system holistic optimization. Applied Sciences, 2019, 9(7): 1275.

[65] Li T, Sun Y Y, Li E Z, et al. Multi-objective lithographic source mask optimization to reduce the uneven impact of polarization aberration at full exposure field. Optics Express, 2019, 27(11): 15604-15616.

[66] Granik Y. Fast pixel-based mask optimization for inverse lithography. Journal of Micro/Nanolithography, MEMS, and MOEMS, 2006, 5(4): 43002.

[67] Ma X, Arce G R. Pixel-based OPC optimization based on conjugate gradients. Optics Express, 2011, 19(3): 2165.

[68] Shen Y J, Wong N, Lam E Y. Level-set-based inverse lithography for photomask synthesis. Optics Express, 2009, 17(26): 23690.

[69] Li T, Li Y Q. Lithographic source and mask optimization with low aberration sensitivity. IEEE Transactions on Nanotechnology, 2017, 16(6): 1099-1105.

[70] Li T, Liu Y, Sun Y Y, et al. Multiple-field-point pupil wavefront optimization in computational lithography. Applied Optics, 2019, 58(30): 8331-8338.

[71] Li T, Liu Y, Sun Y Y, et al. Vectorial pupil optimization to compensate polarization distortion in immersion lithography system. Optics Express, 2020, 28(4): 4412-4425.

[72] Han C Y, Li Y Q, Dong L S, et al. Inverse pupil wavefront optimization for immersion lithography. Applied Optics, 2014, 53(29): 6861.

[73] Jia N N, Lam E. Y. Machine learning for inverse lithography: using stochastic gradient descent for robust photomask synthesis. Journal of Optics, 2010, 12(4): 45601.

[74] Shen Y J. Level-set based mask synthesis with a vector imaging model. Optics Express, 2017, 25(18): 21775.

[75] Shen Y J. Lithographic source and mask optimization with narrow-band level-set method. Optics Express, 2018, 26(8): 10065-10078.

[76] Shen Y J, Peng F, Huang X Y, et al. Adaptive gradient-based source and mask co-optimization with process awareness. Chinese Optics Letters, 2019, 17(12): 121102.

[77] Shen Y J, Peng F, Zhang Z R. Efficient optical proximity correction based on semi-implicit additive operator splitting. Optics Express, 2019, 27(2): 1520-1528.

[78] Shen Y J, Peng F, Zhang Z R. Semi-implicit level set formulation for lithographic source and mask optimization. Optics Express, 2019, 27(21): 29659-29668.

[79] Peng A, Hsu S D, Howell R C, et al. Lithography-defect-driven source-mask optimization solution for full-chip optical proximity correction. Applied Optics, 2021, 60(3): 616.

[80] Ma X, Han C Y, Li Y Q, et al. Pixelated source and mask optimization for immersion lithography. Journal of the Optical Society of America A, 2013, 30(1): 112.

[81] Ma X, Han C Y, Li Y Q, et al. Hybrid source mask optimization for robust immersion lithography. Applied Optics, 2013, 52(18): 4200.

[82] Progler C, Conley W, Socha B, et al. Layout and source dependent transmission tuning// Optical Microlithography XVIII, San Jose, 2005, 5754: 315-326.

[83] Socha R, Shi X L, LeHoty D. Simultaneous source mask optimization(SMO). Photomask and Next-Generation Lithography Mask Technology XII, Yokohama, 2005, 5853: 180-193.

[84] Hsu S, Chen L Q, Li Z P, et al. An innovative source-mask co-optimization (SMO) method for extending low k1 imaging// Lithography Asia, Taipei, 2008, 7140: 220-229.

[85] Sherif S, Saleh B, De Leone R. Binary image synthesis using mixed linear integer programming. IEEE Transactions on Image Processing, 1995, 4(9): 1252-1257.

[86] Liu Y, Zakhor A. Binary and phase shifting mask design for optical lithography. IEEE Transactions on Semiconductor Manufacturing, 1992, 5(2): 138-152.

[87] Granik Y. Solving inverse problems of optical microlithography// Optical Microlithography XVIII, San Jose, 2005, 5754: 506-526.

[88] Erdmann A, Fuehner T, Schnattinger T, et al. Toward automatic mask and source optimization for optical lithography// Optical Microlithography XVII, Santa Clara, 2004, 5377: 646-657.

[89] Zhang Z N, Li S K, Wang X Z, et al. Source mask optimization for extreme-ultraviolet lithography based on thick mask model and social learning particle swarm optimization algorithm. Optics Express, 2021, 29(4): 5448.

[90] 陈宝林. 最优化理论与算法. 北京: 清华大学出版社, 2005.

[91] Hestenes M R, Stiefel E. Methods of conjugate gradients for solving linear systems. Journal of Research of the National Bureau of Standards, 1952, 49(6): 409-436.

[92] Levinson H J. Principles of Lithography. Bellingham: SPIE, 2005.

[93] Mitchell T M. Machine Learning. New York: McGraw-Hill, 1997.

[94] Bottou L. Stochastic gradient learning in neural networks. Proceedings of Neuro-Nîmes, 1991, 91(8): 12.

[95] Song Z Y, Ma X, Gao J, et al. Inverse lithography source optimization via compressive sensing. Optics Express, 2014, 22(12): 14180.

第 2 章　矢量计算光刻技术

随着光刻系统成像物镜 NA 增大，标量光刻成像理论发展到矢量光刻成像理论。低数值孔径(NA < 1)光刻成像利用标量成像理论，通过标量光刻成像模型和逆向优化算法，实现标量计算光刻成像 RET。高数值孔径(NA > 1)浸没光刻成像推动了矢量成像理论和矢量计算光刻的发展，通过矢量光刻成像模型和逆向优化算法实现矢量计算光刻，进一步提高光刻成像分辨率。本章在局部坐标系和全局坐标系下建立二维和三维、全光路、非远心、严格的矢量光刻成像理论和模型，对比分析两种坐标系下的矢量成像模型的光刻成像结果。在此基础上，建立零误差系统的矢量计算光刻，并为后续章节奠定必要的基础。

2.1　矢量光刻成像理论基础

本节建立一种更严格的全光路矢量光刻成像理论和模型。在局部或全局坐标系下，部分相干照明偏振(矢量)光波经过掩模产生三维矢量衍射光，三维矢量衍射光进入投影物镜的物方-像方三维空间传播，最终在像面上实现三维成像。该成像理论包含投影物镜光瞳函数、三维偏振像差函数和高数值孔径物镜的非远心成像。该理论能够更精确地预言，部分相干偏振光经二维薄掩模或三维厚掩模矢量衍射、经高数值孔投影物镜，形成非远心光刻成像的性能。该理论模型也为研究和控制偏振像差、提高光刻成像性能，提供更先进和有效的方法。同时，为后续建立的矢量 RET、矢量计算光刻等奠定必要基础。

2.1.1　二维矢量成像模型

高分辨光刻成像必须建立矢量光刻成像理论模型[1-6]。本节首先在局部坐标系下，建立二维矢量成像模型。在此基础上，2.1.2 节将建立全局坐标系下严格的三维矢量光刻成像理论模型。如图 2.1 所示，局部坐标系用 (s,p,k) 表示，全局坐标系用 (x,y,z) 表示，其中照明系统的出瞳位置坐标表示为 (x_s,y_s)，掩模位置坐标表示为 (x,y)，像面位置坐标表示为 (x_i,y_i)。在局部坐标系中，s 轴始终垂直于波矢量 k 和光轴形成的平面，p 轴在波矢量 k 和光轴形成的平面内，二者的方向随着光波波矢量 k 的方向变化而变化。全局坐标系中，z 轴与光轴重合，x 轴和 y 轴分别与光轴垂直。

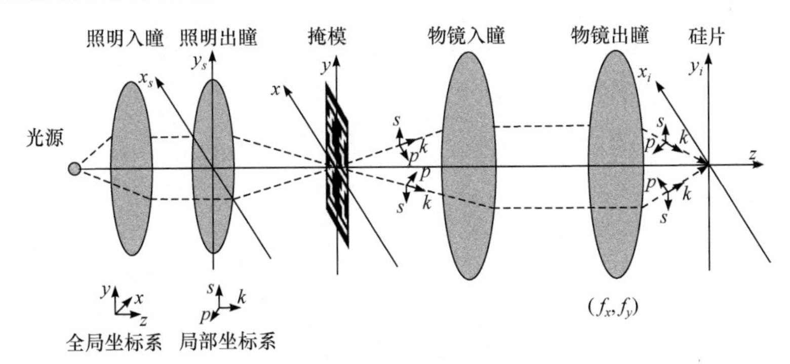

图 2.1　矢量光刻成像模型图

光源发出的光经过照明系统后，均匀地照射在掩模上，各物点衍射的光进入物镜系统，各级衍射光经过物镜入瞳和出瞳，振幅、相位和偏振态发生改变，最后到达硅片(像面)处成像。

本书采用 Abbe 成像模型。照明系统产生的部分相干光，经掩模(物点)衍射后，经过物镜到达像面成像。在成像过程中，照明系统出瞳面上的每一点被视为二次子光源(本书后续光源点均为照明出瞳面上的二次子光源)。光刻成像是每一个二次子光源发出的光，经掩模上所有物点衍射后，进入投影物镜在像面成像的叠加。整个掩模图形在像面的成像强度可表达为 $I_{\text{image}}^{\text{total}}$，其与照明出瞳面 (x_s, y_s) 处、强度为 I_{x_s,y_s} 的二次子光源照射掩模形成的像 $I_{\text{image}}^{x_s,y_s}$ 的关系为

$$I_{\text{image}}^{\text{total}} = \frac{\sum\limits_{x_s,y_s} I_{x_s,y_s} I_{\text{image}}^{x_s,y_s}}{\sum\limits_{x_s,y_s} I_{x_s,y_s}} \tag{2.1}$$

下面介绍二维矢量成像理论模型建立的步骤，以及成像模型和结果。

1. 物方衍射远场

在二维矢量成像模型中，照明系统发出的光均匀地照射到掩模图形区域，经过掩模衍射后，物方衍射远场 E_{far} 的 x 和 y 分量是掩模衍射近场 E_{near} 的 x 和 y 分量的傅里叶变换，即

$$E_{\text{far}} = \mathcal{F}(E_{\text{near}}) \tag{2.2}$$

采用基尔霍夫假设下的薄掩模模型时，掩模近场 E_{near} 与入射到掩模的照明光偏振态 E_{x_s,y_s} 的关系为

$$E_{\text{near}} = t(x,y)\begin{bmatrix} E_x \\ E_y \end{bmatrix} = t(x,y)E_{x_s,y_s} \tag{2.3}$$

其中，E_x和E_y为照明光波 x 和 y 方向的电矢量；$t(x,y)$ 为与掩模透过率函数相关的标量函数；E_{x_s,y_s} 由 (x_s,y_s) 处的光源点发出光波的偏振态唯一决定。

E_{x_s,y_s} 不随掩模坐标而变化，$t(x,y)$ 是掩模坐标 (x,y) 标量函数，所以式(2.2)可以简化为

$$E_{\text{far}} = \mathcal{F}(E_{\text{near}}) = \mathcal{F}(t(x,y)) \cdot E_{x_s,y_s} \tag{2.4}$$

即掩模远场衍射光的偏振态与 (x_s,y_s) 处光源点发出光波的偏振态相同，掩模衍射远场 E_{far} 可以由 $t(x,y)$ 的傅里叶变换乘以光源点偏振态 E_{x_s,y_s} 得到。

当照明出瞳面上某一光源点发出的单位强度的光入射到掩模前表面时，相对于 x 轴和 y 轴的方向余弦分别为 α_s 和 β_s，则该光源点产生的平行光的复振幅为 $\mathrm{e}^{\mathrm{i}2\pi\left(x\frac{\alpha_s}{\lambda}+y\frac{\beta_s}{\lambda}\right)}$，将掩模透过率表示为 $m(x,y)$，则 $t(x,y)$ 为

$$t(x,y) = m(x,y)\mathrm{e}^{\mathrm{i}2\pi\left(x\frac{\alpha_s}{\lambda}+y\frac{\beta_s}{\lambda}\right)} \tag{2.5}$$

$t(x,y)$ 的傅里叶变换为

$$\mathcal{F}(t(x,y)) = M\left(f_x - \frac{\alpha_s}{\lambda}, f_y - \frac{\beta_s}{\lambda}\right) \tag{2.6}$$

其中，$M(f_x,f_y)$ 为 $m(x,y)$ 的傅里叶变换。

掩模物方衍射远场 E_{far} 分布与物镜入瞳面处的电场 E_{ent} 分布相同且空间位置重叠。轴外光源点和中心光源点照明时，经掩模形成的衍射远场各级衍射光。二者在入瞳面处的坐标发生平移，平移量为$\left(\frac{\alpha_s}{\lambda},\frac{\beta_s}{\lambda}\right)$，而复振幅和偏振态仍相同。采用中心点光源照明时，掩模衍射远场 E_{far} 仅由光源点偏振态 E_{x_s,y_s} 和掩模电场透过率的傅里叶变换 $M(f_x,f_y)$ 决定，即

$$E_{\text{far}} = M(f_x,f_y) \cdot E_{x_s,y_s} \tag{2.7}$$

2. 光瞳函数

成像光学系统对通过它的各级衍射光的强度和相位产生影响，可以用光瞳函数 $P(f_x,f_y)$ 表示这个影响。物镜出瞳面上光波偏振态 E_{ext} 和入瞳电场光波偏振态 E_{ent} 的关系为

$$E_{\text{ext}} = P(f_x,f_y) \cdot E_{\text{ent}} \tag{2.8}$$

在零像差物镜成像情况下，用光瞳函数 $P_{\text{ideal}}(f_x,f_y)$ 表示入瞳面对各级衍射光

的限制作用，可表示为

$$P_{\text{ideal}}(f_x, f_y) = \begin{cases} 1, & f_x^2 + f_y^2 \leqslant f_c^2 \\ 0, & f_x^2 + f_y^2 > f_c^2 \end{cases} \tag{2.9}$$

截止频率 f_c、NA 和照明波长 λ 之间的关系为

$$f_c = \frac{\text{NA}}{\lambda} \tag{2.10}$$

存在波像差 $W(R,\phi)$ 时，光瞳函数表达为[7]

$$P(f_x, f_y) = P_{\text{ideal}}(f_x, f_y)\mathrm{e}^{\mathrm{i}2\pi W(R,\phi)} \tag{2.11}$$

其中

$$f_x = \frac{\text{NA}}{\lambda} R\cos\phi, \quad f_y = \frac{\text{NA}}{\lambda} R\sin\phi \tag{2.12}$$

光瞳某坐标点 (f_x, f_y) 对应的极坐标是 (R,ϕ)。

3. 辐射度修正因子(倾斜因子)

对于光刻成像模型，假设通过光刻物镜的光能量守恒，各级衍射光可视为一束传播方向在物方与光轴夹角为 γ_o、在像方与光轴的夹角 γ_i 的光束。倾斜因子的原理示意图如图 2.2 所示。

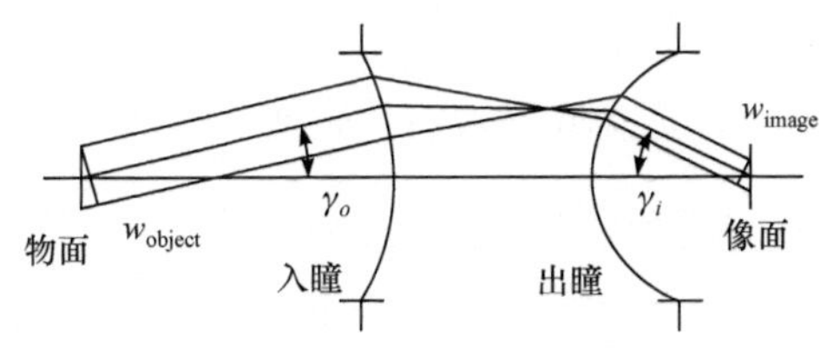

图 2.2　倾斜因子的原理示意图

物面和像面与光束相交面积之比等于缩小倍率 M 的平方，物方光束横截面积 w_{object} 和像方光束横截面积 w_{image} 的比值随不同级次衍射光在光瞳面上的坐标而变化。出瞳面处偏振矢量在每个方向的分量 E_{ext}、入瞳面处偏振矢量在每个方向的分量 E_{ent} 与光学系统透过率 T_{lens}、物方折射率 n_{object}、像方折射率 n_{image}、缩小倍率 M 的关系为[8]

$$n_{\text{image}} w_{\text{image}} \left|E_{\text{ext}}\right|^2 = T_{\text{lens}} n_{\text{object}} w_{\text{object}} \left|E_{\text{ent}}\right|^2 \tag{2.13}$$

$$\left|\frac{E_{\text{ext}}}{E_{\text{ent}}}\right| = \sqrt{\frac{\cos\gamma_o \cdot n_{\text{object}}}{\cos\gamma_i \cdot n_{\text{image}}} \cdot M^2 \cdot T_{\text{lens}}} \tag{2.14}$$

通常将倾斜因子设为

$$O=\sqrt{\frac{\cos\gamma_o}{\cos\gamma_i}} \tag{2.15}$$

可得

$$\left|E_{\text{ext}}\right|=\left|E_{\text{ent}}\right|\cdot O\cdot M\cdot\sqrt{\frac{n_{\text{object}}}{n_{\text{image}}}T_{\text{lens}}} \tag{2.16}$$

4. 偏振像差定义及表征

偏振光通过成像系统出瞳时，其相位、振幅和偏振态的变化称为偏振像差。偏振像差可用琼斯光瞳 $J_{2\times2}$ 或穆勒光瞳 $M_{4\times4}$ 表述[9]。在二维矢量成像模型中，偏振光在入瞳和出瞳面上的偏振态分布分别用 E_{ent} 和 E_{ext} 表示。偏振像差与 E_{ent} 和 E_{ext} 的关系可以用琼斯矩阵 $J_{2\times2}$ 表示为[10]

$$E_{\text{ext}}=J_{2\times2}E_{\text{ent}} \tag{2.17}$$

其中，E_{ent}、E_{ext}、$J_{2\times2}$ 为光瞳坐标 (f_x,f_y) 的函数，(f_x,f_y) 处的琼斯矩阵 $J_{2\times2}$ 可以通过光线追迹获取。

光瞳坐标 (f_x,f_y) 处琼斯矩阵 J 的获取方法是，光线追迹程序将整个光瞳离散为网格点，程序追迹得到所有网格点对应光瞳坐标点的琼斯矩阵。例如，当光瞳在 x 和 y 两个方向均被离散为 $2N+1$ 个网格点时，在光瞳面上每隔 $\frac{1}{N}$ 个光瞳半径均有一网格点。网格化的琼斯光瞳获取方法示意图如图 2.3 所示。程序计算得到 $\left(\frac{m}{N},\frac{n}{N}\right)$ 处的琼斯矩阵，并存储到文件中。

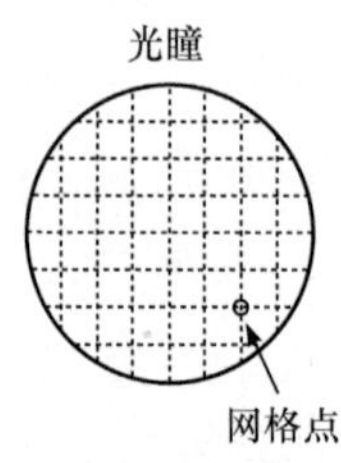

图 2.3　网格化的琼斯光瞳获取方法示意图

某级次衍射光的光瞳坐标 (f_x,f_y) 可能恰好位于一个网格点，也可能不位于一个网格点处。当需要某级次衍射光的光瞳坐标 (f_x,f_y) 对应的琼斯矩阵 J_{f_x,f_y} 时，如果 (f_x,f_y) 恰好是一个网格点的光瞳坐标，那么此级次衍射光在物方的偏振态

$E^o_{f_x,f_y}$ 及其在像方的偏振态 $E^i_{f_x,f_y}$ 的关系为

$$E^i_{f_x,f_y} = J_{f_x,f_y} E^o_{f_x,f_y} \tag{2.18}$$

当需要某级次衍射光的光瞳坐标 (f_x, f_y) 对应的琼斯矩阵 J_{f_x,f_y} 时，如果光瞳坐标 (f_x, f_y) 不是一个网格点的坐标，与 (f_x, f_y) 距离最近的网格点的坐标为 (f_m, f_n) 时，那么假设光瞳坐标点 (f_x, f_y) 对应的琼斯矩阵 J_{f_x,f_y} 与相邻的网格点坐标 (f_m, f_n) 对应的琼斯矩阵 J_{f_m,f_n} 相同。此级次衍射光在物方的偏振态 $E^o_{f_x,f_y}$ 及其在像方的偏振态 $E^i_{f_x,f_y}$ 的关系为

$$E^i_{f_x,f_y} = J_{f_x,f_y} E^o_{f_x,f_y} \approx J_{f_m,f_n} E^o_{f_x,f_y} \tag{2.19}$$

在光瞳划分的网格点不够多的情况下，各级次衍射光的光瞳坐标 (f_x, f_y) 和网格点的光瞳坐标 (f_m, f_n) 之间的差异导致两个琼斯矩阵 J_{f_x,f_y} 和 J_{f_m,f_n} 之间存在差异，从而导致成像结果存在误差。这里假设网格点足够多的情况下，该误差可以忽略不计。

5. 局部与全局坐标系的变换

二维矢量成像模型假设入瞳面和出瞳面之间各级衍射光的传播方向与光轴平行，若光轴方向为 z 轴，琼斯光瞳建立在与 z 轴垂直的 i-j 坐标系。准确仿真像面成像结果需要出瞳面处 x-y-z 坐标系下的三维偏振矢量，所以二维矢量成像模型在出瞳面处将偏振态从二维 i-j 坐标系转换到三维 x-y-z 坐标系[10]，即

$$E^{3\times1}_{\text{ext}} = O_{ij\to xyz} E^{2\times1}_{\text{ext}} \tag{2.20}$$

i-j 坐标系到 x-y-z 坐标系的转换矩阵 $O_{ij\to xyz}$ 与 x-y 坐标系到 s-p 坐标系的转换矩阵 $O_{ij\to sp}$ 及 s-p 坐标系到 x-y-z 坐标系的转换矩阵 $O_{sp\to xyz}$ 的关系为

$$O_{ij\to xyz} = O_{sp\to xyz} \cdot O_{ij\to sp} \tag{2.21}$$

其中

$$O_{sp\to xyz} = \begin{bmatrix} \dfrac{\beta_i}{\sqrt{1-\gamma_i^2}} & \dfrac{\alpha_i\gamma_i}{\sqrt{1-\gamma_i^2}} \\ \dfrac{-\alpha_i}{\sqrt{1-\gamma_i^2}} & \dfrac{\beta_i\gamma_i}{\sqrt{1-\gamma_i^2}} \\ 0 & -\sqrt{1-\gamma_i^2} \end{bmatrix}, \quad O_{ij\to sp} = \begin{bmatrix} \dfrac{\beta_i}{\sqrt{\alpha_i^2+\beta_i^2}} & \dfrac{-\alpha_i}{\sqrt{\alpha_i^2+\beta_i^2}} \\ \dfrac{\alpha_i}{\sqrt{\alpha_i^2+\beta_i^2}} & \dfrac{\beta_i}{\sqrt{\alpha_i^2+\beta_i^2}} \end{bmatrix} \tag{2.22}$$

其中，α_i、β_i、γ_i 为该级次衍射光在出瞳面后的传播方向与 x 轴、y 轴、z 轴夹角的余弦，所以

$$O_{ij\to xyz}=\begin{bmatrix}1-\dfrac{\alpha_i^2}{1+\gamma_i} & -\dfrac{\alpha_i\beta_i}{1+\gamma_i}\\ \dfrac{-\alpha_i\beta_i}{1+\gamma_i} & 1-\dfrac{\beta_i^2}{1+\gamma_i}\\ -\alpha_i & -\beta_i\end{bmatrix} \tag{2.23}$$

6. 像方衍射成像

对出瞳面处三维电场 E_{ext} 做逆傅里叶变换，可得像面电场分布 E_w [11]，即

$$E_w=\begin{bmatrix}E_{w,x}\\ E_{w,y}\\ E_{w,z}\end{bmatrix}=\mathcal{F}^{-1}\left\{E_{\text{ext}}\right\}=\begin{bmatrix}\mathcal{F}^{-1}\left(e_x\right)\\ \mathcal{F}^{-1}\left(e_y\right)\\ \mathcal{F}^{-1}\left(e_z\right)\end{bmatrix} \tag{2.24}$$

其中，$E_{w,x}$、$E_{w,y}$、$E_{w,z}$ 分别为像面处电场在 x、y、z 方向的复振幅；e_x、e_y、e_z 分别为出瞳电场在 x、y、z 方向的复振幅。

由于通常采用周期掩模，因此光瞳的频谱点是离散函数。式(2.24)中逆傅里叶变换可由下式得到，即

$$E_{w,x}(x_w,y_w)=\mathcal{F}^{-1}(e_x(f_x,f_y))=\sum_{f_x,f_y}e_x\exp(\mathrm{j}2\pi(f_xx_w+f_yy_w)) \tag{2.25}$$

其中，x_w、y_w 为像面坐标；f_x、f_y 为出瞳面的坐标。

像面处 x、y、z 三个方向的光强为

$$I_w=\begin{bmatrix}I_{w,x}\\ I_{w,y}\\ I_{w,z}\end{bmatrix}=\begin{bmatrix}E_{w,x}\cdot E_{w,x}^*\\ E_{w,y}\cdot E_{w,y}^*\\ E_{w,z}\cdot E_{w,z}^*\end{bmatrix} \tag{2.26}$$

像面坐标(x_w, y_w)处的相对光强为

$$I_w(x_w,y_w)=I_{w,x}(x_w,y_w)+I_{w,y}(x_w,y_w)+I_{w,z}(x_w,y_w) \tag{2.27}$$

由此得到的像面相对光强是在单个光源点照明时的结果。部分相干光源成像结果需根据式(2.1)对所有光源点的成像结果加权求和得到。

2.1.2　三维严格矢量光刻成像模型

在三维矢量成像模型中，需要考虑 z 方向电场分量对成像的影响。因此，需要在全局坐标系下建立三维矢量的成像模型。首先，确定全局坐标系的表征，如图 2.4 所示。

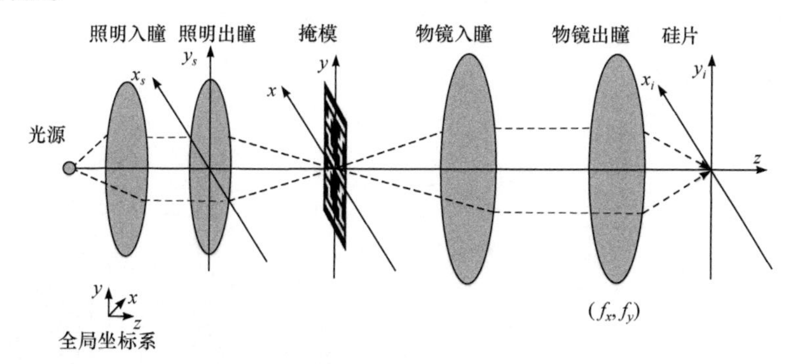

图 2.4　全局坐标系示意图

三维矢量成像仍采用 Abbe 成像模型，如式(2.1)所示。照明出瞳上，单个二次子光源点发出的光经掩模后，在像面成像。该模型考虑物方远场衍射、光瞳函数、辐射度修正因子、偏振像差、像方衍射成像。

三维矢量成像模型中的光瞳函数、辐射度修正因子、像方衍射成像过程，同 2.1.1 节局部坐标系、二维矢量成像模型的三个部分相同。二维矢量成像模型在计算像方衍射成像之前，需要将出瞳面处各级衍射光的偏振态从局部坐标系转换到全局 x-y-z 坐标系。因为三维矢量成像模型可以直接得到各级衍射光在出瞳面处的三维偏振矢量，所以不需要在出瞳面处进行坐标系转换。

在三维矢量成像模型中，掩模衍射场采用 FDTD 方法计算严格的厚掩模衍射场。

1. 厚掩模衍射下的光刻成像理论

在三维矢量成像模型中，掩模图形结构尺寸接近甚至小于照明光的波长，基尔霍夫薄掩模近似不能准确描述光刻成像性能[12-14]。利用基尔霍夫近似和严格电磁场理论模型得到的掩模衍射近场分布如图 2.5 所示[13]。

此时，三维厚掩模效应会显著影响光刻成像性能，因此必须严格求解麦克斯韦方程组，准确获得三维厚掩模衍射场分布，进一步获得严格矢量成像。

利用严格求解麦克斯韦方程组的方法可以获得三维厚掩模的衍射远场分布，则掩模的衍射远场即投影物镜入瞳上的电场分布可以表示为

$$E_{\text{en-pupil}}^{\text{thick}}(\alpha,\beta,\gamma)=\frac{\gamma}{\mathrm{j}\lambda}\cdot\frac{\mathrm{e}^{\mathrm{j}2\pi r}}{r}M_{\text{thick}}(\alpha,\beta,\gamma;x_s,y_s)\cdot E_i\cdot H(\alpha,\beta)$$

$$= \frac{\gamma}{\mathrm{j}\lambda} \cdot \frac{\mathrm{e}^{\mathrm{j}2\pi r}}{r} \cdot \begin{bmatrix} M_{xx} & M_{xy} \\ M_{yx} & M_{yy} \end{bmatrix} \cdot \begin{bmatrix} E_x \\ E_y \end{bmatrix} \cdot H(\alpha,\beta) \tag{2.28}$$

其中，r 为平面波传播距离；α、β、γ 为方向余弦；M_{thick} 为三维厚掩模的衍射远场分布，与掩模照明平面波的入射角度，以及掩模结构、材料等参数有关；$H(\alpha,\beta)$ 为投影物镜的透过率函数，表示投影物镜的衍射受限效应；E_i 为入射到掩模的平面波函数。

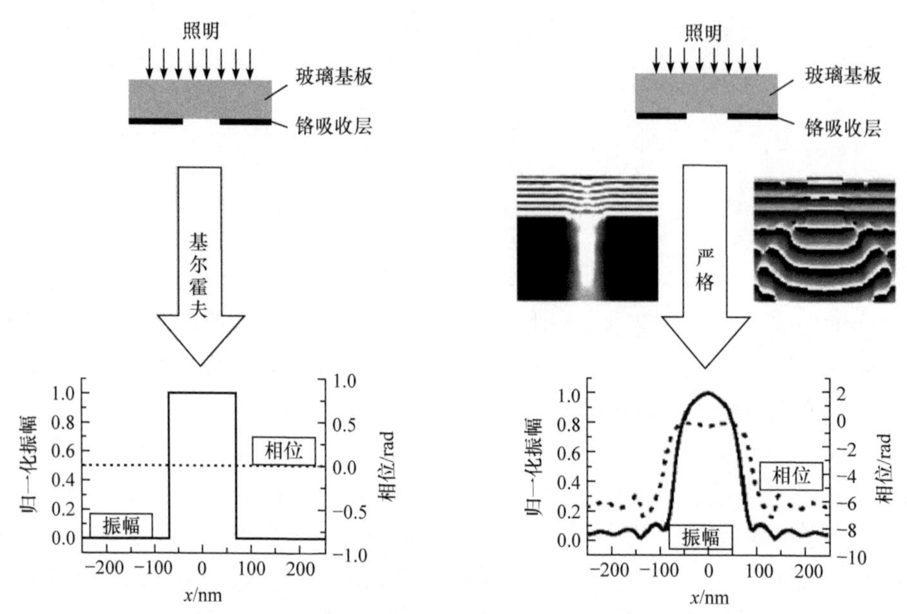

图 2.5　利用基尔霍夫近似和严格电磁场理论模型得到的掩模衍射近场分布

投影物镜入瞳上分布的三维厚掩模的衍射频谱，受到衍射电场和磁场的影响。因此，必须建立一种考虑掩模衍射近场的电场和磁场分布的矢量光刻成像理论。基于麦克斯韦方程组和矢量格林定理的弗朗兹公式可以满足这一需求。弗朗兹公式的基本理论如下。

根据矢量格林定理，即

$$\iiint_V (Q \cdot \nabla \times \nabla \times P - P \cdot \nabla \times \nabla \times Q)\mathrm{d}v = \iint_S (P \times \nabla \times Q - Q \times \nabla \times P) \cdot n\mathrm{d}s \tag{2.29}$$

其中，∇ 表示对光源坐标的矢量运算；$Q = E(r)$；n 为面法向量；$P = \hat{a}G(r,r')$，$\hat{a}$ 为任意方向的单位矢量，$G(r,r')$ 为自由空间中的标量格林函数，即

$$(\nabla^2 + k^2)G(r,r') = -\delta(r - r') \longrightarrow G(r,r') = \frac{\mathrm{e}^{-\mathrm{j}k|r-r'|}}{4\pi|r - r'|} \tag{2.30}$$

令 $P = H$ 且 $Q = \nabla' G \times \hat{a}$，则可以得到弗朗兹方程，对式(2.29)的各项进行适当

的运算，可以得到用于光学光刻的弗朗兹公式，即

$$E(r)=\iint_{S'}\left[-\mathrm{j}\omega\varepsilon\mu\left(n'\times H_o(r')G(r,r')+\frac{1}{\mathrm{j}\omega\varepsilon}(n'\times H_o(r')\cdot\nabla')\nabla'G(r,r')+(n'\times E_o(r')\right)\times\nabla'G(r,r')\right]\mathrm{d}s' \tag{2.31}$$

其中，ω 为频率；ε 为介电常数；μ 为磁导率；$E_o(r')$ 和 $H_o(r')$ 为沿 r' 方向入射三维厚掩模后，衍射近场的电场和磁场分布。

在光刻成像系统中，利用式(2.31)可获得投影物镜入瞳面上的电场分布。由于实际光刻系统物镜的入瞳位于远场处，则 Green 函数可以作以下近似，即

$$G(r,r')=\frac{\mathrm{e}^{-\mathrm{j}k|r-r'|}}{4\pi|r-r'|}\approx\frac{\mathrm{e}^{-\mathrm{j}kr}}{4\pi r}\mathrm{e}^{\mathrm{j}k\hat{r}\cdot r'} \tag{2.32}$$

利用 $\nabla'G(r,r')=\left(\mathrm{j}k+\frac{1}{r}\right)G(r,r')\hat{r}\approx\mathrm{j}kG(r,r')\hat{r}$，有

$$(\hat{e}_z\times H)\cdot\nabla'(\nabla'G(r,r'))\approx-k^2[(\hat{e}_z\times H_o)\cdot\hat{r}]G(r,r')\hat{r} \tag{2.33}$$

因此，投影物镜入瞳上的电场分布为

$$E_{\text{en-pupil}}(r)=-\mathrm{j}k\frac{\mathrm{e}^{-\mathrm{j}kr}}{4\pi r}\iint_{S'}\{\eta(\hat{z}\times H_o(r'))-\eta[(\hat{z}\times H_o(r'))\cdot\hat{r}]\hat{r}-(\hat{z}\times E_o(r'))\times\hat{r}\}\mathrm{e}^{\mathrm{j}k\hat{r}\cdot r'}\mathrm{d}x\mathrm{d}y \tag{2.34}$$

其中，$\eta=\sqrt{\mu/\varepsilon}$；$\hat{r}$ 为掩模和投影物镜入瞳之间传播光波的单位矢量，$\hat{r}=\alpha\hat{x}+\beta\hat{y}+\gamma\hat{z}$。

由此可得投影物镜入瞳上的电场分布，即

$$E^x_{\text{en-pupil}}(r)=\frac{\mathrm{e}^{-\mathrm{j}kr}}{\mathrm{j}\lambda r}\iint(\eta H_{oy}\alpha\beta-\eta H_{oy}-\eta H_{ox}\alpha^2-E_{ox}\gamma)\cdot\mathrm{e}^{\mathrm{j}k\hat{r}\cdot r'}\mathrm{d}x\mathrm{d}y \tag{2.35}$$

$$E^y_{\text{en-pupil}}(r)=\frac{\mathrm{e}^{-\mathrm{j}kr}}{\mathrm{j}\lambda r}\iint(\eta H_{ox}-\eta H_{ox}\alpha\beta+\eta H_{oy}\beta^2-E_{oy}\gamma)\cdot\mathrm{e}^{\mathrm{j}k\hat{r}\cdot r'}\mathrm{d}x\mathrm{d}y \tag{2.36}$$

$$E^z_{\text{en-pupil}}(r)=\frac{\mathrm{e}^{-\mathrm{j}kr}}{\mathrm{j}\lambda r}\iint(\eta H_{oy}\gamma\beta-\eta H_{ox}\gamma\alpha+E_{ox}\alpha+E_{oy}\beta)\cdot\mathrm{e}^{\mathrm{j}k\hat{r}\cdot r'}\mathrm{d}x\mathrm{d}y \tag{2.37}$$

根据电磁场理论，入瞳上的磁场分布为

$$H^x_{\text{en-pupil}}(r)=\sqrt{\frac{\mu}{\varepsilon}}\frac{\mathrm{e}^{-\mathrm{j}kr}}{\mathrm{j}\lambda r}\iint[\beta(\eta H_{oy}\gamma\beta-\eta H_{ox}\gamma\alpha+E_{ox}\alpha+E_{oy}\beta)-\gamma(\eta H_{ox}-\eta H_{ox}\alpha\beta+\eta H_{oy}\beta^2-E_{oy}\gamma)]\cdot\mathrm{e}^{\mathrm{j}k\hat{r}\cdot r'}\mathrm{d}x\mathrm{d}y \tag{2.38}$$

$$H_{\text{en-pupil}}^{y}(r)=\sqrt{\frac{\mu}{\varepsilon}}\frac{\mathrm{e}^{-\mathrm{j}kr}}{\mathrm{j}\lambda r}\iint[\gamma(\eta H_{oy}\alpha\beta-\eta H_{oy}-\eta H_{ox}\alpha^{2}-E_{ox}\gamma)$$
$$-\alpha(\eta H_{oy}\gamma\beta-\eta H_{ox}\gamma\alpha+E_{ox}\alpha+E_{oy}\beta)]\cdot\mathrm{e}^{\mathrm{j}k\hat{r}\cdot r'}\mathrm{d}x\mathrm{d}y \tag{2.39}$$

$$H_{\text{en-pupil}}^{z}(r)=\sqrt{\frac{\mu}{\varepsilon}}\frac{\mathrm{e}^{-\mathrm{j}kr}}{\mathrm{j}\lambda r}\iint[\alpha(\eta H_{ox}-\eta H_{ox}\alpha\beta+\eta H_{oy}\beta^{2}-E_{oy}\gamma)$$
$$-\beta(\eta H_{oy}\alpha\beta-\eta H_{oy}-\eta H_{ox}\alpha^{2}-E_{ox}\gamma)]\cdot\mathrm{e}^{\mathrm{j}k\hat{r}\cdot r'}\mathrm{d}x\mathrm{d}y \tag{2.40}$$

值得关注的是，不同方向的平面波照明三维厚掩模后，其衍射场的分布也不同。因此，表示掩模衍射频谱的函数与表示光学系统的光瞳等函数存在耦合，必须采用 Abbe 成像理论模型，实现准确的光刻空间成像。

2. 非理想双远心物镜的成像理论

在三维矢量成像模型中，入瞳处各级衍射光的偏振态可在 x-y-z 全局坐标系下表达成三维偏振矢量，并且光刻系统不是理想的远心系统。因此，光源发出的光或物方衍射光的偏振态应该表达为三维形式。此时，必须考虑物镜成像的非远心特性，才能获得与实际情况相符的三维偏振态。

在非双远心成像系统中，远离光轴的视场点与中心视场点同一级次的衍射光应位于投影物镜光瞳面上的同一位置[15]。投影物镜物方非远心造成的衍射平面波矢量的变化如图 2.6 所示。当考虑轴外视场点时，通过光瞳中心坐标点的某一级次的衍射光，其传播方向与光轴有一夹角 α_0；当物镜非物方远心时，通过光瞳各坐标点的光波传播方向与物镜物方远心时光瞳各坐标点的光波传播方向不相同，夹角为 α_1， α_1 与 α_0 相同。

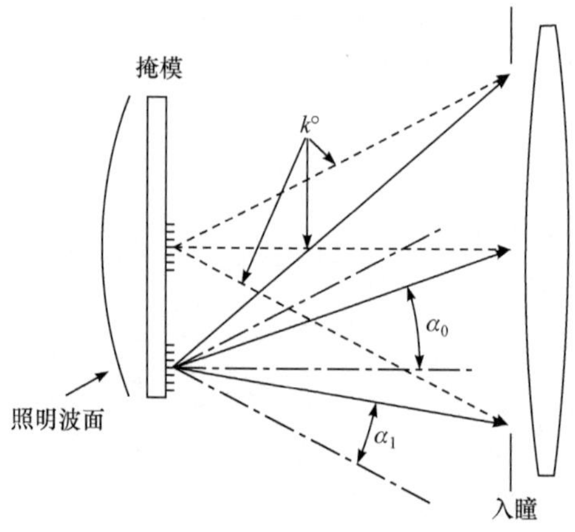

图 2.6　投影物镜物方非远心造成的衍射平面波矢量的变化

当投影物镜存在远心误差时，从掩模面轴上物点到投影物镜入瞳面的主光线不再平行于光轴。

记理想双远心投影物镜入瞳面上某一点对应的平面波波矢量为(α,β,γ)。由于双远心误差的存在，该点对应的平面波波矢量变为(α',β',γ')。图 2.6 显示，平面波波矢量方向的改变等效于坐标系的改变。令波矢量沿坐标轴逆时针旋转为正方向，顺时针旋转为负方向，则旋转前后的平面波波矢量满足

$$\begin{bmatrix}\alpha'\\\beta'\\\gamma'\end{bmatrix}=\Phi\cdot\begin{bmatrix}\alpha\\\beta\\\gamma\end{bmatrix}\tag{2.41}$$

$$\Phi=\begin{bmatrix}\cos\varepsilon_z\cos\varepsilon_y & \sin\varepsilon_z\cos\varepsilon_x+A\sin\varepsilon_x & \sin\varepsilon_z\sin\varepsilon_x-A\cos\varepsilon_x\\\sin\varepsilon_z\cos\varepsilon_y & \cos\varepsilon_z\cos\varepsilon_x-B\sin\varepsilon_x & \cos\varepsilon_z\sin\varepsilon_x+B\cos\varepsilon_x\\\sin\varepsilon_y & -\cos\varepsilon_y\sin\varepsilon_x & \cos\varepsilon_y\cos\varepsilon_x\end{bmatrix}\tag{2.42}$$

其中，ε_i为波矢量沿$i(i=x、y、z)$轴的旋转角度；$A=\cos\varepsilon_z\sin\varepsilon_y$；$B=\sin\varepsilon_z\sin\varepsilon_y$。

相应地，在投影物镜出瞳处，远心误差造成的平面波波矢量的变化与入瞳处有相似的变化关系。根据能量守恒定理和正弦条件，在存在远心误差的投影物镜中，入瞳和出瞳上的电场分布满足

$$\left|E_{\text{en-pupil}}(\alpha',\beta',\gamma')\right|^2 r^2\frac{\mathrm{d}\alpha'\mathrm{d}\beta'}{\gamma'}=\left|E_{\text{ex-pupil}}^{\text{before}}(\alpha_i',\beta_i',\gamma_i')\right|^2 r_i^2\frac{\mathrm{d}\alpha_i'\mathrm{d}\beta_i'}{\gamma_i'}\tag{2.43}$$

$$-T\cdot\alpha=n\cdot\alpha_i,\quad -T\cdot\beta=n\cdot\beta_i\tag{2.44}$$

非理想双远心投影物镜中的辐射度修正因子为

$$\begin{aligned}\mathrm{RC}(\alpha_i',\beta_i')=\sqrt{\frac{\gamma'}{\gamma_i'}}\cdot&\left\{\frac{\left[\left(\Phi_1^{xx}-\Phi_1^{xz}\dfrac{\alpha}{\gamma}\right)\cdot\dfrac{n_i}{R}-\left(\Phi_1^{xy}-\Phi_1^{xz}\dfrac{\beta}{\gamma}\right)\cdot\dfrac{n_i}{R}\cdot\dfrac{\alpha_i}{\beta_i}\right]}{\left[\Phi_2^{xx}-\Phi_2^{xz}\dfrac{\alpha_i}{\gamma_i}-\left(\Phi_2^{xy}-\Phi_2^{xz}\dfrac{\beta_i}{\gamma_i}\right)\cdot\dfrac{\alpha_i}{\beta_i}\right]}\right.\\&\left.\cdot\frac{\left[\left(\Phi_1^{yx}-\Phi_1^{yz}\dfrac{\alpha}{\gamma}\right)\cdot\dfrac{n_i}{R}-\left(\Phi_1^{yy}-\Phi_1^{yz}\dfrac{\beta}{\gamma}\right)\cdot\dfrac{n_i}{R}\cdot\dfrac{\alpha_i}{\beta_i}\right]}{\left[\Phi_2^{yx}-\Phi_2^{yz}\dfrac{\alpha_i}{\gamma_i}-\left(\Phi_2^{yy}-\Phi_2^{yz}\dfrac{\beta_i}{\gamma_i}\right)\cdot\dfrac{\alpha_i}{\beta_i}\right]}\right\}^{-0.5}\end{aligned}\tag{2.45}$$

其中，Φ_1和Φ_2为投影物镜入瞳和出瞳上的变换矩阵Φ；$\Phi_1^{ij}(i=x,y;j=x,y,z)$为变换矩阵$\Phi$相应的元素。

相应地，变换矩阵变为

$$\Psi'_{\text{ex-pupil}} = \begin{bmatrix} 1-\dfrac{X^2}{1+Z} & -\dfrac{X\cdot Y}{1+Z} \\ -\dfrac{X\cdot Y}{1+Z} & 1-\dfrac{Y^2}{1+Z} \\ -X & -Y \end{bmatrix} \tag{2.46}$$

其中，$X = \Phi_2^{xx}\alpha_i + \Phi_2^{xy}\beta_i + \Phi_2^{xz}\gamma_i$；$Y = \Phi_2^{yx}\alpha_i + \Phi_2^{yy}\beta_i + \Phi_2^{yz}\gamma_i$；$Z = \Phi_2^{zx}\alpha_i + \Phi_2^{zy}\beta_i + \Phi_2^{zz}\gamma_i$。

投影物镜像面的离焦量引起的相位变化为

$$\text{Def}(\alpha_i', \beta_i') = \exp\left\{ \text{j}\frac{2\pi n_i}{\lambda} z_i \left[1-\sqrt{1-(\alpha_i')^2-(\beta_i')^2} \right] \right\} \tag{2.47}$$

非理想双远心投影物镜出瞳上的电场分布为

$$\begin{aligned} E_{\text{image}}(x_i, y_i, z_i) = \text{j}\frac{nT}{\lambda^2} \iint & \Psi_{\text{ex-pupil}}(\alpha_i', \beta_i', \gamma_i') \cdot \text{RC}(\alpha_i', \beta_i') \cdot A(\alpha_i, \beta_i) \\ & \cdot \text{Def}(\alpha_i', \beta_i', \gamma_i') \cdot F(E_{\text{near-field}}(x, y)) \cdot H(\alpha', \beta') \text{e}^{\text{j}2\pi(f_i'x_i + g_i'y_i)} \cdot \text{d}\alpha_i'\text{d}\beta_i' \end{aligned} \tag{2.48}$$

因此，在点光源 a 照明下，像面上的电场强度分布为

$$\begin{aligned} I_{\text{coh}}^a &= \left| E_{\text{image}}(x_i, y_i, z_i) \right|^2 \\ &= \left| E_x^{\text{wafer}}(x_i, y_i, z_i) \right|^2 + \left| E_y^{\text{wafer}}(x_i, y_i, z_i) \right|^2 + \left| E_z^{\text{wafer}}(x_i, y_i, z_i) \right|^2 \end{aligned} \tag{2.49}$$

根据偏振光学理论，如果点光源 a 发出部分偏振光，那么部分偏振光的电场可以分解成两个理想线偏振光的电场叠加。对于每一种理想的线偏振光，都可以按照上面的过程计算，获得投影光学光刻系统像面的电场强度分布。最后把两种理想线偏振光对应的电场强度分布叠加，即可得到该点光源照明下像面电场强度分布。

在投影光学光刻系统中，一般采用部分相干照明，其有效光源可分解为一系列非相干点光源。按照 Abbe 成像理论，分别计算每个光源点照明掩模后，掩模图形在像面成像的电场强度分布。最后将电场强度分布叠加，得到部分相干光源照明下，像面上总的电场强度分布，即

$$I_{\text{total}}(x_i, y_i, z_i) = \iint Q(x_s, x_s) I_{\text{coh}}^a(x_i, y_i, z_i) \text{d}x_s \text{d}x_s \tag{2.50}$$

3. 三维矢量成像模型中的三维偏振像差

在三维矢量成像模型中，光学系统入瞳面到出瞳面之间各级衍射光偏振态的

变化可以用 3×3 的三维偏振追迹矩阵描述。光瞳坐标为 (f_x,f_y) 的某级次衍射光在入瞳的三维偏振矢量 $[e_x,e_y,e_z]^{\mathrm{T}}$ 与出瞳的三维偏振矢量 $[e'_x,e'_y,e'_z]^{\mathrm{T}}$ 之间的转换关系为

$$\begin{bmatrix} e'_x \\ e'_y \\ e'_z \end{bmatrix}_{f_x,f_y} = P_{f_x,f_y} \cdot \begin{bmatrix} e_x \\ e_y \\ e_z \end{bmatrix}_{f_x,f_y} = \begin{bmatrix} p_{11} & p_{12} & p_{13} \\ p_{21} & p_{22} & p_{23} \\ p_{31} & p_{32} & p_{33} \end{bmatrix}_{f_x,f_y} \cdot \begin{bmatrix} e_x \\ e_y \\ e_z \end{bmatrix}_{f_x,f_y} \tag{2.51}$$

其中，P_{f_x,f_y} 为物镜光瞳面上 (f_x,f_y) 处的三维偏振追迹矩阵。

物镜光瞳面上所有坐标点的三维偏振追迹矩阵组成三维偏振像差。物镜的三维偏振像差可通过光线追迹程序获取。下面介绍如何在三维偏振像差文件中获得所需光瞳某坐标点对应的三维偏振追迹矩阵。

三维偏振像差获取程序将整个光瞳离散为网格点，通过追迹可以得到所有网格点对应光瞳坐标点的三维偏振追迹矩阵。在设定网格点足够多的情况下，该方法计算的三维偏振追迹矩阵误差可以忽略不计。例如，当光瞳在 x、y 两个方向均离散为 $2N+1$ 个网格点时，光瞳面上每隔 $1/N$ 个光瞳半径均有一网格点。网格化的三维偏振像差获取方法示意图如图 2.7 所示。程序可以得到所有光瞳坐标为 $(m/N,n/N)$ 的光瞳坐标点的三维偏振追迹矩阵，并存储到文件中。

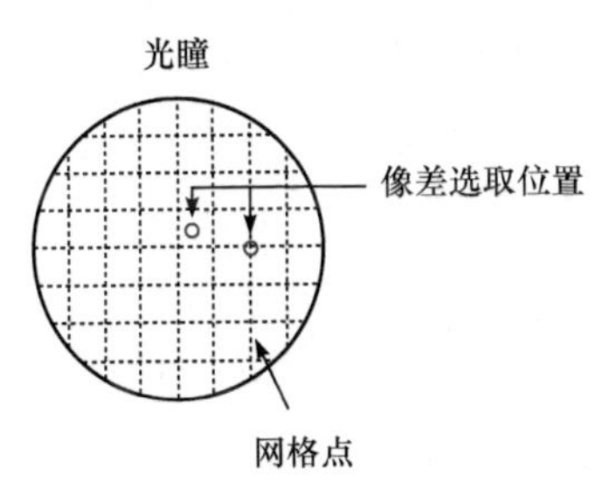

图 2.7　网格化的三维偏振像差获取方法示意图

某级次衍射光的光瞳坐标 (f_x,f_y) 可能恰好位于一个网格点，也可能不位于一个网格点。当需要某级衍射光 (f_x,f_y) 对应的三维偏振追迹矩阵 P_{f_x,f_y} 时，如果 (f_x,f_y) 恰好是一个网格点，那么此级次衍射光在物方的矢量 $E^o_{f_x,f_y}$ 和像方的矢量 $E^i_{f_x,f_y}$ 的关系为

$$E^i_{f_x,f_y} = P_{f_x,f_y} \cdot E^o_{f_x,f_y} \tag{2.52}$$

当需要某级衍射光 (f_x,f_y) 对应的三维偏振追迹矩阵 P_{f_x,f_y} 时，如果 (f_x,f_y) 不

在一个网格点上，与(f_x, f_y)最相近的网格点位置在(f_m, f_n)，则(f_x, f_y)光瞳坐标点对应的三维偏振追迹矩阵P_{f_x,f_y}与相邻网格点(f_m, f_n)对应的三维偏振追迹矩阵P_{f_m,f_n}相等。此级次衍射光在物方的偏振态$E^o_{f_x,f_y}$和像方的偏振态$E^i_{f_x,f_y}$的关系为

$$E^i_{f_x,f_y} = P_{f_x,f_y} \cdot E^o_{f_x,f_y} \approx P_{f_m,f_n} \cdot E^o_{f_x,f_y} \tag{2.53}$$

在网格点不够多的情况下，各级衍射光在光瞳面上的坐标(f_x, f_y)和采样点坐标(f_m, f_n)之间的差异造成两个三维偏振追迹矩阵P_{f_x,f_y}和P_{f_m,f_n}之间存在差异，从而导致成像结果存在误差。在网格点足够多的情况下，该误差可以忽略不计。

2.1.3 二维-三维的矢量光刻成像分析

本节针对零波像差双远心、零波像差非双远心，以及存在波像差这三种情况，对比分析二维矢量成像模型与三维矢量成像模型的成像性能。在零波像差双远心的情况下，二维矢量和三维矢量成像模型的成像性能相同；在零波像差非双远心，以及存在波像差的情况下，二维矢量和三维矢量成像模型的成像性能存在差异。三维矢量成像模型相比二维矢量成像模型更具优势。

1. 三维矢量成像模型在零波像差双远心物镜中的应用

在零波像差情况下，光刻物镜满足严格双远心成像，二维矢量和三维矢量光刻成像性能完全相同。理论分析可证明这一结论的正确性。

在零波像差、双远心成像情况下，表示物镜三维偏振像差的三维偏振追迹矩阵与表示二维偏振像差中的琼斯矩阵可以相互转换。设某根光线从物面到第一个面的局部坐标系为i^o-j^o；从最后一个面到像面的局部坐标系为i^i-j^i，i^o、j^o、i^i、j^i在全局坐标系的坐标分别为(i^o_x, i^o_y, i^o_z)、(j^o_x, j^o_y, j^o_z)、(i^i_x, i^i_y, i^i_z)、(j^i_x, j^i_y, j^i_z)。追迹得到的琼斯矩阵J转为三维偏振追迹矩阵P的方法为

$$P = \begin{bmatrix} P_{11} & P_{12} & P_{13} \\ P_{21} & P_{22} & P_{23} \\ P_{31} & P_{32} & P_{33} \end{bmatrix} = \begin{bmatrix} i^i_x & j^i_x \\ i^i_y & j^i_y \\ i^i_z & j^i_y \end{bmatrix} \cdot \begin{bmatrix} J_{11} & J_{12} \\ J_{21} & J_{22} \end{bmatrix} \cdot \begin{bmatrix} i^o_x & i^o_y & i^o_z \\ j^o_x & j^o_y & j^o_y \end{bmatrix} = O_i \cdot J \cdot O_o \tag{2.54}$$

其中，O_o和O_i分别为物方和像方的变换矩阵，即

$$O_i = \begin{bmatrix} i^i_x & j^i_x \\ i^i_y & j^i_y \\ i^i_z & j^i_y \end{bmatrix}, \quad O_o = \begin{bmatrix} i^o_x & i^o_y & i^o_z \\ j^o_x & j^o_y & j^o_y \end{bmatrix} \tag{2.55}$$

光刻成像模型将光学系统抽象为入瞳和出瞳。假定轴上物光在入瞳到出瞳之间的光波传播方向与光轴平行，琼斯矢量可以表示光波在 x-y 坐标系的偏振态。光刻成像模型中 x-y 坐标系和 i-j 坐标系示意图如图 2.8 所示。

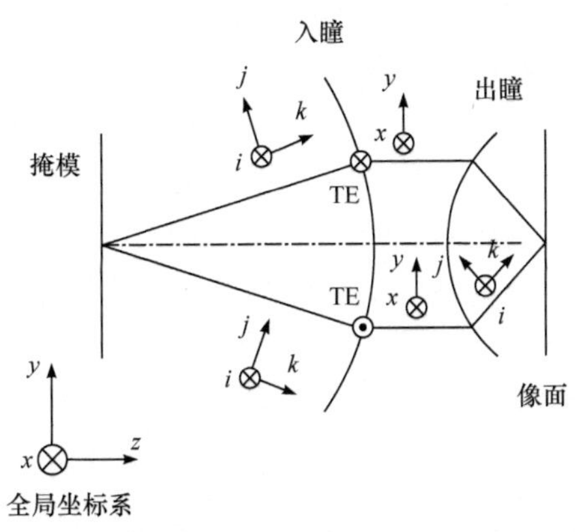

图 2.8　光刻成像模型中 x-y 坐标系和 i-j 坐标系示意图

从物面到入瞳，以及从出瞳到像面的光波传播方向与光轴不平行，光波偏振态在 i-j 坐标系中描述。在二维矢量成像模型中，出瞳面之后和入瞳面之前的 i-j 坐标系的定义为 x、y 坐标轴绕对应 TE 轴旋转的结果。

二维矢量成像模型假设物镜双远心，并且物镜存在波像差时局部坐标系到全局坐标系的转换矩阵，与物镜不存在波像差时的转换矩阵相同。光瞳面上每个坐标点的琼斯矩阵 J 可以转换成 3×3 的矩阵 P'，即

$$P' = T_i \cdot J \cdot T_o \tag{2.56}$$

其中

$$T_o = \begin{bmatrix} \dfrac{1-\alpha_o^2}{1+\gamma_o} & \dfrac{-\alpha_o\beta_o}{1+\gamma_o} & -\alpha_o \\ \dfrac{-\alpha_o\beta_o}{1+\gamma_o} & \dfrac{1-\beta_o^2}{1+\gamma_o} & -\beta_o \end{bmatrix},\quad T_i = \begin{bmatrix} \dfrac{1-\alpha_i^2}{1+\gamma_i} & \dfrac{-\alpha_i\beta_i}{1+\gamma_i} \\ \dfrac{-\alpha_i\beta_i}{1+\gamma_i} & \dfrac{1-\beta_i^2}{1+\gamma_i} \\ -\alpha_i & -\beta_i \end{bmatrix} \tag{2.57}$$

其中，α_o、β_o、γ_o 为入瞳面处衍射光传播方向相对于 x、y、z 轴的方向余弦；α_i、β_i、γ_i 为出瞳面处衍射光传播方向相对于 x、y、z 轴的方向余弦。

转换矩阵 T_o 和 T_i 是在上述两假设下推导出来的。如果 O_i 与 T_i 相等、O_o 与 T_o 相等，那么三维矢量成像模型与二维矢量成像模型完全一致；如果有一对或两对不相等，那么三维矢量成像模型与二维矢量成像模型存在差别。

如果光刻成像模型中各级次衍射光从物面到入瞳面之间的 i-j 坐标系与光线追迹中对应光线在第一个面之前的 i-j 坐标系均一致，则 O_o 与 T_o 相等；如果不一致，则 O_o 与 T_o 不相等。同样，如果各级次衍射光从出瞳面到像面之间的 i-j 坐标系与光线追迹中对应光线在最后一个面之后的 i-j 坐标系均一致，那么 O_i 与 T_i 相等；如果不一致，则 O_i 与 T_i 不相等。

当采用零像差双远心物镜时，二维矢量成像模型的假设成立。成像模型中入瞳面处各级衍射光传播方向与光线追迹中对应的光线在第一个面之前的传播方向相同；成像模型中出瞳面处各级衍射光传播方向与光线追迹中对应的光线在最后一个面之后的传播方向相同。所以，成像模型中各级次衍射光在物方和像方的 i-j 坐标系，与光线追迹中对应光线的 i-j 坐标系相同，O_o 与 T_o、O_i 与 T_i 相等；反之，不相等。因此，当物镜双远心且不含波像差，三维矢量成像模型和二维矢量成像模型仿真结果相同。

2. 三维矢量成像模型在零波像差非双远心物镜中的应用

下面研究考虑物镜远心度时，三维矢量成像模型的仿真结果与二维矢量成像模型的差异，以便体现三维矢量成像模型的优势。

因为需要分析投影物镜非远心性能对两种成像模型计算结果差异的影响，如果设计非远心性能不同的多个投影物镜，那么需耗费大量时间，并且难以满足复杂的参数要求。因此，进行此项研究时，不采用设计的投影物镜，而是根据需要的物镜非远心性能模拟物镜三维偏振像差进行研究。

根据物镜非远心模拟物镜三维偏振像差的方法如下。当物镜物方非远心时，入瞳面处各级衍射光传播方向 k^o 如图 2.6 所示。当物镜像方非远心时，通过光瞳中心坐标点衍射光的传播方向与光轴有一夹角 α_0。各级衍射光随主光线转动关系示意图如图 2.9 所示。假设物镜像方非远心时，通过光瞳的任一级次衍射光的传播方向和物镜像方远心时该级衍射光传播方向的夹角 α_1 与 α_0 相等，并且方向相同。

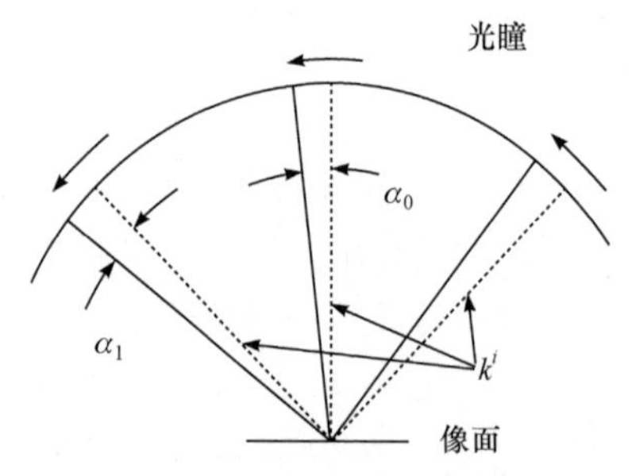

图 2.9　各级衍射光随主光线转动关系示意图

设通过出瞳面中心坐标点衍射光的传播方向相对 x、y、z 的方向余弦为 α_m、β_m、γ_m，出瞳面处某级次衍射光在物镜像方远心时相对 x、y、z 的方向余弦为 α_o、β_o、γ_o，则物镜非像方远心时出瞳面处该级次衍射光传播方向 k^i 相对 x、y 的方向余弦 k_x、k_y 分别为 $\alpha_m+\alpha_o$、$\beta_m+\beta_o$，则 k 相对 z 的方向余弦 k_z 为

$$k_z=\sqrt{1-(k_x^2+k_y^2)}=\sqrt{1-(\alpha_m+\alpha_o)^2-(\beta_m+\beta_o)^2} \tag{2.58}$$

根据入瞳面各级衍射光的传播方向 k^o 和出瞳面各级衍射光的传播方向 k^i，按照局部与全局坐标系的转换方法，可以计算物镜入瞳面和出瞳面局部 i - j 坐标系两坐标轴的方向 i^o、j^o 和 i^i、j^i。各级衍射光对应光瞳坐标点的三维偏振追迹矩阵可以近似地通过该光瞳坐标点的琼斯矩阵 J 转换得到，即

$$P=O_i\cdot J\cdot O_o \tag{2.59}$$

采用像方主光线方向相对于 x、y 两个坐标轴的方向余弦与主光线相对于 z 坐标轴的方向余弦之比表示物镜像方远心度，即如果将投影物镜像方主光线方向的单位矢量表示为 $[k_x,k_y,k_z]$，那么衡量物镜像方远心度的量为 k_x/k_z 和 k_y/k_z。

下面研究物镜像方远心度对二维矢量成像模型与三维矢量成像模型仿真结果之间差异的影响。

考虑无二维偏振像差、零像差物镜系统成像，设照明为中心点光源 X 偏振照明，令 k_x/k_z 在 10^{-3}～10^{-1} 之间变化，$k_y/k_z=0$，此时 k_x/k_z 可以视作主光线与光轴夹角。选取如下掩模图形。

(1) x 方向变化的一维线空(line and space，L&S)图形；周期为 180nm、CD = 90nm；背景透过率为 1、相位为 0°；图形透过率为 0、相位为 0°。

(2) 二维密集线条；周期为 1540nm、CD = 45nm；背景透过率为 1、相位为 0°；图形透过率为 0.06、相位为 180°。

(3) 二维孤立线条；周期为 2350nm、CD = 45nm；背景透过率为 1、相位为 0°；图形透过率为 0.06、相位为 180°。

(4) 二维接触孔图形；周期为 150nm、CD = 75nm；背景透过率为 0.06、相位为 180°；图形透过率为 1、相位为 0°。

掩模图形示意图如图 2.10 所示。在不同主光线与光轴夹角下利用二维矢量成像模型计算像面相对光强分布，再利用三维矢量成像模型计算像面相对光强分布，计算二者差异的绝对值在整个像面的最大值，绘出差异随主光线与光轴夹角变化的曲线，如图 2.11 所示。

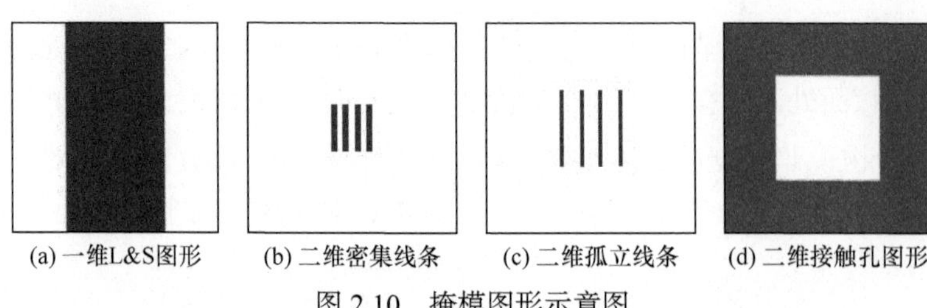

图 2.10　掩模图形示意图

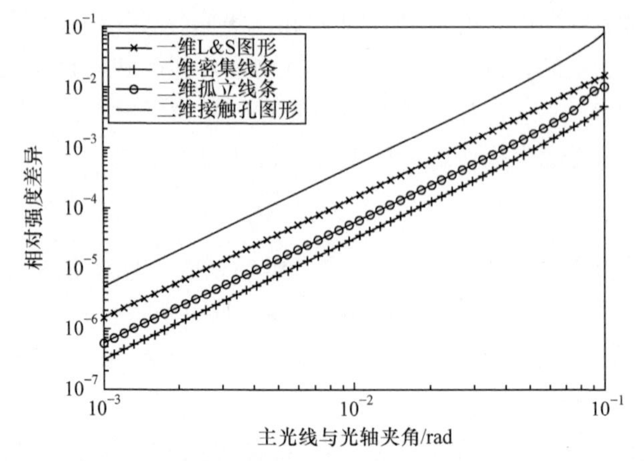

图 2.11　两模型仿真结果差异随主光线与光轴夹角变化的曲线

两模型仿真结果的差异随着 k_x / k_z 的增大而增大，当 k_x / k_z 增大 10 倍时，仿真结果差异增大 100 倍左右。当 k_x / k_z 从 10^{-3} 变化到 10^{-1} 时，仿真结果差异从 10^{-6} 数量级变化到 10^{-2} 数量级。

在设定物镜远心度和其他仿真条件下，我们研究二维矢量成像模型计算的空间像相对强度分布及其与三维矢量成像模型计算的空间像相对强度分布之间的差异。

仿真采用图 2.10(d)所示的接触孔掩模；中心点光源 X 偏振照明；不考虑物镜波像差；物镜物方远心；仿真像面 $y = 0$ 直线上相对强度分布。为了突出物镜非远心特性对模型仿真结果的影响，设定物镜像方 $k_x / k_z = 0.1$、$k_y / k_z = 0$；设每个光瞳坐标点的琼斯矩阵为单位矩阵。在上述条件下，二维矢量成像模型计算的空间像相对强度分布，以及三维矢量成像模型计算的空间像相对强度分布如图 2.12 所示。

在上述仿真条件下，二维矢量成像模型与三维矢量成像模型计算的空间像相对强度分布之间的差异在 10^{-2} 数量级，最大绝对差值为 9.3×10^{-2} 、平均绝对值差为 4.5×10^{-2} 、差值均方根为 5.1×10^{-2} 。这说明，三维矢量成像模型用于预测非双远心物镜成像较二维矢量成像模型更精确。

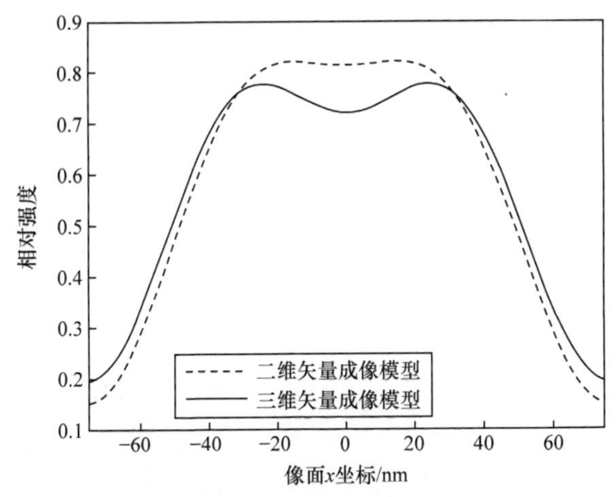

图 2.12　二维矢量成像模型与三维矢量成像模型仿真零像差非远心物镜成像结果

上述仿真条件中物镜远心度是被人为增大的，由于 NA = 1.35 的光学系统像方远心度远高于此设定，所以在预测目前实际光刻物镜成像时，二维矢量成像模型与三维矢量成像模型仿真结果的差异并不那么明显。

在预测非双远心物镜成像时,三维矢量成像模型较二维矢量成像模型更精确。下面分析三维矢量成像模型在存在像差物镜中的应用。

3. 三维矢量成像模型在含像差物镜中的应用

为了进一步研究三维矢量成像模型用于预测实际物镜成像结果时较二维矢量成像模型的优势，下面分析三维矢量成像模型在存在像差物镜中的应用。

在设定的仿真条件下，利用三维矢量成像模型计算像面的相对强度分布，并与二维矢量成像模型计算的空间像相对强度分布对比。

1) 仿真条件一

中心点光源 X 偏振照明；掩模为 45nm 线宽一维 PSM 掩模(图 2.13)。其中，浅色区域透过率为 1、相位为 180°、宽为 45nm；白色区域透过率为 1、相位为 0、宽为 45nm；黑色区域透过率为 0、中间黑色区域宽为 45nm；掩模周期为 180nm。

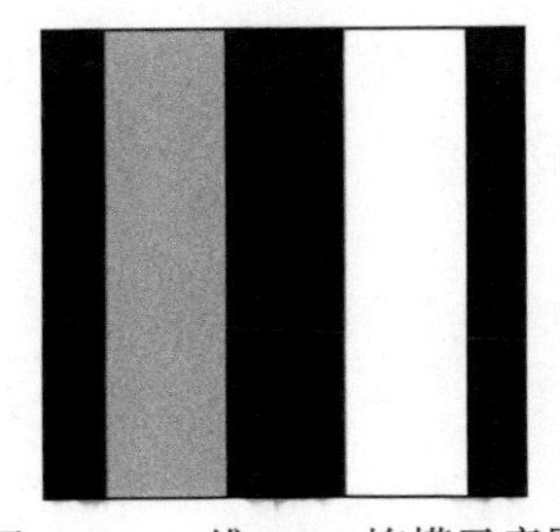

图 2.13　一维 PSM 掩模示意图

考虑图 2.14 所示的投影物镜 $F1$ 视场点的波像差和偏振像差。投影物镜 $F1$ 视场点波像差数据如表 2.1 所示。

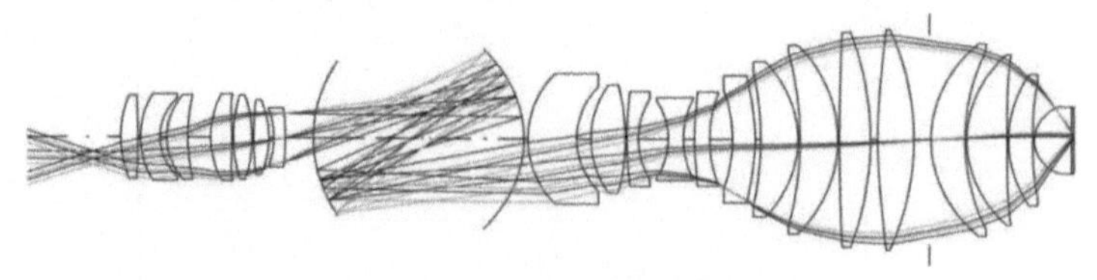

图 2.14　投影物镜示意图

表 2.1　投影物镜 *F*1 视场点波像差数据

泽尼克项	系数	泽尼克项	系数	泽尼克项	系数	泽尼克项	系数	泽尼克项	系数	泽尼克项	系数	泽尼克项	系数	泽尼克项	系数	泽尼克项	系数
$Z1$	0	$Z5$	−0.0036	$Z9$	−0.0155	$Z13$	0	$Z17$	−0.002	$Z21$	0.01360	$Z25$	−0.0097	$Z29$	0	$Z33$	0
$Z2$	0	$Z6$	0	$Z10$	0	$Z14$	0	$Z18$	0	$Z22$	0	$Z26$	0	$Z30$	0	$Z34$	0
$Z3$	0.014	$Z7$	0	$Z11$	−0.0266	$Z15$	0.01	$Z19$	0	$Z23$	0	$Z27$	−0.0022	$Z31$	−0.0123	$Z35$	0.0227
$Z4$	−0.0046	$Z8$	0.0131	$Z12$	0.0055	$Z16$	−0.01	$Z20$	0.0181	$Z24$	0.0311	$Z28$	−0.0019	$Z32$	−0.0079	$Z36$	−0.0087

在上述仿真条件下，利用三维矢量成像模型计算像面的相对强度分布，并与二维矢量成像模型计算的空间像相对强度分布对比。二维和三维矢量成像模型仿真结果的差异如图 2.15 所示。

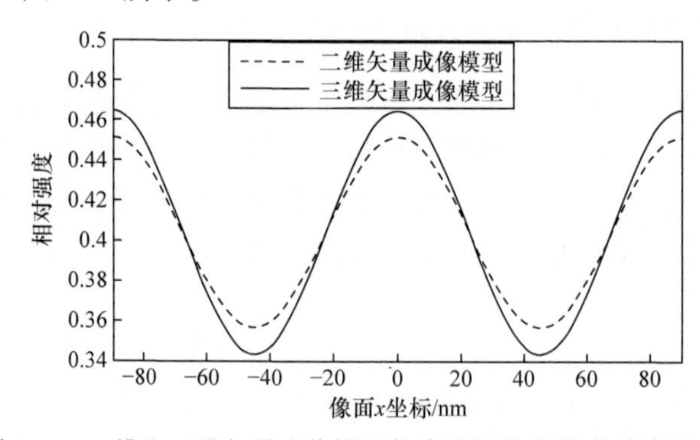

图 2.15　二维和三维矢量成像模型仿真结果的差异(仿真条件一)

最大绝对差值为1.3×10^{-2}、平均绝对值差为8.4×10^{-3}、差值均方根为9.4×10^{-3}，结果表明两模型仿真结果的最大差异为10^{-2}数量级。

2) 仿真条件二

采用图 2.10(d)所示的接触孔掩模图形，以及 $x=\pm0.2$ 、 $y=0$ ，强度为 1 的两个光源点，Y 偏振照明。考虑图 2.14 所示投影物镜 $F1$ 视场点的波像差和偏振像差，仿真像面 $y=0$ 的相对强度分布。

在上述仿真条件下，利用三维矢量成像模型计算像面的相对强度分布，并与二维矢量成像模型计算的空间像相对强度分布对比。二维和三维矢量成像模型仿真结果的差异如图 2.16 所示。

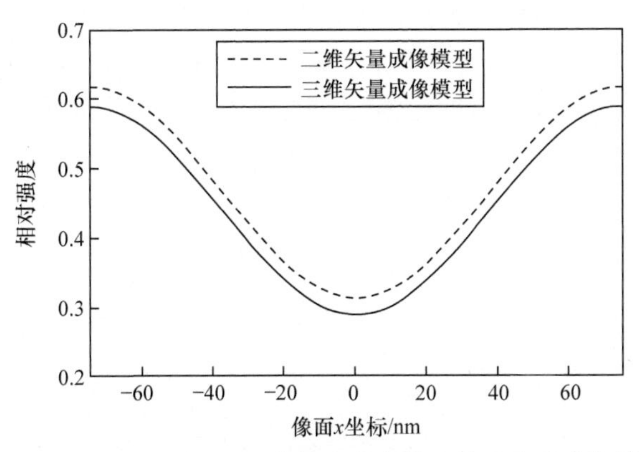

图 2.16　二维和三维矢量成像模型仿真结果的差异(仿真条件二)

最大绝对差值为 2.9×10^{-2} 、平均绝对值差为 2.6×10^{-2} 、差值均方根为 2.6×10^{-2} ，结果表明两模型仿真结果的最大差异为 10^{-2} 数量级。

3) 仿真条件三

采用图 2.10(d)所示的接触孔掩模图形，中心点光源 X 偏振照明。考虑图 2.14 所示物镜 $F1$ 视场点的波像差和偏振像差，仿真像面 $y=0$ 的相对强度分布。

在上述仿真条件下，利用三维矢量成像模型计算空间像的相对强度分布，并与二维矢量成像模型计算的空间像相对强度分布对比。二维和三维矢量成像模型仿真结果的差异如图 2.17 所示。

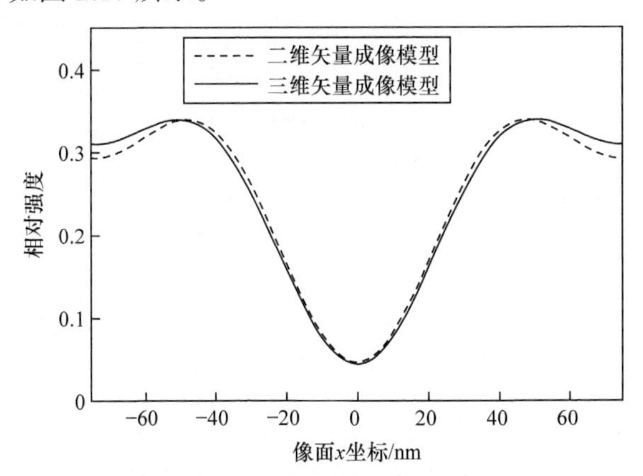

图 2.17　二维和三维矢量成像模型仿真结果的差异(仿真条件三)

最大绝对差值为 1.7×10^{-2} 、平均绝对值差为 7.4×10^{-3} 、差值均方根为 8.7×10^{-3} ，结果表明两模型仿真结果的最大差异为 10^{-2} 数量级。

4) 仿真条件四

采用图 2.10(d)所示的接触孔掩模图形，中心点光源 Y 偏振照明。考虑图 2.14 所示物镜 $F1$ 视场点的波像差和偏振像差，仿真像面 $y=0$ 的相对强度分布。

在上述仿真条件下，利用三维矢量成像模型计算空间像的相对强度分布，并与二维矢量成像模型计算的空间像相对强度分布对比。二维和三维矢量成像模型仿真结果的差异如图 2.18 所示。

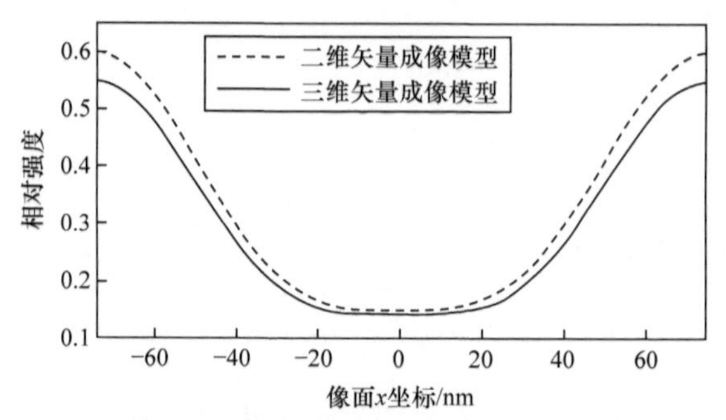

图 2.18　二维和三维矢量成像模型仿真结果的差异(仿真条件四)

最大绝对差值为 5.0×10^{-2}、平均绝对值差为 2.8×10^{-2}、差值均方根为 3.2×10^{-2}，结果表明两模型仿真结果的最大差异为 10^{-2} 数量级。

前面模拟实验的数据说明，在某些仿真条件下，当成像物镜是存在像差的非理想系统时，三维矢量成像模型较二维矢量成像模型预测其成像特性更精确。

在某些仿真条件下，两模型仿真结果的差异并不明显。

5) 仿真条件五

采用图 2.10(a)所示的 L&S 掩模，中心点光源 Y 偏振照明。考虑图 2.14 所示物镜 $F1$ 视场点的波像差和偏振像差，仿真像面 $y=0$ 的相对强度分布。

在上述仿真条件下，利用三维矢量成像模型计算空间像的相对强度分布，并与二维矢量成像模型计算的空间像相对强度分布对比。二维和三维矢量成像模型仿真结果的差异如图 2.19 所示。

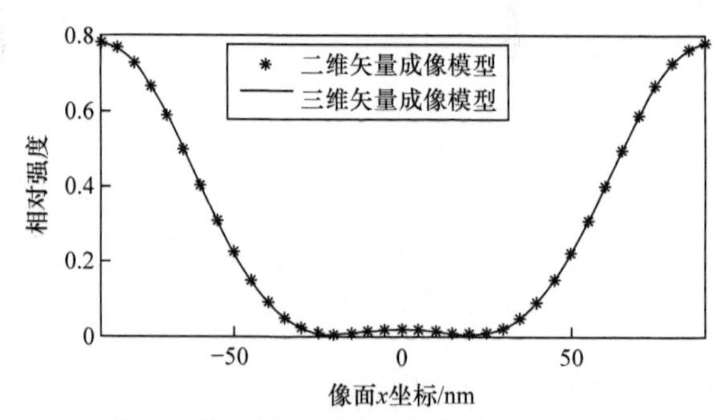

图 2.19　二维和三维矢量成像模型仿真结果的差异(仿真条件五)

最大绝对差值为1.7×10^{-4}、平均绝对值差为5.3×10^{-5}、差值均方根为7.9×10^{-5}，结果表明两模型仿真结果的最大差异为10^{-5}数量级。

2.2　零误差矢量计算光刻技术

在严格矢量光刻成像理论和模型的基础上，循序渐进地理解矢量计算光刻技术，在局部坐标系建立零误差系统下的矢量计算光刻理论和模型。通过梯度算法，实现先进的像素化掩模 OPC 和 SMO，获得高分辨、高保真、大 DOF/PW 的光刻成像。

2.2.1　采用矢量成像模型的 OPC 技术

常用的 OPC 技术大体上可分为 RBOPC 技术和 MBOPC 技术[16,17]。RBOPC 根据预先制定的规则对线条位置、线宽、线头等掩模局部图形进行修正[17,18]。虽然 RBOPC 的运算效率较高，优化后的掩模图形简单且便于制造，但是这类掩模修正方法缺少精确物理模型的指导，仅能在一定程度上补偿成像失真，无法得到最为精确的掩模修正和成像结果。因此，RBOPC 技术在提高光刻成像分辨率方面的能力受到限制。与 RBOPC 技术不同，MBOPC 技术基于光刻系统成像模型，构建 OPC 的优化目标函数和数学表达式，并采用循环算法修正掩模图形，寻求目标函数的全局最小值[17]。与 RBOPC 技术相比，MBOPC 技术具有更高的优化自由度，因此可以进一步提高光刻系统的成像分辨率和图形保真度。MBOPC 技术又可以分为基于边缘的 OPC(edge-based OPC，EBOPC)和基于像素的 OPC(pixel-based OPC，PBOPC)。EBOPC 将掩模图形边缘分割为若干区段，循环优化各个区段的位置。PBOPC 对掩模进行像素化处理，通过优化每个像素点的透过率，对掩模整体进行优化。与 EBOPC 相比，PBOPC 具有更高的优化自由度，并且能够在掩模主体图形周围添加必要的 SRAF，提高光刻系统的成像分辨率和图形保真度。因此，PBOPC 成为 28nm 以下技术节点中的重要 OPC 技术之一。

在以往的研究中，相关学者和业界专家提出一系列 MBOPC 技术。例如，Sherif 等[19]针对非相干衍射受限成像系统，发展了一种迭代优化 BIM 的算法。Liu 等[20]发展了基于分支界限算法和模拟退火算法的 BIM 和 PSM 优化方法。Pati 等[21]提出一种基于凸集次优投影的 PSM 设计方法。Granik[22,23]阐述并对比了多种逆向掩模优化问题的求解方法。随后，Poonawala 等[24-29]针对相干光成像系统建立了一种运算效率较高的基于梯度的 MBOPC 技术。Ma 等[30-36]将上述方法推广到部分相干光成像系统，以及多相位 PSM 优化问题和三维掩模优化问题。同时，Lam 等[37-41]、Shen 等[42,43]和 Yu 等[44]也分别发展了各自的 MBOPC 技术。但是，以上方法均采用标量成像模型，在优化过程中考虑光波的振幅，忽略了光波矢量特性对光刻成像性能的影响。

研究表明，对于 NA < 0.4 的光刻系统，标量成像模型能够满足仿真精度要求；对于 NA > 0.6 的光刻系统，必须考虑光波的矢量特性[45]。随着集成电路 CD 的持续缩小，浸没式光刻系统已经被应用于 28nm 及以下技术节点的集成电路制造。浸没式光刻系统在投影物镜与硅片之间加入折射率大于 1 的浸没液体，从而获得超大 NA(NA > 1)。28nm 技术节点浸没式光刻系统中标量模型和矢量模型的空间像计算结果对比如图 2.20 所示[46]，其中掩模图形 CD = 45nm、占空比为 1∶1 的密集 Line-space 图形，光刻系统为 NA = 1.2 的 193nm ArF 浸没式光刻系统。图 2.20(a)为针对 BIM 的仿真结果，采用内外相干因子分别为 $\sigma_{\text{in}} / \sigma_{\text{out}} = 0.82 / 0.97$ 的 AI。图 2.20(b)为针对 AltPSM 的仿真结果，采用相干因子 $\sigma = 0.12$ 的圆形照明。图中展示了垂直于线条方向的横截面上的空间像分布曲线。点线、圆线和虚线分别是标量模型、矢量模型和专业软件严格矢量模型计算得到的空间像分布曲线。由图 2.20 可知，为了满足高 NA 光刻系统，特别是浸没式光刻系统的仿真精度需求，必须发展更为精确的 MBOPC 技术。为此，Ma 等[46,47]发展了采用光刻系统矢量成像模型的 OPC 技术。

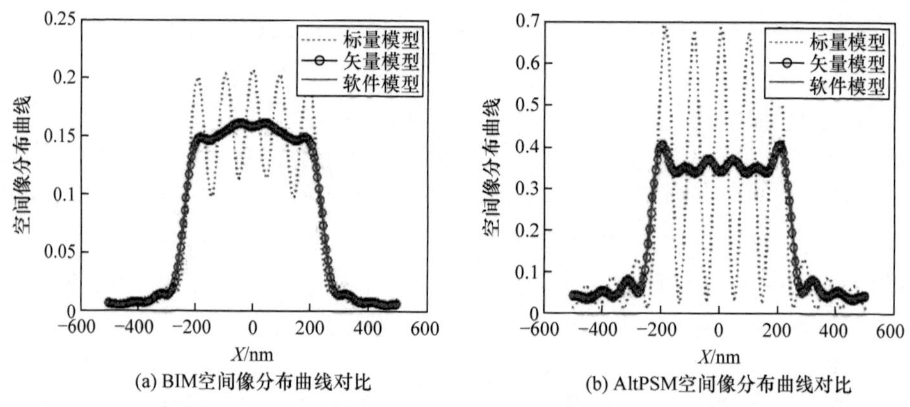

(a) BIM空间像分布曲线对比　　(b) AltPSM空间像分布曲线对比

图 2.20　28nm 技术节点浸没式光刻系统中标量模型和矢量模型的空间像计算结果对比

下面针对浸没式光刻系统，详细讨论矢量 OPC 技术的数学表达方法和目标函数，在此基础上介绍矢量 OPC 的 SD 优化算法。最后，针对典型 BIM 和 PSM 掩模结构，对矢量 OPC 技术进行仿真验证和结果分析。

1. 矢量 OPC 的数学表达和目标函数

下面采用全光路矢量成像模型，推导矢量 OPC 问题的数学表达式和损失函数[46]。设光源光强分布为 $Q \in \mathbb{R}^{N_s \times N_s}$，其中 N_s 为光源矩阵的单边像素数，$\mathbb{R}^{N_s \times N_s}$

表示 $N_s \times N_s$ 的实数空间；$Q(x_s, y_s)$ 为光源平面上位于 (x_s, y_s) 的光源光强。二维薄掩模的透过率函数离散化为矩阵形式后可记为 $M \in \mathbb{R}^{N\times N}$，其中 N 表示掩模矩阵的单边像素数。由光刻系统的成像模型可知，点光源 $Q(x_s, y_s)$ 在像面上形成的空间像强度矩阵为

$$I^{x_s,y_s} = \sum_{p=x,y,z} \left| H_p^{x_s y_s} \otimes (B^{x_s y_s} \odot M) \right|^2 \tag{2.60}$$

其中，$\otimes$ 为卷积运算符；$\odot$ 为矩阵或向量之间的对应元素相乘；$H_p^{x_s y_s} \in \mathbb{C}^{N\times N}$ 为对应于 x 轴、y 轴、z 轴的点扩散函数，$\mathbb{C}^{N\times N}$ 为 $N\times N$ 的复数空间；$B^{x_s y_s} \in \mathbb{R}^{N\times N}$ 为掩模衍射矩阵，用于表征点光源 $Q(x_s, y_s)$ 的斜入射效应引起的掩模衍射谱平移。

令 NA_m 为光刻系统物方数值孔径，pixel 为掩模面处的像素尺寸，根据常数散射系数假设，矩阵 $B^{x_s y_s}$ 的每个元素可表示为

$$B(m,n) = \exp\left(\frac{\mathrm{j}2\pi m y_s \mathrm{NA}_m \times \mathrm{pixel}}{\lambda}\right) \exp\left(\frac{\mathrm{j}2\pi n x_s \mathrm{NA}_m \times \mathrm{pixel}}{\lambda}\right), \quad m,n = 1,2,\cdots,N \tag{2.61}$$

根据 Abbe 模型，整个部分相干光源 Q 形成的空间像等于每个点光源对应空间像的线性叠加，即

$$\begin{aligned} I &= \frac{1}{Q_{\mathrm{sum}}} \sum_{x_s} \sum_{y_s} Q(x_s, y_s) I^{x_s,y_s} \\ &= \frac{1}{Q_{\mathrm{sum}}} \sum_{x_s} \sum_{y_s} Q(x_s, y_s) \sum_{p=x,y,z} \left| H_p^{x_s y_s} \otimes (B^{x_s y_s} \odot M) \right|_2^2 \end{aligned} \tag{2.62}$$

其中，$Q_{\mathrm{sum}} = \sum_{x_s} \sum_{y_s} Q(x_s, y_s)$ 为光源总光强的归一化因子。

考虑光刻胶效应，光刻胶中成像 $Z \in \mathbb{R}^{N\times N}$ 可表示为空间像 I 的函数，即

$$Z = \mathrm{sigmoid}(I) = \frac{1}{1 + \exp(-a(I - t_r))} \tag{2.63}$$

其中，a 和 t_r 为 sigmoid 函数的倾斜度和阈值[17,46]；sigmoid 函数用来近似描述光刻胶效应，具有连续可导的特性，适合构造连续可导的优化目标函数，并应用于 OPC 的数值优化算法。

因此，对逆向光刻优化问题进行研究时，经常使用 sigmoid 函数近似表征光刻胶效应。

对于一般光刻系统，矢量 OPC 优化的目标函数通常具有如下形式[17]，即

$$D = F + \gamma_1 R_1 + \gamma_2 R_2 + \cdots \tag{2.64}$$

其中，F 为像质评价函数，用于评价光刻系统在不同条件下的成像保真度；$R_1, R_2, \cdots$ 为掩模罚函数项，可使优化后的掩模具有某些良好特性；$\gamma_1, \gamma_2, \cdots$ 为各罚函数项对应的加权系数。

此时，OPC 优化问题可以表示为

$$\hat{M} = \arg\min_{M} D = \arg\min_{M}(F + \gamma_1 R_1 + \gamma_2 R_2 + \cdots) \tag{2.65}$$

下面阐述掩模的变量替换，以及目标函数中像质评价函数和罚函数的构造方法。

1) 掩模变量替换

在 OPC 优化过程中，作为优化变量的掩模像素的取值范围被限定为几个特定的离散值。BIM 由透光区域和阻光区域组成，掩模像素值只能取 0 或 1。AltPSM 由 0°相位透光区域、180°相位透光区域和阻光区域组成，并且两种透光区域的透过率均为 100%，掩模像素值只能取 1、−1、0。AttPSM 由透过率 100%的 0°相位透光区域和透过率 6%的 180°相位透光区域组成，掩模像素值只能取 1 或 $-\sqrt{6\%} \approx -0.245$。因此，OPC 优化问题属于离散优化问题[48]。为了将 SD 算法应用于掩模优化，必须通过变量替换，将 OPC 优化问题转化为连续的非约束优化问题[25,26,46]。具体的，可以采用式(2.66)的变量替换，将掩模图形 M 变换到其参数矩阵 Ω[25,26,46]，即

$$M = f(\Omega) \tag{2.66}$$

其中，$\Omega \in \mathbb{R}^{N\times N}$ 为与 M 具有相同尺寸的参数矩阵，并且 Ω 的各个元素 $\Omega_{i,j}$ ($i, j = 1,2,\cdots,N$)的定义域为 $(-\infty,+\infty)$；$f(\cdot)$ 为 M 与 Ω 之间的函数关系，即[46,47]

$$M = f(\Omega) = \begin{cases} 0.5\times(1_{N\times N} + \cos\Omega), & \text{BIM} \\ \cos\Omega, & \text{AltPSM} \\ 0.6225\times(1_{N\times N} + \cos\Omega) - 0.245\times 1_{N\times N}, & \text{AttPSM} \end{cases} \tag{2.67}$$

其中，$1_{N\times N}$ 为所有元素均为 1 的 $N\times N$ 的矩阵。

采用上述变量替换，OPC 优化问题的表达式可以转换为

$$\hat{\Omega} = \arg\min_{\Omega} D = \arg\min_{\Omega}(F + \gamma_1 R_1 + \gamma_2 R_2 + \cdots) \tag{2.68}$$

对参数矩阵 Ω 进行迭代更新，可获得优化后的 $\hat{\Omega}$。根据式(2.67)，掩模的优化结果可表示为 $\hat{M} = f(\hat{\Omega})$。然而，采用上述方法获得的掩模图形 $\hat{M}$ 是一个灰度图形，即 $\hat{M}$ 的元素在一个范围内连续取值。实际的掩模只能由透光区域和阻光区域组成，掩模像素只能离散取值。因此，在获得最优的灰度掩模图形 $\hat{M}$ 后，必须将其离散化，从而得到最优的离散化掩模图形，记为 $\hat{M}_d$。

对于 BIM，有

$$\hat{M}_d = \Gamma(\hat{M} - t_m) \tag{2.69}$$

其中，$t_m = 0.5$ 为全局阈值；$\Gamma(x)$ 为硬判决函数，当 $x > 0$ 时 $\Gamma(x) = 1$，当 $x \leqslant 0$ 时 $\Gamma(x) = 0$。

对于 AltPSM，有

$$\hat{M}_d = \Gamma(\hat{M} - t_m) - \Gamma(-\hat{M} - t_m) \tag{2.70}$$

其中，$t_m = 0.33$。

对于 AttPSM，有

$$\hat{M}_d = \Gamma(\hat{M} - t_m) - 0.245\Gamma(-\hat{M} - t_m) \tag{2.71}$$

其中，$t_m = 0$。

2) 像质评价函数

令 $\tilde{Z} \in \mathrm{R}^{N \times N}$ 为硅片处光刻成像的目标图形，即预期在硅片处的理想成像结果。在高数值孔径光学光刻中，成像光入射角分布在较大范围内，抗反射层及光刻胶效应复杂[49]。为了简化计算，光刻胶像依然使用式(2.63)表达。理想光刻系统中 OPC 优化的主要目的是寻求最优的掩模图形 $\hat{M}$，使光刻胶中成像 Z 尽量接近目标图形 $\tilde{Z}$，或空间像 I 尽量接近目标图形 $\tilde{Z}$。当仅考虑最佳焦面处的成像质量时，一般将像质评价函数构造为 Z 与 $\tilde{Z}$ 之间欧拉距离的平方[46]，即

$$F = \left\| Z - a\tilde{Z} \right\|_2^2 \tag{2.72}$$

其中，a 为幅度调制因子。

当需要考虑光刻系统的离焦效应和曝光量变化等工艺变化因素时，可将损失函数进一步扩展为[47]

$$F = \omega_{\text{foc}} \left\| I_{\text{foc}} - a\tilde{Z} \right\|_2^2 + (1 - \omega_{\text{foc}}) \left\| I_{\text{def}} - a\tilde{Z} \right\|_2^2 \tag{2.73}$$

其中，I_{foc} 和 I_{def} 为理想焦面和某离焦面处的空间像；a 为幅度调制因子；$\omega_{\text{foc}} \in [0,1]$ 为线性加权因子。

由此可知，式(2.73)的像质评价函数被构造为理想焦面处和离焦面处成像与 $\tilde{Z}$ 之间距离平方的线性加权值[47]。如无特别说明，取 $\omega_{\text{foc}} = 0.5$，即目标函数对最佳焦面和离焦面处的成像质量赋予相同的权重。

3) 二次罚函数

在计算光刻的光源和掩模优化中，算法的收敛特性，以及收敛解的适用性是必须考虑的问题[17]。这就需要在 OPC 优化目标函数中添加必要的罚函数，用于限定优化问题的解空间，在满足光刻成像性能要求的条件下，使 OPC 优化后的

掩模或成像结果具有某些预期的特性。在过去的研究中，前人提出多种罚函数构造方法，用于进一步降低成像误差、提高空间像对比度、改善掩模可制造性等[25,29,30,33,34,44]。限于篇幅，此处对两种较为常用和有效的罚函数(即二次罚函数和小波罚函数(wavelet penalty，WP))进行讨论。

通过变量替换，将 OPC 优化问题由离散的约束优化问题转化为连续的非约束优化问题，对优化后的灰度掩模图形进行离散化处理，从而获得离散取值的掩模图形。掩模的离散化处理会引入量化误差，使掩模图形退化为 OPC 问题的次优解，导致光刻成像质量下降。在目标函数中加入二次罚函数的目的是尽量减小量化误差，提高离散掩模对应的光刻成像质量。对于 BIM 中的每一个元素，二次罚函数可构造为[26]

$$R_D(M_{i,j}) = 1-(2M_{i,j}-1)^2 \tag{2.74}$$

其中，$M_{i,j}$ 为 M 的第 i 行、第 j 列的元素。

由此可知，掩模像素值 $M_{i,j}$ 越接近 0 或 1，则罚函数值越小，反之罚函数值越大。当 $M_{i,j}=0$ 或 1 时，罚函数达到最小值，此时罚函数值为 0。当 $M_{i,j}=0.5$ 时，罚函数达到最大值，此时罚函数值为 1。因此，式(2.74)中的二次罚函数可以在 OPC 优化过程中尽量将掩模元素值限定在 0 或 1 附近，使优化后的灰度掩模 $\hat{M}$ 尽可能地接近于二值图像，减小掩模的量化误差。考虑掩模全局，可以对所有掩模像素的二次罚函数进行求和，即

$$R_D(M) = \sum_{i=1}^{N}\sum_{j=1}^{N}[1-(2M_{i,j}-1)^2] \tag{2.75}$$

采用式(2.67)中的变量替换后，式(2.75)中的二次罚函数转化为

$$R_D(M) = \sum_{i=1}^{N}\sum_{j=1}^{N}\{1-[(1+\Omega_{i,j})-1]^2\} \tag{2.76}$$

下面以 AttPSM 为例，给出 PSM 的二次罚函数形式。对于 AttPSM 中的每一个元素，二次罚函数可构造为[26]

$$R_D(M_{i,j}) = -M_{i,j}^2 + 0.755M_{i,j} + 0.245 \tag{2.77}$$

掩模像素值 $M_{i,j}$ 越接近−0.245 或 1，则罚函数值越小，反之罚函数值越大。当 $M_{i,j}=-0.245$ 或 1 时，罚函数达到最小值，此时罚函数值为 0。当 $M_{i,j}=0.6225$ 时，罚函数达到最大值，此时罚函数值为 0.327。考虑掩模全局，可以对所有掩模像素的二次罚函数进行求和，即

$$R_D(M) = \sum_{i=1}^{N}\sum_{j=1}^{N}(-M_{i,j}^2 + 0.755M_{i,j} + 0.245) \tag{2.78}$$

采用式(2.67)中的变量替换后，式(2.78)中的二次罚函数转化为

$$
\begin{aligned}
R_D(M)=\sum_{i=1}^{N}\sum_{j=1}^{N}\{&-1\times[0.6225\times(1+\cos\Omega_{i,j})-0.245]^2 \\
&+0.755\times[0.6225\times(1+\cos\Omega_{i,j})-0.245]+0.245\}
\end{aligned}
\tag{2.79}
$$

4) 小波罚函数

OPC 方法可以对所有掩模像素点的透过率进行优化。这样做虽然能够有效提高 OPC 的优化自由度，但是会在很大程度上提高 OPC 掩模图形的复杂度和制造成本。WP 是一种可以有效降低或控制 OPC 掩模复杂度的方法[30]。WP 的基本思想是在优化过程中尽量抑制掩模图形中水平、垂直和对角线方向的高频小波分量的能量，从而控制掩模图形的复杂度。此处，以一阶 Haar 小波为例，讲解 WP 的构造方法。令矩阵 $M\in\mathbb{R}^{N\times N}$ 代表掩模图形，N 为偶数。对 M 进行一阶 Haar 小波变换，可以获得尺寸为 $(N/2)\times(N/2)$ 的低频系数矩阵 A，以及 3 个尺寸为 $(N/2)\times(N/2)$ 的高频系数矩阵 H、V、D，分别表征 Haar 小波在水平、垂直和对角线方向的高频分量。上述四个系数矩阵与掩模图形的关系为

$$A(i,j)=M(2i-1,2j-1)+M(2i-1,2j)+M(2i,2j-1)+M(2i,2j) \tag{2.80}$$

$$H(i,j)=M(2i-1,2j-1)-M(2i-1,2j)+M(2i,2j-1)-M(2i,2j) \tag{2.81}$$

$$V(i,j)=M(2i-1,2j-1)+M(2i-1,2j)-M(2i,2j-1)-M(2i,2j) \tag{2.82}$$

$$D(i,j)=M(2i-1,2j-1)-M(2i-1,2j)-M(2i,2j-1)+M(2i,2j) \tag{2.83}$$

其中，$i,j=1,2,\cdots,\dfrac{N}{2}$；系数矩阵 H、V、D 表征掩模的细节和复杂程度，因此可以将掩模的高频能量定义为

$$R_W=\sum_{i=1}^{N/2}\sum_{j=1}^{N/2}(H(i,j)\times H(i,j)^*+V(i,j)\times V(i,j)^*+D(i,j)\times D(i,j)^*) \tag{2.84}$$

将式(2.84)中的 R_W 作为 WP 项引入 OPC 的目标函数，便可以在优化过程中降低或控制掩模的高频能量，去除掩模图形细节，降低掩模的复杂度。

研究表明，虽然 WP 方法能够有效降低 BIM 的掩模复杂度，但在 PSM 的优化问题中却存在一定的局限性。其原因是，PSM 中 0°相位透光区域和 180°相位透光区域内的像素值分别用 1 和−1 来表示。WP 方法试图将 0°相位透光区域和 180°相位透光区域分离，从而使更多的相邻掩模像素取值相同。然而，为了提升光刻空间像的对比度，PSM 存在很多 0°相位透光区域和 180°相位透光区域相邻的情况，导致 WP 无法使掩模的高频成分能量持续降低，在一定程度上阻碍优化算法的收敛。此处，可以采用广义小波罚函数(generalized wavelet penalty，GWP)解决以上问题。GWP 的基本思路是将传统的 WP 方法各自独立地运用于掩模的

0°相位透光区域和 180°相位透光区域，从而尽量避免掩模优化过程中出现两种透光区域相互分离的情况出现。

令 M 表示一个 PSM 图形，0°相位透光区域和 180°相位透光区域分别用取值为 1 和−1 的像素表示，阻光区域像素值为 0。令 M_0 和 M_{180} 分别表示 M 中的 0°相位透光区域和 180°相位透光区域，则矩阵 M_0 可表示为

$$M_0 = \Gamma(M) \tag{2.85}$$

矩阵 M_{180} 可表示为

$$M_{180} = \Gamma(-1 \times M) \tag{2.86}$$

其中，$\Gamma(x)$ 为硬判决函数。

为了使 WP 项可导，采用式(2.63)中的 sigmoid 函数近似式(2.85)和式(2.86)中的硬判决函数，则 M_0 和 M_{180} 可近似表示为

$$M_0 \approx \text{sigmoid}(M) = \frac{1}{1+\exp(-a \times M)} \tag{2.87}$$

$$M_{180} \approx \text{sigmoid}(-1 \times M) = \frac{1}{1+\exp(a \times M)} \tag{2.88}$$

随后，根据式(2.80)～式(2.84)，分别求解 M_0 和 M_{180} 对应的 WP 罚函数项，记为 R_{GW0} 和 R_{GW180}，则 PSM 的总体高频能量可表示为 GWP 罚函数项，即

$$R_{\text{GW}} = \alpha_{\text{GW}} R_{\text{GW0}} + (1-\alpha_{\text{GW}}) R_{\text{GW180}} \tag{2.89}$$

其中，$\alpha_{\text{GW}} \in [0,1]$ 和 $(1-\alpha_{\text{GW}}) \in [0,1]$ 为 R_{GW0} 和 R_{GW180} 的权重系数。

若想更多地限制 0° 相位透光区域的图形复杂度，可将 α_{GW} 设为较大正数；反之可将 α_{GW} 设为较小的正数；若想同等限制 0°相位透光区域和 180°相位透光区域的图形复杂度，则可将 α_{GW} 设置为 0.5。由式(2.89)可知，GWP 方法可以分别抑制 0°相位透光区域和 180°相位透光区域的高频能量，在降低掩模复杂度的同时，尽量提高或保持光刻系统的成像质量。

2. 矢量 OPC 的优化算法

下面基于 OPC 的优化损失函数，以 SD 算法为例，介绍 OPC 的优化算法及其流程。这里需要特别指出的是，上述数学表达方法和目标函数同样适用于 CG 算法、牛顿法等其他数值优化算法[33,48]。SD 算法是一种典型的基于梯度的数值优化算法。为了采用 SD 算法优化掩模图形，需要首先计算目标函数对掩模优化变量的梯度。由式(2.64)可知，目标函数对于掩模变量的梯度可表示为

$$\nabla D(M) = \nabla F(M) + \gamma_1 \nabla R_1(M) + \gamma_2 \nabla R_2(M) + \cdots \tag{2.90}$$

其中，$\nabla F(M)$ 为像质评价函数对于掩模变量的梯度；$\nabla R_1(M)$，$\nabla R_2(M)$，$\cdots$ 为

各个罚函数项对于掩模变量的梯度。

为了将 OPC 优化问题由受约束优化问题转化为无约束优化问题，采用式(2.67)中的变量替换。因此，可以进一步计算目标函数对于参数矩阵 Ω 的梯度，即

$$\nabla D(\Omega) = \nabla F(\Omega) + \gamma_1 \nabla R_1(\Omega) + \gamma_2 \nabla R_2(\Omega) + \cdots \tag{2.91}$$

其中，$\nabla F(\Omega)$ 为像质评价函数对于参数矩阵 Ω 的梯度；$\nabla R_1(\Omega)$，$\nabla R_2(\Omega)$，$\cdots$ 为各个罚函数项对于参数矩阵 Ω 的梯度。

由此可知，目标函数的梯度是由像质评价函数梯度和罚函数梯度组成的。下面讨论像质评价函数和罚函数的梯度计算方法。

1) 理想条件下的像质评价函数梯度

当仅考虑最佳焦面处的成像质量时，像质评价函数如式(2.72)所示。在 OPC 技术中，通常假设光刻系统采用常规的圆形、环形、四极等照明模式。此时，假设每个光源点的照明强度相同，则像质评价函数的梯度可表示为[46]

$$\begin{aligned}\nabla F(M) = -\frac{4a}{Q_{\text{sum}}} \sum_{x_s}\sum_{y_s}\sum_{p=x,y,z} \text{Re}[(B^{x_s y_s})^* \odot ((H_p^{x_s y_s})^{*\circ} \\ \otimes \{[H_p^{x_s y_s} \otimes (B^{x_s y_s} \odot M)] \odot (\tilde{Z} - Z) \odot Z \odot (1 - Z)\})]\end{aligned} \tag{2.92}$$

其中，上标 * 表示取共轭运算；上标 ° 表示将矩阵在横向和纵向上均旋转 180°。

当采用式(2.67)中的变量替换后，像质评价函数对于参数矩阵 Ω 的梯度为

$$\begin{aligned}\nabla F(\Omega) = -\frac{4a}{Q_{\text{sum}}} f'(\Omega) \odot \sum_{x_s}\sum_{y_s}\sum_{p=x,y,z} \text{Re}[(B^{x_s y_s})^* \odot ((H_p^{x_s y_s})^{*\circ} \\ \otimes \{[H_p^{x_s y_s} \otimes (B^{x_s y_s} \odot M)] \odot (\tilde{Z} - Z) \odot Z \odot (1 - Z)\})]\end{aligned} \tag{2.93}$$

其中，$f'(\Omega)$ 为对于矩阵 Ω 中各元素的导数，即

$$f'(\Omega) = \begin{cases} -0.5 \times \sin\Omega, & \text{BIM} \\ -\sin\Omega, & \text{AltPSM} \\ -0.6225 \times \sin\Omega, & \text{AttPSM} \end{cases} \tag{2.94}$$

采用 SD 算法对掩模进行优化，需要在每次循环中计算目标函数对掩模变量的梯度。由式(2.93)可知，$\nabla F(\Omega)$ 的计算复杂度较高。为了提高 OPC 技术的运算效率，可采用两种加速方法来降低计算复杂度。第一种方法称为电场缓存技术(electric field caching technique，EFCT)。为了解释该方法，首先将式(2.94)代入式(2.93)，可得

$$\begin{aligned}\nabla F(\Omega) = -\frac{4a}{Q_{\text{sum}}} f'(\Omega) \odot \sum_{x_s}\sum_{y_s}\sum_{p=x,y,z} \text{Re}((B^{x_s y_s})^* \odot \{(H_p^{x_s y_s})^{*\circ} \\ \otimes [E_p^{\text{wafer}}(x_s, y_s) \odot (\tilde{Z} - Z) \odot Z \odot (1 - Z)]\})\end{aligned} \tag{2.95}$$

由此可知，为了计算 $\nabla F(\Omega)$ 需要首先计算 $E_P^{\text{wafer}}(x_s,y_s)$。同时，光刻胶中成像 Z 也是 $E_P^{\text{wafer}}(x_s,y_s)$ 的函数，因此为了计算 Z，也必须首先计算 $E_P^{\text{wafer}}(x_s,y_s)$。因此，在每个循环中，首先对每一个点光源 (x_s,y_s) 计算一次电场强度分量 $E_P^{\text{wafer}}(x_s,y_s)$，并存储这些电场强度分量，重复使用，直至进入下一个循环。

第二种加速方法是采用快速傅里叶变换(fast Fourier transform，FFT)代替所有的卷积运算。如果直接用式(2.95)计算目标函数的梯度，将在 OPC 优化过程中引入大量的卷积运算，大幅降低算法的运算效率。用 FFT 代替卷积，可以将式(2.95)变为

$$\nabla F(\Omega)=-\frac{4a}{Q_{\text{sum}}}f'(\Omega)\odot\sum_{x_s}\sum_{y_s}\sum_{p=x,y,z}\text{Re}\Bigg((B^{x_sy_s})^*\odot F^{-1}\Bigg\{\frac{2\pi}{n_wR}V_p'^{x_sy_s*}\odot C\odot F[E_p^{\text{wafer}}(x_s,y_s)\odot(\tilde{Z}-Z)\odot Z\odot(1-Z)]\Bigg\}\Bigg) \tag{2.96}$$

其中，F 和 F^{-1} 为 FFT 和逆快速傅里叶变换(inverse fast Fourier transform，IFFT)；n_w 为像方介质折射率；R 为成像物镜缩放倍率；$V_p'^{x_sy_s}$ 为包含投影物镜出瞳处光线偏转函数、光瞳滤波函数，以及入射光波电场矢量；C 为 $N\times N$ 的标量矩阵，其元素为

$$C(m,n)=\exp\left[\text{j}2\pi\left(\frac{m}{N}+\frac{n}{N}\right)\right],\quad m,n=1,2,\cdots,N \tag{2.97}$$

另外，为了得到式(2.96)中的 Z，首先需要计算电场强度沿 p 轴的分量 $E_p^{\text{wafer}}(x_s,y_s)$。由式(2.60)可知，$E_p^{\text{wafer}}(x_s,y_s)$ 的计算公式中同样存在卷积运算。因此，采用 FFT 代替式(2.60)中的卷积运算，即

$$E_p^{\text{wafer}}(x_s,y_s)=F^{-1}\left\{\frac{2\pi}{n_wR}V_p'^{x_sy_s}\odot[F(B^{x_sy_s}\odot M)]\right\} \tag{2.98}$$

2) 考虑工艺变化因素的像质评价函数梯度

考虑光刻系统的离焦、曝光量变化等因素时，像质评价函数如式(2.73)所示。此时，像质评价函数的梯度可表示为[47]

$$\nabla F=\omega_{\text{foc}}\nabla F_{\text{foc}}+(1-\omega_{\text{foc}})\nabla F_{\text{def}} \tag{2.99}$$

其中，F_{foc} 和 F_{def} 为最佳焦面处和离焦面处的像质评价函数。

计算可得

$$\nabla F_{\text{foc}}(\Omega)=-\frac{4}{Q_{\text{sum}}}f'(\Omega)\odot\sum_{x_s}\sum_{y_s}\sum_{p=x,y,z}\text{Re}[(B^{x_sy_s})^*\odot((H_{p,\text{foc}}^{x_sy_s})^{*\circ}\otimes\{[H_{p,\text{foc}}^{x_sy_s}\otimes(B^{x_sy_s}\odot M)]\odot(a\tilde{Z}-I_{\text{foc}})\})]$$

$$=-\frac{4}{Q_{\text{sum}}}f'(\Omega)\odot\sum_{x_s}\sum_{y_s}\sum_{p=x,y,z}\text{Re}((B^{x_sy_s})^*\odot\{(H_{p,\text{foc}}^{x_sy_s})^{*\circ}$$
$$\otimes[E_{p,\text{foc}}^{\text{wafer}}(x_s,y_s)\odot(a\tilde{Z}-I_{\text{foc}})]\}) \tag{2.100}$$

$$\nabla F_{\text{def}}(\Omega)=-\frac{4}{Q_{\text{sum}}}f'(\Omega)\odot\sum_{x_s}\sum_{y_s}\sum_{p=x,y,z}\text{Re}[(B^{x_sy_s})^*\odot((H_{p,\text{def}}^{x_sy_s})^{*\circ}$$
$$\otimes\{[H_{p,\text{def}}^{x_sy_s}\otimes(B^{x_sy_s}\odot M)]\odot(a\tilde{Z}-I_{\text{def}})\})]$$
$$=-\frac{4}{Q_{\text{sum}}}f'(\Omega)\odot\sum_{x_s}\sum_{y_s}\sum_{p=x,y,z}\text{Re}((B^{x_sy_s})^*\odot\{(H_{p,\text{def}}^{x_sy_s})^{*\circ}$$
$$\otimes[E_{p,\text{def}}^{\text{wafer}}(x_s,y_s)\odot(a\tilde{Z}-I_{\text{def}})]\}) \tag{2.101}$$

其中，$f'(\Omega)$由式(2.94)表示；$H_{p,\text{foc}}^{x_sy_s}$和$H_{p,\text{def}}^{x_sy_s}$为$I_{\text{foc}}$和$I_{\text{def}}$对应的光刻系统等效点扩散函数；$E_{p,\text{foc}}^{\text{wafer}}(x_s,y_s)$和$E_{p,\text{def}}^{\text{wafer}}(x_s,y_s)$为点光源$(x_s,y_s)$在理想焦面和某离焦面处产生的电场强度沿$p$轴的分量。

为了提高算法速度，同样可以采用 EFCT 技术，在每次循环中只计算一次电场强度分量并重复使用，直至进入下一个循环。另外，还可以采用 FFT 代替卷积运算，此时可将式(2.100)和式(2.101)变形为

$$\nabla F_{\text{foc}}(\Omega)=-\frac{4}{Q_{\text{sum}}}f'(\Omega)\odot\sum_{x_s}\sum_{y_s}\sum_{p=x,y,z}\text{Re}\left((B^{x_sy_s})^*\odot F^{-1}\left\{\frac{2\pi}{n_wR}V_{p,\text{foc}}^{\prime x_sy_s*}\right.\right.$$
$$\left.\left.\odot C\odot F[E_{p,\text{foc}}^{\text{wafer}}(x_s,y_s)\odot(a\tilde{Z}-I_{\text{foc}})]\right\}\right) \tag{2.102}$$

$$\nabla F_{\text{def}}(\Omega)=-\frac{4}{Q_{\text{sum}}}f'(\Omega)\odot\sum_{x_s}\sum_{y_s}\sum_{p=x,y,z}\text{Re}\left((B^{x_sy_s})^*\odot F^{-1}\left\{\frac{2\pi}{n_wR}V_{p,\text{def}}^{\prime x_sy_s*}\right.\right.$$
$$\left.\left.\odot C\odot F[E_{p,\text{def}}^{\text{wafer}}(x_s,y_s)\odot(a\tilde{Z}-I_{\text{def}})]\right\}\right) \tag{2.103}$$

其中，$V_{p,\text{foc}}^{\prime x_sy_s}$和$V_{p,\text{def}}^{\prime x_sy_s}$为理想焦面和某离焦面对应的矩阵$V_p^{\prime x_sy_s}$。

3) 二次罚函数的导数

由式(2.75)可知，BIM 二次罚函数对掩模变量的导数为

$$\frac{\partial R_D}{\partial\Omega_{i,j}}=f'(\Omega_{i,j})\times(-8M_{i,j}+4) \tag{2.104}$$

同理，由式(2.78)可知，AttPSM 二次罚函数对掩模变量的导数为

$$\frac{\partial R_D}{\partial\Omega_{i,j}}=f'(\Omega_{i,j})\times(-2M_{i,j}+0.755) \tag{2.105}$$

将二次罚函数对每一个掩模变量求偏导数，即可得到二次罚函数的梯度。

4) 小波罚函数的导数

根据式(2.84)，WP 对掩模变量的导数为[17]

$$\begin{aligned}&\frac{\partial R_W}{\partial \Omega\left(2(i-1)+g,2(j-1)+h\right)}\\&=f'[\Omega(2(i-1)+g,2(j-1)+h)]\times[3M(2(i-1)+g,2(j-1)+h)\\&\quad-M(2(i-1)+g',2(j-1)+h)-M(2(i-1)+g,2(j-1)+h')\\&\quad-M(2(i-1)+g',2(j-1)+h')]\end{aligned} \tag{2.106}$$

其中，$i,j=1,2,\cdots,\frac{N}{2}$； $g,h=1$ 或 2； $g'=(g+1)\bmod 2$ ， mod 为同余运算； $h'=(h+1)\bmod 2$ ； $f'[\Omega(2(i-1)+g,2(j-1)+h)]$ 可由式(2.94)得到。

将 WP 对每一个掩模变量求偏导数，即可得到 WP 的梯度。考虑式(2.89)中的 GWP 罚函数，将其对参数矩阵 Ω 的梯度记为 $\nabla R_{GW}(\Omega)$ ，则 $\nabla R_{\mathrm{GW}}(\Omega)=\alpha_{\mathrm{GW}}\nabla R_{\mathrm{GW0}}(\Omega)+(1-\alpha_{\mathrm{GW}})\nabla R_{\mathrm{GW180}}(\Omega)$ 。 $\nabla R_{\mathrm{GW0}}(\Omega)$ 代表 R_{GW0} 对 Ω 的梯度，各元素值为[46]

$$\begin{aligned}&\frac{\partial R_{\mathrm{GW0}}}{\partial \Omega(2(i-1)+g,2(j-1)+h)}\\&=a\times G(M_0)\times f'[\Omega(2(i-1)+g,2(j-1)+h)]\\&\quad\times[3M(2(i-1)+g,2(j-1)+h)\\&\quad-M(2(i-1)+g',2(j-1)+h)\\&\quad-M(2(i-1)+g,2(j-1)+h')\\&\quad-M(2(i-1)+g',2(j-1)+h')]\end{aligned} \tag{2.107}$$

其中

$$\begin{aligned}G(M_0)=&\left[\frac{1}{1+\exp(-a\times M_0(2(i-1)+g,2(j-1)+h))}\right]\\&\times\left[1-\frac{1}{\exp(-a\times M_0(2(i-1)+g,2(j-1)+h))}\right]\end{aligned} \tag{2.108}$$

$f'[\Omega(2(i-1)+g,2(j-1)+h)]$ 可由式(2.94)得到。$\nabla R_{\mathrm{GW180}}(\Omega)$ 代表 R_{GW180} 对于 Ω 的梯度，各元素为[46]

$$\begin{aligned}&\frac{\partial R_{\mathrm{GW180}}}{\partial \Omega(2(i-1)+g,2(j-1)+h)}\\&=a\times G(M_{180})\times f'[\Omega(2(i-1)+g,2(j-1)+h)]\\&\quad\times[3M(2(i-1)+g,2(j-1)+h)\\&\quad-M(2(i-1)+g',2(j-1)+h)\end{aligned}$$

$$
\begin{aligned}
&-M(2(i-1)+g,2(j-1)+h') \\
&-M(2(i-1)+g',2(j-1)+h')]
\end{aligned}
\tag{2.109}
$$

其中

$$
\begin{aligned}
G(M_{180}) = &\left[-\frac{1}{1+\exp(a\times M_{180}(2(i-1)+g,2(j-1)+h))}\right] \\
&\times\left[1-\frac{1}{\exp(a\times M_{180}(2(i-1)+g,2(j-1)+h))}\right]
\end{aligned}
\tag{2.110}
$$

$f'[\Omega(2(i-1)+g,2(j-1)+h)]$ 可由式(2.94)得到。

5) 采用 SD 算法的 OPC 优化流程

采用 SD 算法的 OPC 优化算法流程如图 2.21 所示。

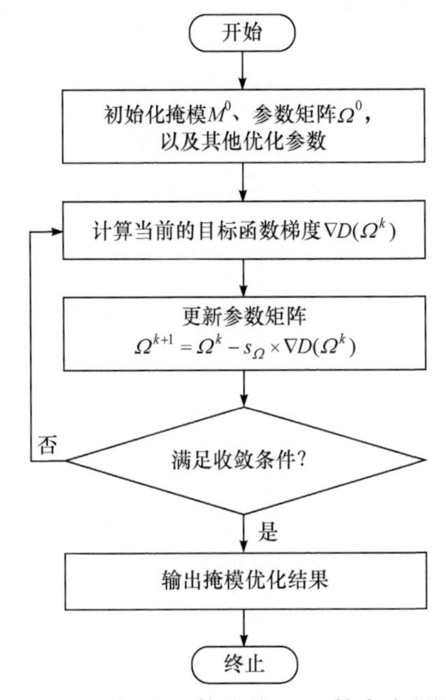

图 2.21 采用 SD 算法的 OPC 技术流程图

OPC 优化算法需要首先初始化掩模图形 M^0、参数矩阵 Ω^0，以及其他优化参数。具体的，对于 BIM，初始掩模 M^0 与目标图形 $\tilde{Z}$ 一致，即

$$
M^0(i,j)=\begin{cases}1, & \tilde{Z}(i,j)=1 \\ 0, & \tilde{Z}(i,j)=0\end{cases}, \quad i,j=1,2,\cdots,N
\tag{2.111}
$$

对于 AltPSM，初始掩模 M^0 的形状与 $\tilde{Z}$ 一致，且在 0°相位透光区域的像素值为 1，在 180°相位透光区域的像素值为−1，在阻光区域的像素值为 0，即

$$M^0(i,j)=\begin{cases}1, & \tilde{Z}(i,j)=1\text{且位于}0°\text{相位透光区域}\\ -1, & \tilde{Z}(i,j)=1\text{且位于}180°\text{相位透光区域},\\ 0, & \tilde{Z}(i,j)=0\end{cases} \quad i,j=1,2,\cdots,N \tag{2.112}$$

对于 AttPSM，掩模没有 100%阻光区域，初始掩模 M^0 的形状与 $\tilde{Z}$ 一致。将对应于 $\tilde{Z}(i,j)=1$ 的掩模区域设定为 0°相位透光区域，此时 M^0 的像素值为 1；将对应于 $\tilde{Z}(i,j)=0$ 的掩模区域设定为 180°相位透光区域，此时 M^0 的像素值为 −0.245。该初始化过程可记为

$$M^0(i,j)=\begin{cases}1, & \tilde{Z}(i,j)=1\\ -0.245, & \tilde{Z}(i,j)=0\end{cases}, \quad i,j=1,2,\cdots,N \tag{2.113}$$

另外，根据式(2.67)，参数矩阵 Ω^0 可表示为

$$\Omega^0=f^{-1}(M^0)=\begin{cases}\arccos(2M^0-1), & \text{BIM}\\ \arccos M^0, & \text{AltPSM}\\ \arccos((M^0+0.245)/0.6225-1), & \text{AttPSM}\end{cases} \tag{2.114}$$

其中，$f^{-1}(\cdot)$ 为 $f(\cdot)$ 的反函数。

将式(2.111)～式(2.113)代入式(2.114)，可以得到如下结果。对于 BIM 和 AttPSM，即

$$\Omega^0(i,j)=\begin{cases}0, & \tilde{Z}(i,j)=1\\ \pi, & \tilde{Z}(i,j)=0\end{cases}, \quad i,j=1,2,\cdots,N \tag{2.115}$$

对于 AltPSM，有

$$\Omega^0(i,j)=\begin{cases}0, & \tilde{Z}(i,j)=1\text{且位于}0°\text{相位透光区域}\\ \pi, & \tilde{Z}(i,j)=1\text{且位于}180°\text{相位透光区域},\\ \pi/2, & \tilde{Z}(i,j)=0\end{cases} \quad i,j=1,2,\cdots,N \tag{2.116}$$

如果采用式(2.115)和式(2.116)对 Ω^0 进行初始化，将导致目标函数梯度的绝大多数元素值为 0 或接近于 0，从而降低算法的收敛效能。因此，可以对 Ω^0 的初始值进行一定的扰动，避免上述问题。

根据图 2.21，初始化后计算当前目标函数的梯度，并利用梯度对参数矩阵进行迭代更新，其中 Ω 的上标 k 代表迭代次数。具体的，Ω^k 可通过式(2.117)迭代，即

$$\Omega^{k+1}=\Omega^k-s_\Omega\times\nabla D(\Omega^k) \tag{2.117}$$

其中，k 代表迭代次数；s_Ω 为优化步长，可以根据具体情况设定。

在每次迭代更新后，根据式(2.67)计算当前参数矩阵对应的掩模图形 M^{k+1}，并采用式(2.69)、式(2.70)或式(2.71)对掩模进行离散化处理，获得离散化的掩模 M_d^{k+1}。进而，算法根据式(2.72)或式(2.73)计算 M_d^{k+1} 对应的像质评价函数值 F^{k+1}。如果 F^{k+1} 小于预定阈值或者迭代次数达到预定上限时，可认为算法已满足收敛条件，则终止算法，将当前的离散化掩模作为掩模的优化结果；否则，算法将进入下一次循环，直至算法收敛。

3. 数值计算与分析

本节针对上述矢量 OPC 优化算法，给出仿真结果与数值分析。首先，基于式(2.72)中的像质评价函数，利用 OPC 技术提高光刻系统在最佳焦面处的成像保真度。然后，采用式(2.73)中的像质评价函数，在考虑离焦和曝光量变化的情况下，利用 OPC 技术扩大光刻 PW，提高光刻系统的工艺变化稳定性。

1) 考虑最佳焦面成像图形保真度的仿真结果

采用 WP 和 GWP 两种罚函数 PSM 的 OPC 优化结果如图 2.22 所示。针对同

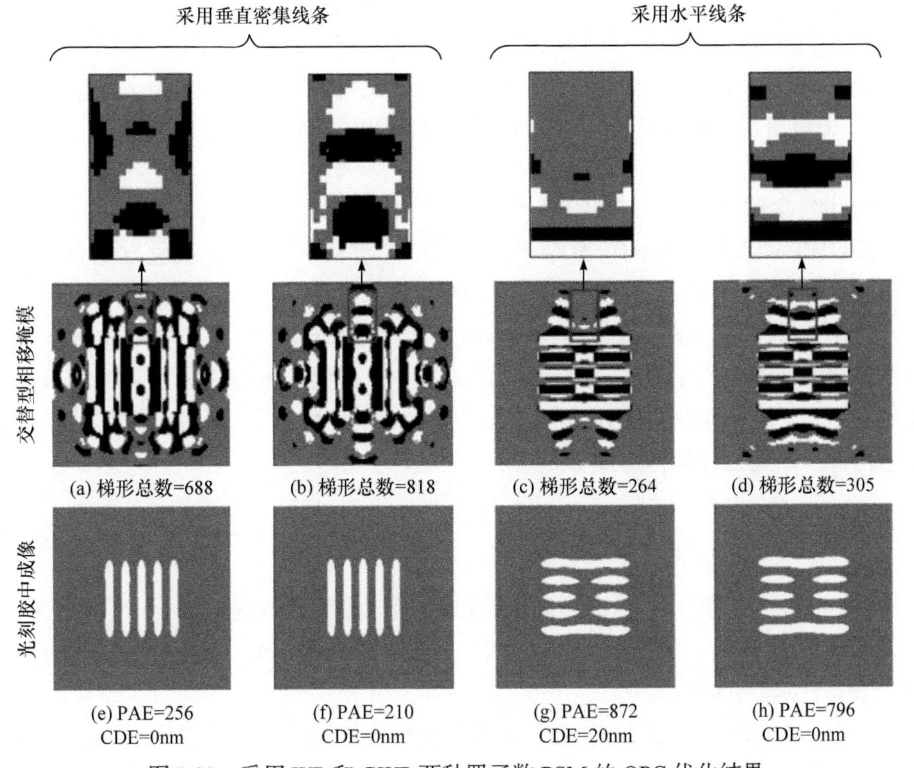

图 2.22　采用 WP 和 GWP 两种罚函数 PSM 的 OPC 优化结果

一图形，左侧为采用 WP 的结果，右侧为采用 GWP 的结果，其中，两种线条图形的 CD 均为 45nm。光刻系统为照明波长 193nm、NA = 1.2 的浸没式光刻系统，采用相干因子为$\sigma = 0.12$ 的圆形照明，对垂直线条采用 Y 偏振照明，对水平线条采用 X 偏振照明，掩模为 AltPSM 型 PSM。为了验证 WP 罚函数在降低掩模复杂度方面的作用，在 OPC 的优化损失函数中分别加入传统 WP 和 GWP 两种罚函数项，并对比 PSM 的 OPC 优化结果，分析 WP 和 GWP 在降低掩模复杂度和提高成像质量方面的性能。仿真通过调整 WP 和 GWP 的加权系数权衡成像误差和掩模复杂度这两个相互制约的因素。因此，仿真对 WP 和 GWP 采用相同的加权系数，从而能够更加公平地比较两种罚函数方法。

在图 2.22 中，第一行为不同方法得到的 OPC 掩模优化结果，其中白色、黑色、灰色分别代表 100%透过率的 0°相位透光区域、100%透过率的 180°相位透光区域、阻光区域；第二行是第一行中各个掩模对应光刻胶中的成像。

图 2.22 的第一列和第二列给出了垂直线条的仿真结果。图 2.22(a)给出了采用 WP 罚函数 PSM 的 OPC 优化结果，相应光刻胶中的成像如图 2.22(e)所示。图 2.22(b)给出了采用 GWP 罚函数的 PSM 的 OPC 优化结果，相应光刻胶中的成像如图 2.22(f)所示。

图 2.22 的第三列和第四列给出了水平线条的仿真结果。图 2.22(c)给出了采用 WP 罚函数的 PSM 的 OPC 优化结果，相应光刻胶中的成像如图 2.22(g)所示。图 2.22(d)给出了采用 GWP 罚函数的 PSM 的 OPC 优化结果，相应光刻胶中的成像如图 2.22(h)所示。

上述各项仿真的 PAE 和 CDE 在图 2.22 中给出。为了让读者更好地对比采用 WP 和 GWP 两种罚函数的仿真结果，图 2.22 还将每个 PSM 上灰色方框中的局部图形进行了放大，并显示在对应掩模图形上方。

为了定量分析上述问题，采用文献[34]提出的掩模图形分割梯形总数作为掩模图形复杂度的评价指标。分割梯形总数越少，掩模图形越简单，掩模的可制造性越高；反之，分割梯形总数越多时，掩模的复杂度越高，可制造性越差。根据文献[34]，掩模的分割梯形总数近似计算公式为

$$\#\text{Trapezoid} = \text{Int}\left\{-\frac{1}{12}1_{N\times1}^{\mathrm{T}}[G_M \odot (G_M - 2) \odot (G_M - 4) \odot (2G_M - 3)]1_{N\times1}\right\} \quad (2.118)$$

其中，$\#\text{Trapezoid}$ 为分割的梯形总数；$\text{Int}(\cdot)$ 为四舍五入取整运算；$1_{N\times1}$ 为 $N\times1$ 的全 1 向量；$G_M = g \otimes \text{abs}(M_d)$，$g$ 为 2×2 的全 1 矩阵，M_d 为离散化后的掩模图形，$\text{abs}(\cdot)$ 为取绝对值运算。

根据式(2.118)，图 2.22 中给出了各个掩模优化结果的分割梯形总数。比较发现，对于垂直线条，采用 WP 罚函数时掩模分割梯形总数较少但 PAE 较大；相比

WP 罚函数的结果，采用 GWP 罚函数会使掩模分割梯形总数增加 19%，同时使 PAE 降低 18%。水平线条的仿真结果与垂直线条的结果类似，相比 WP 罚函数的结果，采用 GWP 罚函数会使掩模分割梯形总数增加 16%，同时使 PAE 降低 9%，并使 CDE 由 20nm 降至 0。

进一步观察发现，WP 方法更倾向于将具有不同相位的 SRAF 分离开来，而 GWP 方法会将具有不同相位的 SRAF 放置在相邻的位置上。正因如此，GWP 方法能够在约束掩模复杂度的同时，获得比 WP 方法更好的成像图形保真度。由罚函数的基本原理可知，采用 WP 和 GWP 两种罚函数均可以在一定程度上控制掩模的复杂度，但是往往会以降低成像保真度为代价。然而，考虑实际产线对掩模可制造性的要求，在成像误差可接受的范围内，可以根据具体需求选择不同的罚函数方法降低 OPC 掩模的复杂度。

2) 考虑 PW 的仿真结果

仿真分析仅考虑光刻系统在最佳焦面处的成像图形保真度。但是，实际光刻系统在成像过程中往往存在离焦和曝光量变化等工艺变化因素。为了扩大 PW，提高光刻系统对离焦和曝光量变化的稳定性，采用式(2.73)作为像质评价函数，进行仿真计算与分析。为了说明 OPC 优化算法的有效性，本节给出针对 BIM 和 AttPSM 的优化仿真结果。

仿真考虑四种目标图形，即占空比为 1∶1，CD = 90nm 的一维密集线条；占空比为 1∶2，CD = 90nm 的一维半密集线条；占空比为 1∶4，CD = 90nm 的一维孤立线条；占空比为 1∶1，CD = 115nm 的密集接触孔图形。仿真采用光源波长为 193nm 的干式光刻系统，照明为非偏振 AI。所有优化算法的循环次数均为 200 次。用于运行 OPC 技术的计算机配置为 Intel Core i5-2400 CPU 3.10GHz 主频，4.00GB 内存。对于一维密集线条、半密集线条、孤立线条和二维密集接触孔，掩模尺寸分别为 3960nm × 3960nm、6120nm × 6120nm、6840nm × 6840nm 和 5060nm × 5060nm。对于三种线条图形，掩模面上的单个像素尺寸为 24nm × 24nm，这意味着硅片处的单个像素对应的尺寸为 6nm × 6nm。对于二维密集接触孔图形，掩模面上的单个像素对应的尺寸为 30.66nm × 30.66nm，硅片处的单个像素对应的尺寸为 7.67nm × 7.67nm，表示上述四种掩模的矩阵尺寸分别为 165 × 165、255 × 255、285 × 285 和 165 × 165。

仿真采用二次罚函数和 WP，降低掩模的量化误差和掩模复杂度。OPC 优化算法的仿真条件如表 2.2 所示，包括投影物镜 NA、AI 内外相干因子 σ_{inner} 和 σ_{outer}、优化步长 s_{Ω}、二次罚函数加权系数 γ_D、WP 加权系数 γ_W，以及式(2.73)中的幅度调制因子 α。在掩模优化结束后，计算 OPC 优化前后的光刻 PW 并进行对比，验证 OPC 技术在提升光刻成像性能方面的有效性。

表 2.2　OPC 优化算法的仿真条件

参数	密集线条		半密集线条		孤立线条		接触孔	
	OPC	PSM	OPC	PSM	OPC	PSM	OPC	PSM
NA	0.75	0.75	0.7	0.7	0.65	0.65	0.75	0.75
σ_{inner}	0.65	0.65	0.51	0.51	0.4	0.4	0.59	0.59
σ_{outer}	0.89	0.89	0.75	0.75	0.64	0.64	0.83	0.83
s_{Ω}	70	75	70	35	50	25	70	35
γ_W	0.0002	0.0004	0.0002	0.0004	0.0002	0.0004	0.0002	0.0004
γ_D	0.0001	0.0002	0.0001	0.0002	0.0001	0.0002	0.0001	0.0002
α	1	1	1	1	1	1	0.5	0.1

如图 2.23 所示，第一行为针对 BIM 的仿真结果，白色和灰色区域分别代表透光区域和阻光区域。

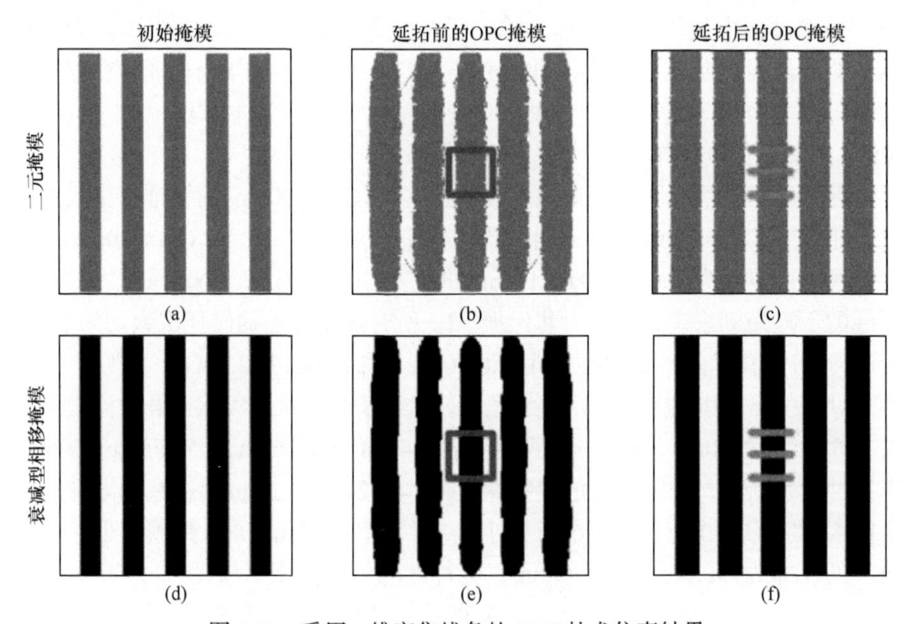

图 2.23　采用一维密集线条的 OPC 技术仿真结果

图 2.23(a)为目标图形，同时也是优化前的初始 BIM。图 2.23(b)是 OPC 优化后的 BIM。为了掩模的对称性，在每次迭代中首先更新第一象限内的掩模像素值，然后通过镜像对称的方式更新其余 3 个象限内的掩模像素值。图 2.23 第二行为针对 AttPSM 的仿真结果，其中白色和黑色区域分别代表 100%透过率的 0°相位透光区域和 6%透过率的 180°相位透光区域。图 2.23(d)为优化前的初始 AttPSM。图 2.23(e)为 OPC 优化后的 AttPSM。

为了验证 OPC 技术的有效性，需要计算并对比 OPC 优化前后的 PW。软件在仿真中的默认掩模图形为无限延展的周期性图形。但是，OPC 技术得到的是有限尺寸的非周期性掩模图形。由图 2.23(b)和图 2.23(e)可知，有限的掩模尺寸导致掩模中心部分和边缘部分具有不同的优化结果，我们将图 2.23(b)和图 2.23(e)中的掩模称为延拓前的 OPC 掩模。为了解决上述问题，以图 2.23(b)和图 2.23(e)中方框为窗口，从延拓前的 OPC 掩模上截取其中心区域，并对该中心区域进行水平方向和垂直方向的周期性延拓，形成图 2.23(c)和图 2.23(f)中的掩模图形，称为延拓后的 OPC 掩模。由于掩模中心区域远离边界，因此可以假设边界效应对掩模中心区域的优化结果影响较小。这也是选取掩模中心区域进行周期性延拓的原因。

在得到延拓后的 OPC 掩模之后，还需要设定 PW 的测量位置。OPC 技术对不同的掩模局部区域进行了不同的修正，导致不同测量位置的 PW 不尽相同。因此，有必要在不同的关键位置处设置多个测量点，分别计算各自的 PW，并以所有 PW 的重叠部分作为评价光刻成像性能和工艺变化稳定性的标准。这里将所有测量位置处 PW 的重叠部分称为重叠 PW。具体的，在图 2.23(c)设置 3 个 PW 测量点，如图中浅色水平线所示，其位置与图 2.23(b)方框的上边缘、中心线和下边缘重合。用同样的方法，图 2.23(f)中也设置 3 个 PW 测量点，如图中浅色水平线所示。在下面仿真分析中，采用这 3 个测量点的重叠 PW 评价光刻成像性能和工艺变化稳定性。

采用一维密集线条、半密集线条、孤立线条和二维密集接触孔的 OPC 掩模中心区域如图 2.24 所示[47]。

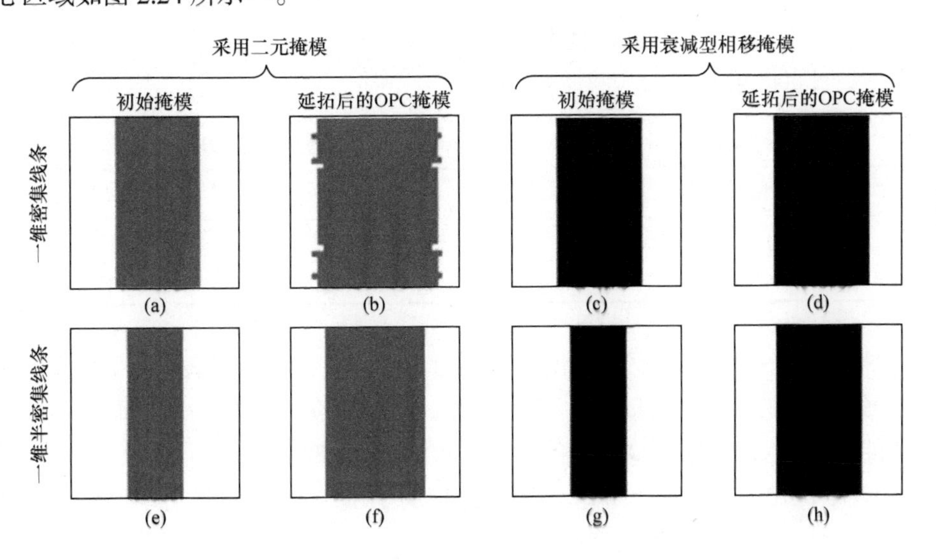

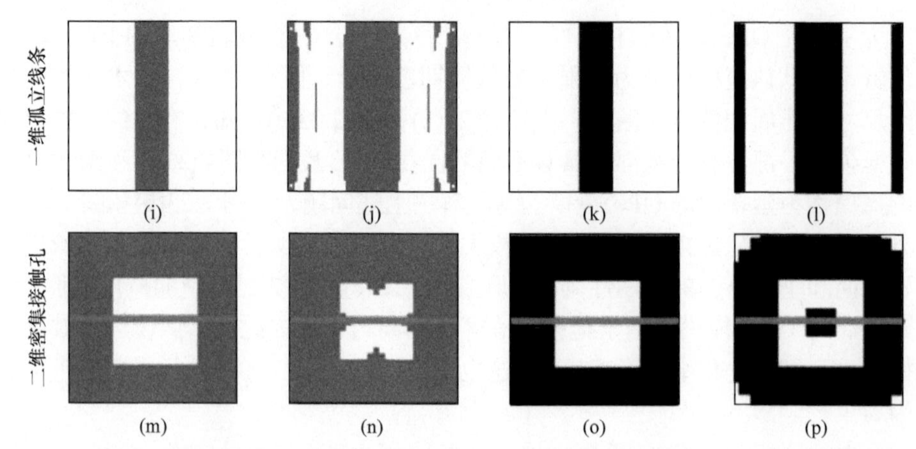

图 2.24 采用一维密集线条、半密集线条、孤立线条和二维密集接触孔的 OPC 掩模中心区域

采用上述方法，对掩模中心区域进行水平方向和垂直方向的周期性延拓，形成延拓后的 OPC 掩模。与图 2.23(c)和图 2.23(f)相似，对于图 2.24 中的一维密集线条、半密集线条和孤立线条，在掩模中心区域的上边缘、中心线、下边缘处分别设置 3 个 PW 测量点，并采用重叠 PW 作为评价光刻成像性能和工艺变化稳定性的指标。对于二维密集接触孔，由于其掩模图形具有四重对称性，只在掩模中心区域的中心线处设置一个 PW 测量点，并采用该处的 PW 评价光刻成像性能和工艺变化稳定性。密集接触孔的 PW 测量面如图 2.24(m)～图 2.24(p)中的浅色水平线所示。

对于一维密集线条、半密集线条、孤立线条和二维密集接触孔的 OPC 运行时间如表 2.3 所示。此处，OPC 技术的绝对运算时间与循环次数、掩模尺寸和光源采样点数目直接相关。

表 2.3 对于一维密集线条、半密集线条、孤立线条和二维密集接触孔的 OPC 运行时间(单位：s)

技术	一维密集线条	一维半密集线条	一维孤立线条	二维密集接触孔
OPC	20	82	77	27
PSM	20	81	78	27

图 2.25(a)～图 2.25(d)分别展示了一维密集线条、半密集线条、孤立线条、二维密集接触孔的 PW 仿真结果，其中实线、虚线、点线、虚-星线分别代表初始 BIM 的 PW、对 BIM 进行 OPC 优化后的 PW、初始 AttPSM 的 PW，以及对 AttPSM 进行 OPC 优化后的 PW。图 2.25 中箭头标明了采用 OPC 技术后，PW 的扩展方向。

表 2.4 给出了图 2.25 中所有 PW 在 EL 等于 5%、8%和 10%时对应的 DOF 值。

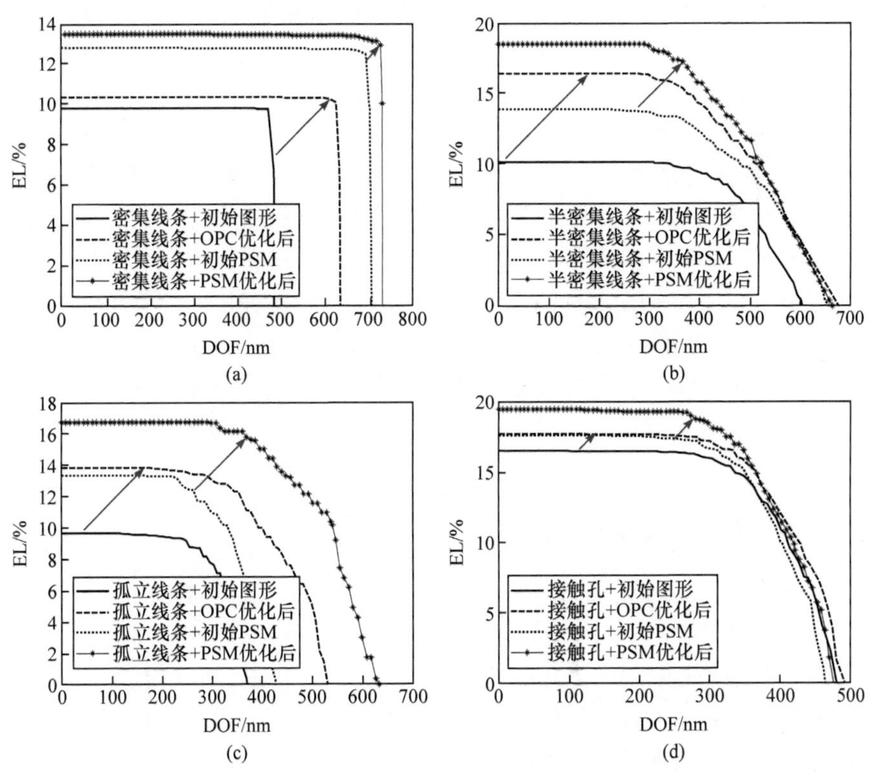

图 2.25　采用一维密集线条、半密集线条、孤立线条和二维密集接触孔的 PW 仿真结果

表 2.4　EL 等于 5%、8%和 10%时所对应的 DOF 值　　(单位：nm)

EL/%	一维密集线条				一维半密集线条			
	初始图形	OPC	初始 PSM	PSM	初始图形	OPC	初始 PSM	PSM
5	484	631	701	728	529	593	587	589
8	479	629	700	728	466	551	536	551
10	0	625	698	728	311	509	480	523

EL/%	一维孤立线条				二维密集接触孔			
	初始图形	OPC	初始 PSM	PSM	初始图形	OPC	初始 PSM	PSM
5	333	500	390	581	455	469	445	458
8	290	444	353	552	430	448	420	435
10	0	393	331	540	410	428	402	419

由图 2.25 和表 2.4 可知，采用矢量 OPC 技术可以有效提高光刻系统的 PW。

由图 2.25(a)可知，对于一维密集线条，优化后的 AttPSM 具有最大的 PW，其次是初始的 AttPSM，再次是优化后的 BIM，初始 BIM 的 PW 最小。由图 2.25(b)和图 2.25(c)可知，对于一维半密集线条和孤立线条，优化后的 AttPSM 具有最大的 PW，其次是优化后的 BIM，再次是初始 AttPSM，初始 BIM 的 PW 最小。两者的区别是，对于半密集线条，优化前后的 BIM 和 AttPSM 对应的四个 PW 在 DOF 大于 550nm 时基本重合，而孤立线条仿真中的四个 PW 具有较明显的区别。由图 2.25(d)可知，对于二维密集接触孔，当 DOF < 360nm 时，初始 AttPSM 和优化后 AttPSM 的 PW 分别大于初始 BIM 和优化后 BIM 的 PW；当 DOF > 360nm 时，初始 BIM 和优化后 BIM 的 PW 分别大于初始 AttPSM 和优化后 AttPSM 的 PW。

综上所述，本节采用多种掩模结构对矢量 OPC 技术进行了数值计算和仿真分析。由仿真分析可知，采用矢量 OPC 技术能够有效提高光刻系统在最佳焦面处的成像保真度，同时也能在一定曝光量变化范围和 DOF 范围内，有效提升光刻系统的成像质量。

2.2.2 采用矢量成像模型的 SMO 技术

综上所述，28nm 及以下技术节点的光刻系统必须采用 RET。2.2.1 节所述的 OPC 技术仅对掩模进行修正，未考虑光源和掩模之间的协同作用对光刻性能的影响，会在一定程度上限制优化自由度。为了解决这一问题，SMO 技术将光源优化和掩模优化相结合，通过协同优化光源分布和掩模图形，提升优化自由度，进一步改善光刻系统的成像分辨率和图形保真度[16,17]。

2002 年，Rosenbluth 等[50]首先提出 SMO 的基本思想。然后，Rosenbluth 等[51,52]又分别对 SMO 中的光源优化和掩模优化算法进行了改进和扩展。这些算法在目标函数中考虑曝光深度，可以使光源和掩模的优化结果接近全局最优解。此后，众多业内人士提出各种 SMO 技术。Robert 等[53]提出一种采用掩模频域优化的 SMO 技术。Progler 等[54]提出一种光源与 PSM 的协同优化技术。Hsu 等[55]提出基于 EPE 的 SMO 技术。Nakashima 等[56]提出自由式和限定式两种 SMO 技术。

同时，自由形态衍射光学元件(diffractive optical elements，DOE)和 FlexRay 可编程照明技术的研发与应用促进了像素化 SMO 技术的发展[57,58]。像素化 SMO 技术将掩模和光源图形分割为若干像素，并对每个光源像素的光强和每个掩模像素的透过率进行优化。虽然像素化 SMO 技术能够进一步提高优化自由度，但其数据处理量较大，会影响优化效率。为了进一步提高 SMO 的优化效率、改善算法的收敛特性，相关研究人员提出多种基于梯度的像素化 SMO 技术。这类技术可用于提高光刻系统最佳焦面处的图形保真度[59,60]，或在一定的工艺变化范围内提高光刻系统的成像质量[61-65]。然而，前人研究表明，标量模型仅适用于 NA < 0.4 的情况。当 NA > 0.6 时，标量模型已无法满足光刻仿真的精度要求[45]。为了有效提高 SMO 技术的仿真精度，Ma 等对 28nm 及以下技术节点的超大 NA 浸没式光刻系统，发展了采用全光路矢量光刻成像模型的 SMO 技术[66,67]，简称矢量 SMO 技术。该算法不仅适用于小 NA 的干式光刻系统，也适用于超大 NA 的浸没式光刻系统。

本节针对 28nm 及以下技术节点中的浸没式光刻系统，阐述矢量 SMO 技术的数学表达和损失函数构建方法，介绍 SMO 的 SD 优化算法和 CG 算法。具体的，将详细讨论同步型 SMO(simultaneous SMO，SISMO)、交替型 SMO(sequential SMO，SESMO)和混合型 SMO(hybrid SMO，HSMO)三种优化策略。针对典型的 BIM 和 PSM 掩模结构，对矢量 SMO 技术进行仿真验证，并对 SISMO、SESMO 和 HSMO 三种优化策略进行对比分析。

1. 矢量 SMO 的数学表达和目标函数

目前，SMO 技术采用的目标函数主要包括 PAE、NILS、PW、MEEF 等。本节以 PAE 为例，介绍矢量 SMO 的数学表达和算法流程。令矩阵 $Q \in \mathbb{R}^{N_s \times N_s}$ 表示光源光强分布，其中 N_s 为光源图形的单边像素数，$\mathbb{R}^{N_s \times N_s}$ 为 $N_s \times N_s$ 的实数空间。$Q(x_s, y_s)$ 为位于光源平面 (x_s, y_s) 处的点光源光强。二维薄掩模图形用矩阵 $M \in \mathbb{R}^{N \times N}$ 表示，其中 N 为掩模图形的单边像素数。SMO 优化的主要目的是寻求最优的光源和掩模组合 $(\hat{Q}, \hat{M})$，以达到有效提高光刻成像质量的目的。因此，可将 SMO 问题表述为[17]

$$(\hat{Q}, \hat{M}) = \arg \min_{(Q,M)} D \tag{2.119}$$

其中，D 为目标函数，即

$$D = F + \gamma_1 R_1 + \gamma_2 R_2 + \cdots \tag{2.120}$$

其中，F 为像质评价函数，用于评价光刻系统在不同条件下的成像保真度；$R_1, R_2, \cdots$ 为光源或掩模的罚函数项，用于限定 SMO 优化问题的解空间，使光源和掩模的优化结果具有某些预期的特性；$\gamma_1, \gamma_2, \cdots$ 为各罚函数项对应的加权系数。

1) 光源和掩模的变量替换

在 SMO 优化过程中，优化变量光源像素的取值范围被限定为 $Q(x_s, y_s) \in [0,1]$，同时作为优化变量的掩模像素的取值范围被限定为几个特定的离散值。为了运用梯度优化算法求解 SMO 问题，需要将 SMO 优化问题转化为连续的无约束优化问题。为此，对光源像素采用如下变量替换，即

$$Q = g(\Omega_S) = 0.5 \times (1_{N \times N} + \cos \Omega_S) \tag{2.121}$$

其中，$\Omega_S \in \mathbb{R}^{N_s \times N_s}$ 为与 Q 具有相同尺寸的参数矩阵，且 Ω_S 中各个元素 $\Omega_{S,i,j}\ (i, j =$

$1,2,\cdots,N$)的定义域为$(-\infty,+\infty)$；$g(\cdot)$为光源图形与参数矩阵之间的函数关系。

另外，采用式(2.67)对掩模变量进行替换，即

$$M=f(\Omega_M)=\begin{cases}0.5\times(1_{N\times N}+\cos\Omega_M), & \text{BIM}\\ \cos\Omega_M, & \text{AltPSM}\\ 0.6225\times(1_{N\times N}+\cos\Omega_M)-0.245\times 1_{N\times N}, & \text{AttPSM}\end{cases} \tag{2.122}$$

与式(2.67)不同，为了区别光源和掩模变量，采用Ω_M(而非Ω)表示掩模的参数矩阵。

采用上述变量替换，空间像计算式(2.62)可转化为

$$I=\frac{1}{Q_{\text{sum}}}\sum_{x_s}\sum_{y_s}g(\Omega_S(x_s,y_s))\sum_{p=x,y,z}\left|H_p^{x_s y_s}\otimes(B^{x_s y_s}\odot f(\Omega_M))\right|^2 \tag{2.123}$$

其中，$Q_{\text{sum}}=\sum_{x_s}\sum_{y_s}Q(x_s,y_s)=\sum_{x_s}\sum_{y_s}g(\Omega_S(x_s,y_s))$为光源总光强的归一化因子。

SMO 优化问题可以表示为

$$(\hat{\Omega}_S,\hat{\Omega}_M)=\arg\min_{(\Omega_S,\Omega_M)}D=\arg\min_{(\Omega_S,\Omega_M)}(F+\gamma_1R_1+\gamma_2R_2+\cdots) \tag{2.124}$$

通过变量替换，SMO 技术对参数矩阵Ω_S和Ω_M进行迭代更新，并获得最优的参数矩阵$\hat{\Omega}_S$和$\hat{\Omega}_M$。此时，最优的光源和掩模图形可表示为$\hat{Q}=g(\hat{\Omega}_S)$和$\hat{M}=f(\hat{\Omega}_M)$。需要注意的是，采用上述方法得到的最优光源和最优掩模均为灰度图形。由于目前的光刻设备可以实现具有连续光强分布的照明，因此无需对光源图形$\hat{Q}$做离散化处理。另外，由于掩模制造工艺的限制，必须对优化后的灰度掩模$\hat{M}$进行离散化处理。

2) 像质评价函数

令$\tilde{Z}\in\mathbb{R}^{N\times N}$为硅片处光刻成像的目标图形，SMO 优化的主要目的是寻求最优光源$\hat{Q}$与掩模$\hat{M}$的组合，使光刻胶中的成像Z尽量接近目标图形$\tilde{Z}$，或使空间像I尽量接近目标图形$\tilde{Z}$。当仅考虑最佳焦面处的成像质量时，像质评价函数如式(2.72)所示。当需要考虑光刻系统的离焦效应和曝光量变化时，像质评价函数如式(2.73)所示。

3) 光源罚函数

在 SMO 优化问题中，罚函数包括光源罚函数和掩模罚函数。针对掩模图形的罚函数已经在 2.2.1 节中给出。本节着重介绍光源罚函数的构造方法。研究表明，光源可制造性是 SMO 技术必须考虑的实际问题之一，而最小整体光瞳填充率(minimum integrated pupil fill percentage，MIPFP)和最小暗像素光强(minimum dark pixel intensity，MDPI)又是影响光源可制造性的两个关键因素[68,69]。因此，可以在

SMO 的目标函数中添加光源罚函数 R_S，提高光源的 MIPFP 和 MDPI。R_S 的形式为[67]

$$R_S = -\sum_{x_s}\sum_{y_s}\text{sigmoid}(Q(x_s, y_s)) \tag{2.125}$$

其中，sigmoid(·) 函数如式(2.63)所示，倾斜度因子用 a_S 表示，且阈值为 $t_r = 0$。

由此可知，罚函数 R_S 的作用是尽量增加光源图形中的非零像素点个数，从而达到提高 MIPFP 和 MDPI 的目的。

2. 矢量 SMO 的优化算法

本节以 SD 算法和 CG 算法为例，介绍 SMO 的优化算法及其流程。这里需要特别指出的是，SMO 数学表达方法和目标函数同时适用于多种数值优化算法[48]。为了采用 SD 算法或 CG 算法优化光源和掩模图形，首先需要计算 SMO 目标函数对光源参数矩阵和掩模参数矩阵的梯度。由式(2.120)可知，目标函数对于光源变量和掩模变量的梯度可表示为

$$\nabla D(Q) = \nabla F(Q) + \gamma_1 \nabla R_1(Q) + \gamma_2 \nabla R_2(Q) + \cdots \tag{2.126}$$

$$\nabla D(M) = \nabla F(M) + \gamma_1 \nabla R_1(M) + \gamma_2 \nabla R_2(M) + \cdots \tag{2.127}$$

其中，$\nabla F(Q)$ 和 $\nabla F(M)$ 为像质评价函数对于光源变量和掩模变量的梯度；$\nabla R_1(Q), \nabla R_2(Q), \cdots$ 表示罚函数项对于光源变量的梯度；$\nabla R_1(M), \nabla R_2(M), \cdots$ 表示罚函数项对于掩模变量的梯度。

为了将 SMO 优化问题由受约束优化问题转化为无约束优化问题，需采用式(2.121)和式(2.122)中的变量替换。此时，可以进一步计算目标函数对于参数矩阵 Ω_S 和 Ω_M 的梯度，即

$$\nabla D(\Omega_S) = \nabla F(\Omega_S) + \gamma_1 \nabla R_1(\Omega_S) + \gamma_2 \nabla R_2(\Omega_S) + \cdots \tag{2.128}$$

$$\nabla D(\Omega_M) = \nabla F(\Omega_M) + \gamma_1 \nabla R_1(\Omega_M) + \gamma_2 \nabla R_2(\Omega_M) + \cdots \tag{2.129}$$

其中，$\nabla F(\Omega_S)$ 和 $\nabla F(\Omega_M)$ 为像质评价函数对于参数矩阵 Ω_S 和 Ω_M 的梯度；$\nabla R_1(\Omega_S)$，$\nabla R_2(\Omega_S)$，$\cdots$ 代表罚函数项对于参数矩阵 Ω_S 的梯度；$\nabla R_1(\Omega_M)$，$\nabla R_2(\Omega_M)$，$\cdots$ 代表罚函数项对于参数矩阵 Ω_M 的梯度。

1) 像质评价函数的梯度

2.2.1 节给出了像质评价函数对掩模参数矩阵 Ω_M 的梯度计算方法。因此，本节着重介绍像质评价函数对于光源参数矩阵 Ω_S 的梯度计算方法。

当仅考虑最佳焦面处的成像质量时，像质评价函数如式(2.72)所示。此时，像质评价函数对于 Ω_S 中各元素的偏导数为[66]

$$\begin{aligned}&\frac{\partial F}{\partial \Omega_S(x_s,y_s)}\\&=-\frac{2a}{Q_{\text{sum}}}g'(\Omega_S(x_s,y_s))\times 1_{N\times 1}^{\mathrm{T}}\left[\left(\sum_{p=x,y,z}\left|E_p^{\text{wafer}}(x_s,y_s)\right|^2\right)\odot(\tilde{Z}-Z)\odot Z\odot(1_{N\times N}-Z)\right]1_{N\times 1}\end{aligned} \tag{2.130}$$

其中，$g'(\Omega_S(x_s,y_s))$为函数g对$\Omega_S(x_s,y_s)$的导数。

由式(2.121)可知

$$g'(\Omega_S(x_s,y_s))=-0.5\times\sin\Omega_S(x_s,y_s) \tag{2.131}$$

当需要考虑光刻系统的离焦效应和曝光量变化时，像质评价函数如式(2.73)所示。此时，像质评价函数对于Ω_S中各元素的偏导数为[67]

$$\frac{\partial F}{\partial \Omega_S(x_s,y_s)}=\omega_{\text{foc}}\times\frac{\partial F_{\text{foc}}}{\partial \Omega_S(x_s,y_s)}+(1-\omega_{\text{foc}})\times\frac{\partial F_{\text{def}}}{\partial \Omega_S(x_s,y_s)} \tag{2.132}$$

其中，$\frac{\partial F_{\text{foc}}}{\partial \Omega_S(x_s,y_s)}$为$F_{\text{foc}}$对于$\Omega_S(x_s,y_s)$的偏导数；$\frac{\partial F_{\text{def}}}{\partial \Omega_S(x_s,y_s)}$为$F_{\text{def}}$对于$\Omega_S(x_s,y_s)$的偏导数。

通过数学推导，式(2.132)中的第一项可以展开为

$$\begin{aligned}&\frac{\partial F_{\text{foc}}}{\partial \Omega_S(x_s,y_s)}\\&=-\frac{2}{Q_{\text{sum}}}g'(\Omega_S(x_s,y_s))\times 1_{N\times 1}^{\mathrm{T}}\left[\left(\sum_{p=x,y,z}\left|E_{p,\text{foc}}^{\text{wafer}}(x_s,y_s)\right|^2\right)\odot(\alpha\tilde{Z}-I_{\text{foc}})\right]1_{N\times 1}\end{aligned} \tag{2.133}$$

其中，$E_{p,\text{foc}}^{\text{wafer}}(x_s,y_s)$为理想焦面处对应于点光源$Q(x_s,y_s)$的电场强度沿$p$轴的分量，即

$$E_{p,\text{foc}}^{\text{wafer}}(x_s,y_s)=H_{p,\text{foc}}^{x_s y_s}\otimes(B^{x_s y_s}\odot M) \tag{2.134}$$

其中，$H_{p,\text{foc}}^{x_s y_s}$为对应于理想焦面的光刻系统点扩散函数。

式(2.132)中的第二项可以展开为

$$\begin{aligned}&\frac{\partial F_{\text{def}}}{\partial \Omega_S(x_s,y_s)}\\&=-\frac{2}{Q_{\text{sum}}}g'(\Omega_S(x_s,y_s))\times 1_{N\times 1}^{\mathrm{T}}\left[\left(\sum_{p=x,y,z}\left|E_{p,\text{def}}^{\text{wafer}}(x_s,y_s)\right|^2\right)\odot(\alpha\tilde{Z}-I_{\text{def}})\right]1_{N\times 1}\end{aligned} \tag{2.135}$$

其中，$E_{p,\text{def}}^{\text{wafer}}(x_s,y_s)$为离焦面处对应于点光源$Q(x_s,y_s)$的电场强度沿$p$轴的分量，即

$$E_{p,\text{def}}^{\text{wafer}}(x_s, y_s) = H_{p,\text{def}}^{x_s y_s} \otimes (B^{x_s y_s} \odot M) \tag{2.136}$$

其中，$H_{p,\text{def}}^{x_s y_s}$ 为对应于离焦面的光刻系统点扩散函数。

为了提高 SMO 的运算效率，同样可以采用 EFCT 和 FFT 两种方法降低计算复杂度。

2) 光源罚函数的导数

由式(2.125)可知，光源罚函数项 R_S 是光源变量的函数，与掩模变量无关。因此，光源罚函数对于 Ω_M 的梯度为 0，即 $\nabla R_S(\Omega_M) = 0$。另外，R_S 对于光源变量的导数为[66]

$$\begin{aligned}&\frac{\partial R_S}{\partial \Omega_S(x_s, y_s)}\\ &= a_S \times \frac{\partial g}{\partial \Omega_S(x_s, y_s)} \times \text{sigmoid}(Q(x_s, y_s)) \times [1 - \text{sigmoid}(Q(x_s, y_s))]\end{aligned} \tag{2.137}$$

将光源罚函数对每一个光源变量求偏导数，即可得到光源罚函数的梯度。

3) 采用 SD 算法的 SMO 优化流程

大体上讲，现有的 SMO 技术主要采用以下三种优化策略，即 SISMO、SESMO、HSMO。本节以 SD 算法为例，说明 SISMO、SESMO 和 HSMO 的优化流程。

采用 SD 算法的 SISMO 流程图如图 2.26 所示[66]。SISMO 技术首先对光源图形、

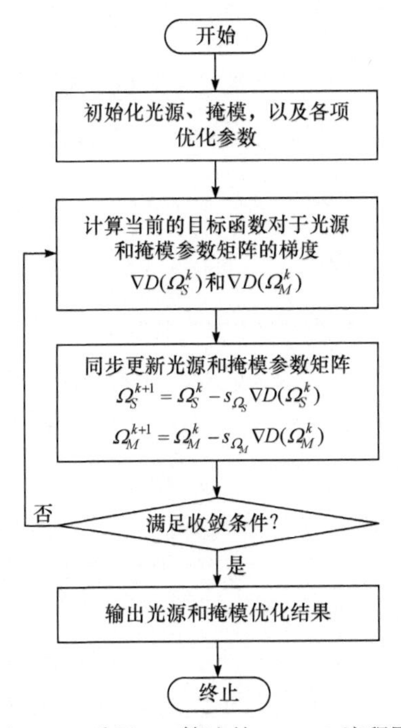

图 2.26　采用 SD 算法的 SISMO 流程图

掩模图形，以及各项优化参数进行初始化。然后，在每次循环迭代中对光源和掩模进行同步更新，直至满足算法的收敛条件。在初始化阶段，令初始光源和掩模分别为 Q^0 和 M^0，其对应的初始参数矩阵分别为 Ω_S^0 和 Ω_M^0。掩模图形 M^0 及其参数矩阵 Ω_M^0 的初始化方法已经给出。光源图形 Q^0 可以初始化为

$$Q^0(i,j)=\begin{cases}1, & \text{发光光源点} \\ 0, & \text{不发光光源点}\end{cases},\quad i,j=1,2,\cdots,N_S \tag{2.138}$$

相应的，根据式(2.121)，参数矩阵 Ω_S^0 可表示为

$$\Omega_S^0=g^{-1}(Q^0)=\arccos(2Q^0-1) \tag{2.139}$$

其中，$g^{-1}(\cdot)$ 为 $g(\cdot)$ 的反函数。

将式(2.139)代入式(2.138)，可得

$$\Omega_S^0(i,j)=\begin{cases}0, & \text{发光光源点} \\ \pi, & \text{不发光光源点}\end{cases},\quad i,j=1,2,\cdots,N_S \tag{2.140}$$

如果采用式(2.140)对 Ω_S^0 进行初始化，会导致目标函数对 Ω_S^0 的梯度等于或接近 0，降低算法的收敛效能。因此，可以对 Ω_S^0 的初始值进行一定的扰动，避免上述问题。

在初始化之后，SMO 技术根据上述公式计算目标函数对于光源和掩模参数矩阵的梯度 $\nabla D(\Omega_S^k)$ 和 $\nabla D(\Omega_M^k)$，并对参数矩阵的元素值进行迭代更新，其中 Ω_S 和 Ω_M 的上标 k 代表迭代次数。根据 SD 算法，Ω_S^k 和 Ω_M^k 的迭代公式为

$$\Omega_S^{k+1}=\Omega_S^k-s_{\Omega_S}\nabla D(\Omega_S^k) \tag{2.141}$$

$$\Omega_M^{k+1}=\Omega_M^k-s_{\Omega_M}\nabla D(\Omega_M^k) \tag{2.142}$$

其中，s_{Ω_S} 和 s_{Ω_M} 为光源优化步长和掩模优化步长。

在每次迭代更新后，算法将根据式(2.121)和式(2.122)计算当前参数矩阵对应的光源图形 Q^{k+1} 和掩模图形 M^{k+1}，并对掩模进行离散化处理，获得离散化的掩模 M_d^{k+1}。进而，根据式(2.72)或式(2.73)，计算 Q^{k+1} 和 M_d^{k+1} 对应的像质评价函数值 F^{k+1}。如果 F^{k+1} 小于预定阈值或者迭代次数达到预定上限时，可认为算法已满足收敛条件，终止算法，并输出当前的光源和掩模优化结果；否则，算法进入下一次循环。

SESMO 技术的流程图如图 2.27 所示[66]。SESMO 技术首先对光源、掩模和各项优化参数进行初始化，之后遵循光源优化-掩模优化-光源优化…的顺序，分

别对光源和掩模进行单独优化。SESMO 技术的初始化步骤与 SISMO 技术相同。SESMO 首先进入 SO 阶段，计算目标函数对于光源参数矩阵的梯度 $\nabla D(\Omega_S^k)$，并采用式(2.141)对光源参数矩阵进行迭代更新，直至满足收敛条件 1 时，进入 MO 阶段。其中，收敛条件 1 为当前的像质评价函数值 F^{k+1} 小于预定阈值，或者 SO 迭代次数达到预定上限。在掩模优化阶段，算法计算当前目标函数对于掩模参数矩阵的梯度 $\nabla D(\Omega_M^k)$，并采用式(2.142)对掩模参数矩阵进行迭代更新，直至满足收敛条件 2。其中，收敛条件 2 为当前的像质评价函数值 F^{k+1} 小于预定阈值，或者 MO 迭代次数达到预定上限。在掩模优化结束后，SESMO 技术判断是否满足收敛条件 3，若不满足则返回光源优化步骤继续循环迭代，否则终止算法，并输出当前的光源和掩模优化结果。其中，收敛条件 3 为当前的像质评价函数值 F^{k+1} 小于预定阈值，或者 SMO 交替次数达到预定上限。

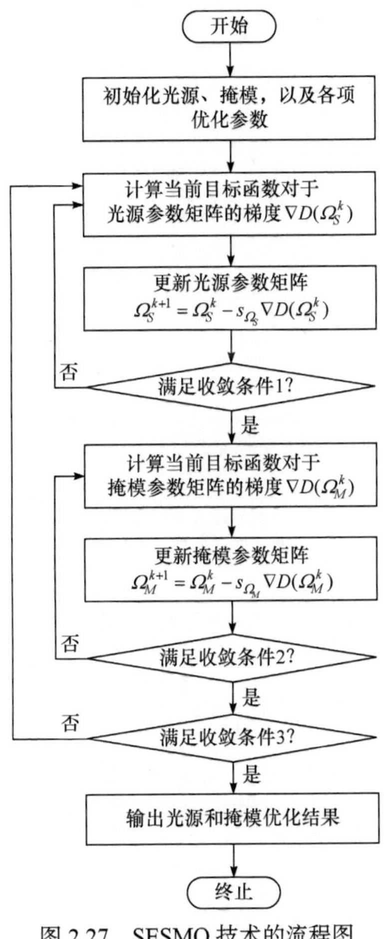

图 2.27　SESMO 技术的流程图

采用 SD 算法的 HSMO 流程如图 2.28 所示[66]。HSMO 技术首先采用 SO 快速降低 PAE，当满足收敛条件 1 时，结束 SO 优化步骤。其中，收敛条件 1 为当前的像质评价函数值 F^{k+1} 小于预定阈值，或者 SO 迭代次数达到预定上限值。然后，HSMO 流程采用 SISMO 技术对光源和掩模同时优化，从而充分利用两者之间的

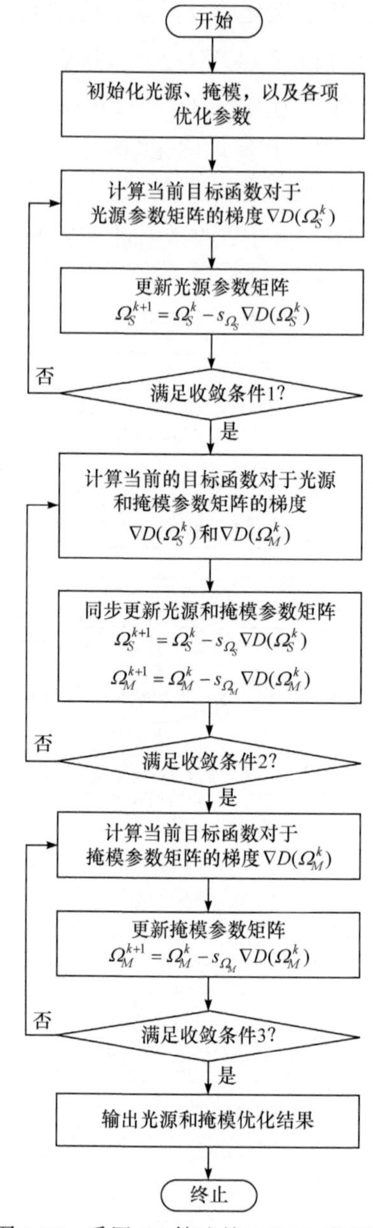

图 2.28　采用 SD 算法的 HSMO 流程图

相互作用关系，当满足收敛条件 2 时，结束 SISMO 优化步骤。其中，收敛条件 2 为当前的像质评价函数值 F^{k+1} 小于预定阈值，或者 SISMO 迭代次数达到预定上限。最后，HSMO 流程利用 MO 技术进一步降低 PAE，当满足收敛条件 3 时，终止整个 HSMO 流程，并输出当前的光源和掩模优化结果。其中，收敛条件 3 为像质评价函数值 F^{k+1} 小于预定阈值，或者 MO 迭代次数达到预定上限。

4) 采用 CG 算法的 SMO 优化流程

本节以 CG 算法为例，说明 HSMO 的优化流程。HSMO 的 CG 算法包含 SO 和 SISMO 两个主要步骤[67]。首先，初始化光源参数矩阵 Ω_S^0 和掩模参数矩阵 Ω_M^0。然后，计算目标函数对于 Ω_S^0 和 Ω_M^0 的梯度，即 $\nabla D(\Omega_S^0)$ 和 $\nabla D(\Omega_M^0)$，并将光源优化方向矩阵初始化为 $P_S^0 = -\nabla D(\Omega_S^0)$，将掩模优化方向矩阵初始化为 $P_M^0 = -\nabla D(\Omega_M^0)$。

在参数初始化后，HSMO 技术首先进入 SO 步骤。在每次循环中，算法将光源参数矩阵更新为

$$\Omega_S^{k+1} = \Omega_S^k + s_{\Omega_S} \times P_S^k \tag{2.143}$$

随后，计算目标函数对 Ω_S^{k+1} 的梯度 $\nabla D(\Omega_S^{k+1})$，并更新变量 $\beta_S^k = \|\nabla D(\Omega_S^{k+1})\|_2^2 / \|\nabla D(\Omega_S^k)\|_2^2$，其中 $\beta_S^k \in \mathbb{R}$。同时，将光源的优化方向矩阵更新为

$$P_S^{k+1} = -\nabla D(\Omega_S^{k+1}) + \beta_S^k P_S^k \tag{2.144}$$

循环执行以上的 SO 迭代，直至满足收敛条件 1，进入 SISMO 步骤。其中，收敛条件 1 为像质评价函数值 F^{k+1} 小于预定阈值，或者 SO 迭代次数达到预定上限。

在 SISMO 步骤的每次循环中，首先将光源参数矩阵和掩模参数矩阵同步更新为

$$\Omega_S^{k+1} = \Omega_S^k + s_{\Omega_S} \times P_S^k \tag{2.145}$$

$$\Omega_M^{k+1} = \Omega_M^k + s_{\Omega_M} \times P_M^k \tag{2.146}$$

随后计算目标函数对 Ω_S^{k+1} 和 Ω_M^{k+1} 的梯度 $\nabla D(\Omega_S^{k+1})$ 和 $\nabla D(\Omega_M^{k+1})$，并更新变量 $\beta_S^k = \|\nabla D(\Omega_S^{k+1})\|_2^2 / \|\nabla D(\Omega_S^k)\|_2^2$ 和 $\beta_M^k = \|\nabla D(\Omega_M^{k+1})\|_2^2 / \|\nabla D(\Omega_M^k)\|_2^2$。同时，将光源和掩模的优化方向矩阵更新为

$$P_S^{k+1} = -\nabla D(\Omega_S^{k+1}) + \beta_S^k P_S^k \tag{2.147}$$

$$P_M^{k+1} = -\nabla D(\Omega_M^{k+1}) + \beta_M^k P_M^k \tag{2.148}$$

SISMO 步骤循环执行以上迭代，直至满足收敛条件 2。其中，收敛条件 2 为像质评价函数值 F^{k+1} 小于预定阈值，或者 SISMO 迭代次数达到预定上限。当

SISMO 步骤结束后，终止 HSMO 流程，并输出光源和掩模的优化结果。

5) 光源后处理法

像素化 SMO 技术能够对每个光源点的光强进行优化，虽然具有较高的优化自由度，但也会导致光源图形较为复杂。研究表明，当光源的光瞳填充率过大时，会减小光刻 PW[63]。为了进一步提高 PW 并降低光源复杂度，我们提出一种光源后处理法。光源后处理法流程图如图 2.29 所示[67]。

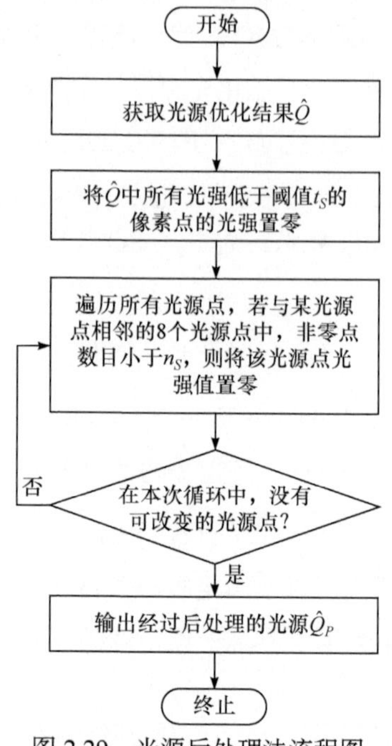

图 2.29 光源后处理法流程图

首先，以 SMO 技术的光源优化结果 $\hat{Q}$ 作为输入，将 $\hat{Q}$ 中光强低于阈值 t_S 的像素点置零。然后，遍历所有的光源像素点，若与某像素点 P 相邻的 8 个像素点中(图 2.30)，非零像素点数目小于 n_S，则将像素点 P 置零。持续对所有光源点进行遍历，直至在某次循环中，没有光源点可以改变，则终止后处理流程，并将此时的光源记为 $\hat{Q}_P$。在后面的仿真中，取 $n_S = 3$。t_S 和 n_S 可根据实际应用选取不同的值。

X_1	X_2	X_3
X_4	P	X_5
X_6	X_7	X_8

图 2.30 光源图形像素点 P 及其相邻像素点

3. 数值计算与分析

首先，考虑最佳焦面处的成像性能，采用式(2.72)中的像质评价函数和 SD 算法，验证 SMO 对光刻成像保真度的提升效果。然后，在考虑离焦和曝光量变化的条件下，基于式(2.73)中的像质评价函数和 CG 算法，通过 SMO 优化改善 PW。

1) 考虑最佳焦面成像图形保真度的仿真结果

本节采用式(2.72)中的像质评价函数和 SD 算法，对基于矢量模型的 SISMO、SESMO、HSMO 进行仿真验证和对比分析。图 2.31 为采用密集线条作为目标图形的仿真结果，并对比 SO、MO、SISMO、SESMO、HSMO 五种不同的 RET。图 2.31 第一列为光源图形，从黑色到白色代表[0,1]的连续光强区间；第二列为

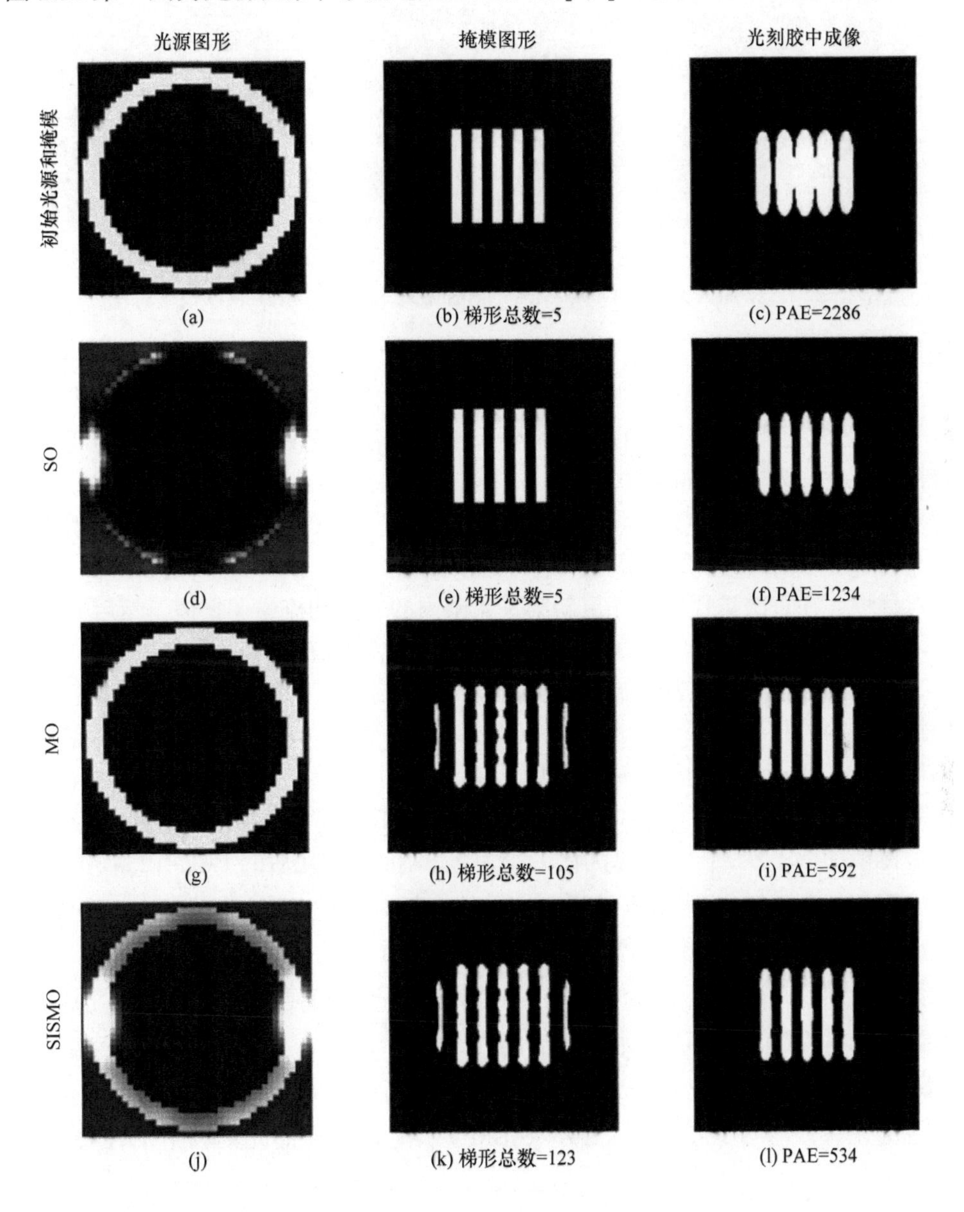

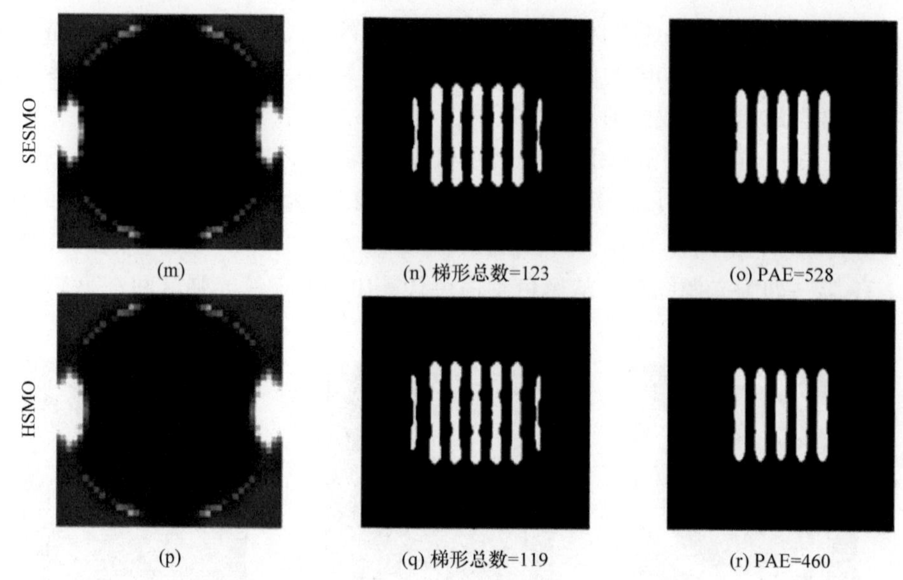

图 2.31　采用矢量模型的 SO、MO、SISMO、SESMO 和 HSMO 技术对比

掩模图形，黑色和白色分别代表阻光区域和透光区域；第三列为光刻胶中成像。图 2.31(b)为目标图形。图形是 CD = 45nm、占空比为 1∶1 的密集线条图形。

仿真采用照明波长为 193nm、NA = 1.2 的浸没式光刻系统，Y 偏振照明，所有掩模尺寸均为 4020nm × 4020nm，掩模上的像素尺寸为 20nm × 20nm。式(2.63)中 S 形函数的倾斜度参数为 $a = 25$，光刻胶阈值为 $t_r = 0.2$。式(2.69)中的掩模阈值为 $t_m = 0.5$。图 2.31 中所有算法的迭代总次数均为 150 次。为了保持光源和掩模的对称性，在每次迭代中首先更新第一象限内的光源和掩模像素值，然后通过镜像对称的方式更新其余三个象限内的光源和掩模像素值。

图 2.31 中第一行为初始光源和掩模的仿真结果。其中，初始光源为 AI+Y 偏振光，内外相干因子为 $\sigma_{\text{in}} / \sigma_{\text{out}} = 0.82 / 0.97$。图 2.31(b)为优化前的初始 BIM 图形。图 2.31(c)为光刻胶中成像，其 PAE 为 2286。此处，PAE 的定义与式(2.72)一致。图 2.31 中第二行为 SO 技术仿真结果。SO 技术仅对光源进行单独优化，保持掩模图形不变，其中光源优化步长为 $s_{\Omega_S} = 0.6$，优化后的 PAE=1234。图 2.31 中的第三行为 MO 技术仿真结果。MO 技术仅对掩模进行单独优化，而保持光源图形不变，其中掩模优化步长为 $s_{\Omega_M} = 10$。为了降低掩模量化误差采用二次罚函数，其加权系数为 $\gamma_D = 0.001$。另外，为了降低掩模复杂度采用 WP，其加权系数为 $\gamma_W = 0.001$。MO 技术优化后的光刻胶中 PAE=592。图 2.31 中第四行为 SISMO 技术仿真结果，其中光源和掩模的优化步长分别为 $s_{\Omega_S} = 0.6$ 和 $s_{\Omega_M} = 10$，其他优化参数与 SO 和 MO 一致。SISMO 技术优化后的光刻胶中 PAE=534。

图 2.31 中第五行为 SESMO 技术仿真结果，其中光源和掩模的优化步长分别为 $s_{\Omega_S}=7$ 和 $s_{\Omega_M}=10$，其他优化参数与 SO 和 MO 技术一致。在 SESMO 流程中，首先运行 10 次 SO，然后运行 65 次 MO、10 次 SO，最后运行 65 次 MO。SESMO 技术优化后的光刻胶中的 PAE = 528。图 2.31 中第六行为 HSMO 技术仿真结果。在 HSMO 流程中，首先运行 5 次 SO，其中光源优化步长为 $s_{\Omega_S}=7$；然后运行 135 次 SISMO，其中光源和掩模的优化步长分别为 $s_{\Omega_S}=1$ 和 $s_{\Omega_M}=10$；最后运行 10 次 MO，其中掩模优化步长为 $s_{\Omega_M}=10$。HSMO 技术优化后的光刻胶中的 PAE = 460。

各种技术(SO、MO、SISMO、SESMO 和 HSMO)的 PAE 收敛曲线如图 2.32 所示。

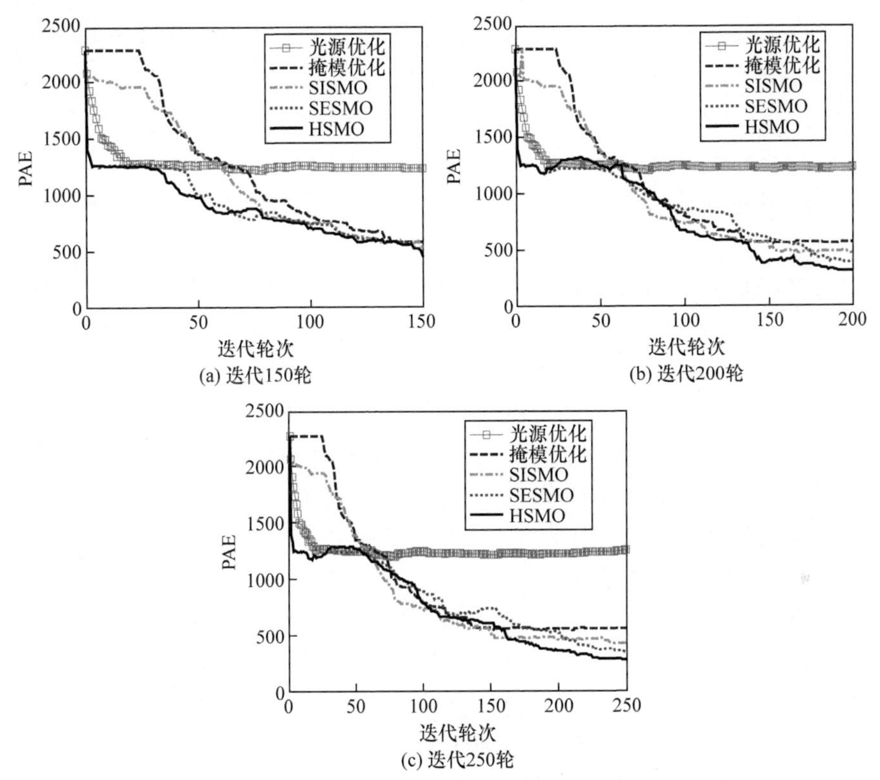

图 2.32　各种技术(SO、MO、SISMO、SESMO 和 HSMO)的 PAE 收敛曲线

图 2.31 中各种仿真结果的性能指标如表 2.5 所示，包括 PAE、归一化 PAE (normalized PAE，NPAE)和平均 CDE。其中，NPAE 定义为成像误差除以目标图形中值为 1 的像素总数，平均 CDE 代表光刻成像关键尺寸处的 CDE 平均值。

表 2.5　图 2.31 中各种仿真结果的性能指标(总迭代次数为 150 次)

目标图形	性能指标	初始	SO	MO	SISMO	SESMO	HSMO
密集线条	PAE	2286	1234	592	534	528	460
	NPAE	0.627	0.339	0.162	0.147	0.145	0.126
	平均 CDE/nm	28.0	13.6	6.2	5.4	6.2	5.5
	运行时间/s	—	30970	38988	39691	34816	35914
	梯形总数	5	5	105	123	123	119

仿真硬件环境为 Intel(R) Xeon(R) x5650 CPU 2.66GHz，16.00GB 内存。这里需要注意的是，运行时间的长短随着光源矩阵和掩模矩阵的尺寸而变化。在其他条件不变的情况下，光源矩阵和掩模矩阵越大，运行时间越长。为了阐明 EFCT 和 FFT 两种加速方法的有效性，此处比较了采用和不采用上述两种加速方法的 SISMO 运行时间。对于图 2.31 中的 SISMO 技术，采用上述两种加速方法后，可将运算效率提高 75 倍左右。

通过仿真分析，可以得出如下结论。

(1) SO 技术在优化初始阶段收敛较快，但是在优化的中后期无法继续有效的降低 PAE。

(2) MO 技术在优化初始阶段收敛较慢，但是在优化过程的中后期收敛性能良好。

(3) 由于各种 SMO 技术在优化过程中引入了光源变量，较 SO 和 MO 技术拥有更大的优化自由度，因此各种 SMO 技术的最终 PAE 均小于 SO 和 MO 技术。

(4) 由于 SMO 技术属于非线性且非凸函数优化问题，因此在优化过程中存在大量的局部最优点。SISMO 技术在每次迭代中同时更新光源和掩模，易于陷入局部最优点。SESMO 技术利用光源优化和掩模优化的相互转化，易于跨越局部最优点，从而得到较小的收敛误差。

(5) HSMO 技术能够充分利用以上各种算法的优势。HSMO 技术在初始阶段利用 SO 技术快速降低 PAE。在优化过程中期利用 SISMO 技术对光源和掩模进行联合优化，从而充分利用光源和掩模的相互作用关系；在优化过程的后期，利用 MO 技术收敛性能较好的特点，进一步降低 PAE。

(6) 以 PAE 为标准，各种技术性能排序为 HSMO < SESMO < SISMO < MO < SO，其中“<”左侧技术的 PAE“小于”其右侧技术的 PAE。

(7) 平均 CDE 的排列顺序与 PAE 的排列顺序基本相同，但是 SESMO 和 HSMO 技术的平均 CDE 反而大于 SISMO 技术。这主要是因为各种 SMO 技术均以 PAE 作为优化目标函数，而 PAE 与平均 CDE 之间并不存在严格的线性关系。

(8) 在三种 SMO 技术中，SISMO 技术的运算效率最低，而 SESMO 和 HSMO 技术的运算效率相仿。

(9) 在考虑收敛速度和各种成像性能指标的前提下，HSMO 技术具有最佳的综合性能。

为了对掩模的可制造性进行量化分析，使用专业仿真软件对各个掩模图形进行分割，并在图 2.31 和表 2.5 中列出梯形总数值。对比可知，相比 MO 技术，SISMO、SESMO 和 HSMO 技术分别将梯形总数提高 17%、17%和 13%。

为了验证 SMO 技术的稳定性，将迭代次数由 150 次增加到 200 次，并重复上述仿真。具体的，SESMO 技术首先运行 25 次 SO，然后运行 75 次 MO、25 次 SO，最后运行 75 次 MO。其他参数与图 2.31 中的 SESMO 技术一致。HSMO 技术首先运行 15 次 SO，然后运行 155 次 SISMO，最后运行 30 次 MO。其他参数与图 2.31 中的 HSMO 技术一致。图 2.32(b)为循环 200 次时，各算法的 PAE 收敛曲线。

下面继续将迭代次数由 200 次增加到 250 次，并重复上述仿真。其中，SESMO 技术首先运行 30 次 SO，然后运行 95 次 MO、30 次 SO，最后运行 95 次 MO。其他参数与图 2.31 中的 SESMO 技术一致。HSMO 技术首先运行 25 次 SO，然后运行 195 次 SISMO，最后运行 30 次 MO。其他参数与图 2.31 中的 HSMO 技术一致。图 2.32(c)为循环 250 次时各算法(技术)的 PAE 收敛曲线。

由图 2.32 可知，增加迭代次数可以小幅降低 PAE，然而 PAE 在经过 150 次迭代后趋于稳定。因此，额外迭代对图像保真度的提高效果有限。采用 200 次和 250 次循环的各种仿真结果的成像性能指标如表 2.6 所示。各种算法的最终成像质量排序与采用 150 次循环时类似。

表 2.6　采用 200 次和 250 次循环的各种仿真结果的成像性能指标

循环次数	性能指标	初始	SO	MO	SISMO	SESMO	HSMO
200 次	PAE	2286	1242	586	488	416	338
	NPAE	0.627	0.341	0.161	0.114	0.100	0.093
	平均 CDE/nm	28.0	13.8	6.1	4.5	4.8	4.0
	平均 PLE/nm	1.9	2.7	2.4	2.3	1.1	1.2
250 次	PAE	2286	1272	582	454	374	302
	NPAE	0.627	0.349	0.160	0.125	0.103	0.083
	平均 CDE/nm	28.0	14.0	5.9	4.2	4.2	3.5
	平均 PLE/nm	1.9	2.9	2.4	2.0	1.3	1.1

从整体上看，HSMO 技术能够比其他算法更有效的提高光刻系统的成像性

能。例如，在循环 250 次时，相对于 SESMO 技术，HSMO 技术可将 PAE 和平均 CDE 分别降低 19%和 17%。

2) 考虑 PW 的仿真结果

本节采用式(2.73)中的像质评价函数和 CG 算法，对矢量 HSMO 技术进行仿真验证。式(2.73)中 $F_{\text{def}} = \left\|\alpha\tilde{Z} - I_{\text{def}}\right\|_2^2$，其中 I_{def} 为 150nm 离焦面处的空间像。本节以 AttPSM 为例，给出 HSMO 技术和 OPC 技术的仿真结果，并将两者对比。以下仿真采用三种典型结构作为目标图形，即一维孤立线条、一维半密集线条和二维密集接触孔。其中，孤立线条的占空比为 1∶4、半密集线条的占空比为 1∶2、密集接触孔的占空比为 1∶1。两种线条图形的 CD 均为 45nm、密集接触孔的 CD 为 60nm。仿真算法的硬件环境为 Intel Xeon CPU E5620 2.39GHz，32.00GB 内存。虽然孤立线条、半密集线条和密集接触孔都是无限延展的周期性图形，但是由于存储空间有限，只取有限的掩模区域进行仿真。在仿真中，孤立线条、半密集线条和密集接触孔的掩模尺寸分别为 3420nm×3420nm、3060nm×3060nm 和 2640nm×2640nm。孤立线条和半密集线条的掩模像素尺寸为 12nm×12nm，密集接触孔的掩模像素尺寸为 16nm×16nm。因此，孤立线条、半密集线条和密集接触孔的掩模矩阵大小分别为 285×285、255×255 和 165×165。在仿真中，HSMO 技术采用的光源矩阵大小为 41×41，OPC 技术采用的光源矩阵大小为 9×9。OPC 技术不需要对光源进行优化，因此可以对光源进行稀疏采点。HSMO 技术需要联合优化光源和掩模图形，且优化后的光源图形可能较为复杂，因此需要对光源图形进行较为密集的采点。

为了定量分析光刻系统对工艺变化因素的稳定性，采用专业仿真软件计算 PW，具体需要计算初始光源和掩模的 PW，以及 OPC 和 HSMO 优化后的 PW。此处，需要输入光源和掩模图形，并采用矢量成像模型和光刻胶模型计算光刻空间像和光刻胶中的成像。

图 2.33(a1)和图 2.33(b1)为半密集线条和密集接触孔的目标图形，其中白色和灰色部分的像素值分别为 1 和 0。图 2.33(a2)和图 2.33(b2)为采用 HSMO 技术优化后的半密集线条和密集接触孔的掩模图形，其中白色和黑色区域分别代表 100%透过率的 0°相位开孔区域和 6%透过率的 180°相位开孔区域。

图 2.33(a2)和图 2.33(b2)中的掩模称为延拓前的优化掩模。为了获得周期性掩模，以图 2.33(a2)和图 2.33(b2)中的方框为窗口，截取掩模的中心区域，并将该中心区域进行水平和垂直方向的无限周期性延拓，分别形成图 2.33(a3)和图 2.33(b3)中的掩模图形，称为延拓后的优化掩模，其中白色和黑色区域分别代表 100%透过率的 0°相位开孔区域和 6%透过率的 180°相位开孔区域。

在给定掩模图形之后，需要设定 PW 测量面的位置。对于半密集线条，设置三个 PW 测量面，如图中浅色水平线所示，其位置与图 2.33(a2)中方框的上边缘、中心线和下边缘重合。对于孤立线条，以相同的方式设置三个 PW 测量面。在下面的数值计算和仿真分析中，采用这三个测量面上的重叠 PW 作为评价光刻系统成像性能和工艺变化稳定性的指标。对于密集接触孔，仅在中心接触孔的中线处设置一个 PW 测量面，如图 2.33(b3)中浅色水平线所示。

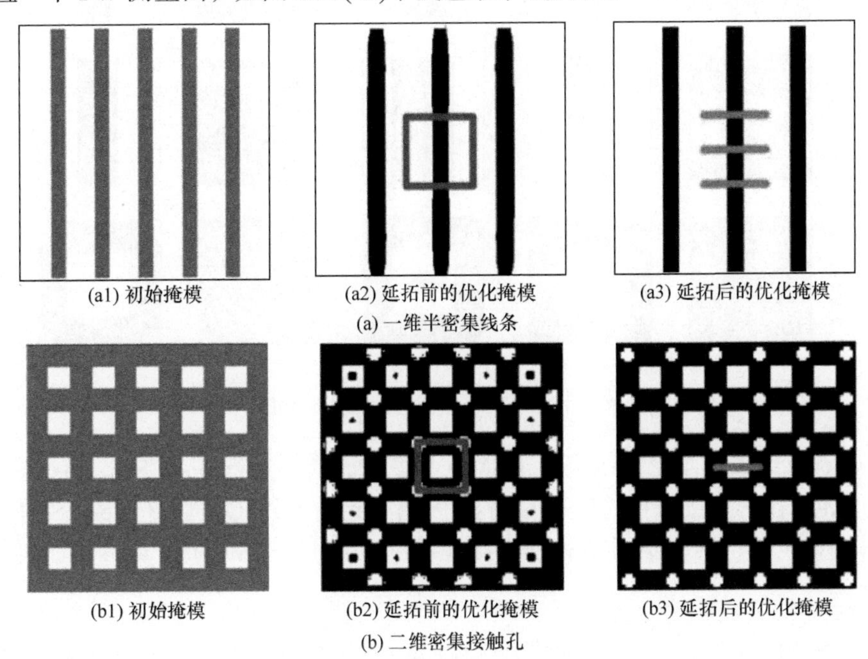

图 2.33　采用 HSMO 优化后的掩模图形

如图 2.34 所示，OPC 技术仅对掩模进行优化而保持光源不变，展示了掩模的中央区域，整个掩模图形应该是中心区域的无限延拓。图 2.34 中第一行、第二行和第三行分别为采用孤立线条、半密集线条和密集接触孔的仿真结果。图 2.34 第一列和第二列分别为优化前的初始光源图形和掩模图形，第三列为采用 OPC 技术优化后的掩模图形(其对应的光源图形与初始光源一致)，第四列和第五列分别为采用 HSMO 技术优化后的光源图形和掩模图形。在掩模图形中，白色和黑色区域分别代表 100%透过率的 0°相位开孔区域和 6%透过率的 180°相位开孔区域。初始光源为 193nm 波长的环形光源。对于两种线条图形，光源采用 Y 偏振光；对于密集接触孔，光源采用 TE 偏振光。

在上述仿真中，光刻系统为浸没式光刻系统。在掩模优化过程中，采用二次罚函数使优化后的掩模尽量接近二值掩模，其加权系数记为 γ_D。同时，采用 WP 降低掩模图形的复杂度，其加权系数记为 γ_W。在光源优化过程中，采用光源罚函数提高光源的可制造性，其加权系数记为 γ_S。同时，在优化过程中始终保证光源图形和掩模图形关于水平中线和垂直中线的对称性。

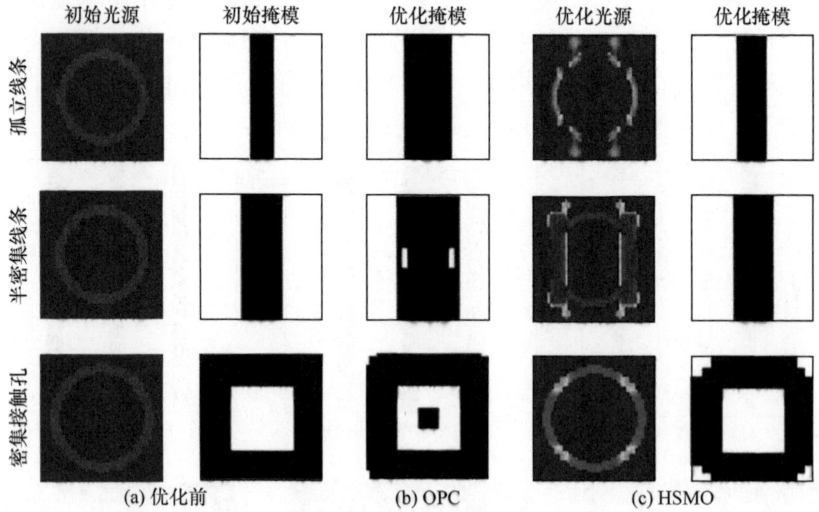

(a) 优化前　(b) OPC　(c) HSMO

图 2.34　采用孤立线条、半密集线条和密集接触孔的 OPC 和 HSMO 仿真结果

在孤立线条和半密集线条的 HSMO 仿真中，首先运行 5 次 SO，再进行 30 次 SISMO。在密集接触孔的HSMO仿真中，首先运行5次SO，再进行25次SISMO。采用孤立线条、半密集线条和密集接触孔的 OPC 和 HSMO 仿真参数如表 2.7 所示。

表 2.7　采用孤立线条、半密集线条和密集接触孔的 OPC 和 HSMO 仿真参数

目标图形	NA	σ_{in}	σ_{out}	s_{Ω_S}	s_{Ω_M}	γ_S	γ_D	γ_W	α	t_S
孤立线条	1.26	0.61	0.76	0.05	20	0.05	0.0001	0.0001	0.5	0.2
半密集线条	1.2	0.63	0.78	0.05	40	0.05	0.0001	0.0001	0.5	0.4
密集接触孔	1.3	0.71	0.86	3	64	0.03	0.0001	0.0001	0.1	0.4

这些参数包括 NA、内外相干因子σ_{in}和σ_{out}、光源优化步长s_{Ω_S}、掩模优化步长s_{Ω_M}、光源罚函数加权系数γ_S、二次罚函数加权系数γ_D、WP 加权系数γ_W、调制因子α，以及光源后处理法采用的阈值t_S。另外，在孤立线条、半密集线条和密集接触孔的 OPC 仿真中，算法迭代次数均为 200 次。对于半密集线条和密集接触孔，掩模优化步长为$s_{\Omega_M}=200$，对于孤立线条，掩模优化步长为$s_{\Omega_M}=150$。

孤立线条、半密集线条和密集接触孔 HSMO 损失函数收敛曲线如图 2.35 所示。HSMO 技术能够在 30～35 次迭代内有效降低损失函数值。

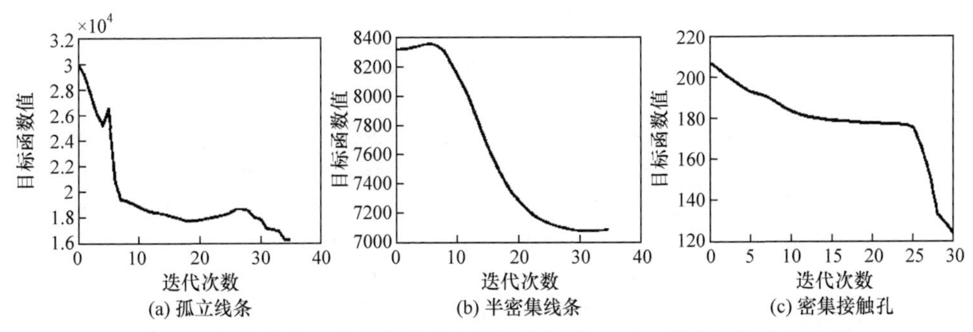

图 2.35　孤立线条、半密集线条和密集接触孔 HSMO 损失函数收敛曲线

初始光源及掩模、OPC 和 HSMO 对应的 PW 如图 2.36 所示。箭头是经过 HSMO 优化后的 PW 扩展方向。在孤立线条和半密集线条的仿真中，相对于初始光源和掩模的 PW，OPC 技术无法在 EL 较小时扩大 DOF。在上述三种目标图形的仿真中，HSMO 技术均能够有效扩展 PW。

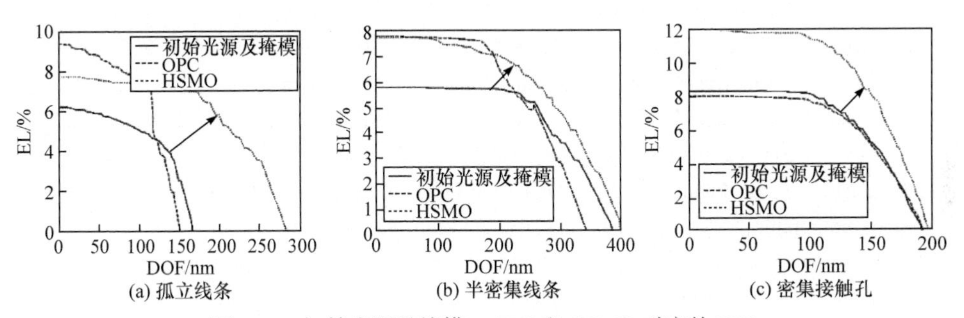

图 2.36　初始光源及掩模、OPC 和 HSMO 对应的 PW

对应 EL = 3%、5%和 8%的 DOF 值，以及算法运行时间如表 2.8 所示。

表 2.8　对应 EL = 3%、5%和 8%的 DOF 值，以及算法运行时间

项目	孤立线条			半密集线条			密集接触孔		
	初始	OPC	HSMO	初始	OPC	HSMO	初始	OPC	HSMO
DOF@EL = 3%/nm	146	134	257	318	292	342	172	172	185
DOF@EL = 5%/nm	102	118	214	261	257	288	154	151	172
DOF@EL = 8%/nm	0	79	0	0	0	0	104	38	151
运行时间/s	—	2204	57636	—	2057	42873	—	719	15117

由此可知，OPC 技术无法有效扩展 PW，而 HSMO 技术能够有效扩展 PW。此外，表 2.8 还归纳了图 2.34 中各仿真的运行时间，其中运行时间与光源矩阵和掩模矩阵的尺寸有关。

参考文献

[1] Wang J M, Li Y Q. Three-dimensional polarization aberration in hyper-numerical aperture lithography optics// Optical Microlithography XXV, San Jose, 2012, 8326: 727-734.

[2] Dong L S, Li Y Q, Guo X J. Influence of the axial component of mask diffraction spectrum on lithography imaging. Acta Optica Sinica, 2013, 33(11): 11110022.

[3] Ma X, Li Y Q, Dong L S. Mask optimization approaches in optical lithography based on a vector imaging model. Journal of the Optical Society of America A, 2012, 29(7): 1300-1312.

[4] Ma X, Li Y Q, Dong L S. Gradient-based Resolution Enhancement Optimization Methods Based on Vector Imaging Model// Optical Microlithography XXV, San Jose, 2012: 83262B.

[5] 李艳秋, 董立松, 王婧敏. 一种分析高数值孔径成像系统空间像的方法. 中国, 102636882B. 2013-10-02.

[6] 董立松. 矢量光刻成像理论与分辨率增强技术研究. 北京: 北京理工大学, 2014.

[7] Born M, Wolf E. Principles of Optics: Electromagnetic Theory of Propagation, Interference and Diffraction of Light. Amsterdam: Elsevier, 2013.

[8] Wong A K K. Optical Imaging in Projection Microlithography. Bellingham: SPIE, 2005.

[9] Chipman R A. Polarization aberrations (thin films). Tucson: The University of Arizona, 1987.

[10] Totzeck M, Graupner P, Heil T, et al. How to describe polarization influence on imaging// Optical Microlithography XVIII, San Jose, 2005, 5754: 23-37.

[11] Evanschitzky P, Fühner T, Erdmann A. Image simulation of projection systems in photolithography// Modeling Aspects in Optical Metrology III, Munich, 2011, 8083: 137-146.

[12] Yang L, Li Y Q, Liu L A. Polarization effects induced by the bi-layer attenuated phase-shift mask and their impacts on near-field distribution. Optik, 2013, 124(23): 6261-6264.

[13] Erdmann A, Evanschitzky P. Rigorous electromagnetic field mask modeling and related lithographic effects in the low k1 and ultrahigh numerical aperture regime. Journal of Micro/ Nanolithography, MEMS and MOEMS, 2007, 6(3): 31002.

[14] Yang L, Li Y Q, Liu K. Simulation of the polarization effects induced by the bilayer absorber alternating phase-shift mask in conical diffraction. Optical Engineering, 2013, 52(9): 91702.

[15] Mack C. Fundamental principles of optical lithography: the science of microfabrication. Chichester: John Wiley & Sons, 2007.

[16] Wong A K K. Resolution Enhancement Techniques in Optical Lithography. Bellingham: SPIE, 2001.

[17] Ma X, Arce G R. Computational Lithography. 1st ed. New York: Wiley, 2010.

[18] 沈珊瑚. 纳米级电路光刻建模及可制造性设计研究. 杭州: 浙江大学, 2009.

[19] Sherif S, Saleh B, de Leone R. Binary image synthesis using mixed linear integer programming. IEEE Transactions on Image Processing, 1995, 4(9): 1252-1257.

[20] Liu Y, Zakhor A. Binary and phase shifting mask design for optical lithography. IEEE Transactions on Semiconductor Manufacturing, 1992, 5(2): 138-152.

[21] Pati Y C, Kailath T. Phase-shifting masks for microlithography: automated design and mask

requirements. Journal of the Optical Society of America A, 1994, 11(9): 2438-2452.
[22] Granik Y. Solving inverse problems of optical microlithography// Optical Microlithography XVIII, San Jose, 2005, 5754: 506-526.
[23] Granik Y. Fast pixel-based mask optimization for inverse lithography. Journal of Micro/Nanolithography, MEMS and MOEMS, 2006, 5(4): 43002.
[24] Poonawala A, Milanfar P. Prewarping techniques in imaging: applications in nanotechnology and biotechnology// Computational Imaging III, San Jose, 2005, 5674: 114-127.
[25] Poonawala A, Milanfar P. Mask design for optical microlithography: an inverse imaging problem. IEEE Transactions on Image Processing, 2007, 16: 774-788.
[26] Poonawala A, Milanfar P. OPC and PSM design using inverse lithography: a non-linear optimization approach// Optical Microlithography XIX, San Jose, 2006: 61543H.
[27] Poonawala A, Borodovsky Y, Milanfar P . Double exposure inverse lithography. Microlithography World, 2007, 16(4): 7-9.
[28] Poonawala A, Milanfar P. Double-exposure mask synthesis using inverse lithography. Journal of Micro/Nanolithography, MEMS and MOEMS, 2007, 6(4): 43001.
[29] Poonawala A, Milanfar P. A pixel-based regularization approach to inverse lithography. Microelectronic Engineering, 2007, 84(12): 2837-2852.
[30] Ma X, Arce G R. Generalized inverse lithography methods for phase-shifting mask design. Optics Express, 2007, 15(23): 15066-15079.
[31] Ma X, Arce G R. Binary mask optimization for inverse lithography with partially coherent illumination. Journal of the Optical Society of America A, 2008, 25(12): 2960-2970.
[32] Ma X, Arceb G R. PSM design for inverse lithography with partially coherent illumination. Optics Express, 2008, 16(24): 20126-20141.
[33] Ma X, Arce G R. Pixel-based OPC optimization based on conjugate gradients. Optics Express, 2011, 19(3): 2165-2180.
[34] Ma X, Li Y Q. Resolution enhancement optimization methods in optical lithography with improved manufacturability. Journal of Micro/Nanolithography MEMS & MOEMS, 2011, 10(2): 23009.
[35] Ma X, Arce G R. Binary mask optimization for forward lithography based on boundary layer model in coherent systems. Journal of the Optical Society of America A, 2009, 26(7): 1687-1695.
[36] Ma X, Arce G R, Li Y Q. Optimal 3D phase-shifting masks in partially coherent illumination. Applied Optics, 2011, 50(28): 5567-5576.
[37] Jia N N, Wang A K K, Lam E Y, et al. Robust mask design with defocus variation using inverse synthesis// Lithography Asia 2008, Taipei, 2008: 71401W.
[38] Lam E Y, Wong A K K. Computation lithography: virtual reality and virtual virtuality. Optics Express, 2009, 17(15): 12259-12268.
[39] Chan S H, Wong A K K, Lam E Y. Initialization for robust inverse synthesis of phase-shifting masks in optical projection lithography. Optics Express, 2008, 16(19): 14746-14760.
[40] Jia N N, Lam E Y. Machine learning for inverse lithography: using stochastic gradient descent

for robust photomask synthesis. Journal of Optics, 2010, 12(4): 45601-45609.
[41] Shen Y J, Wong N, Lam E Y. Level-set-based inverse lithography for photomask synthesis. Optics Express, 2009, 17(26): 23690-23701.
[42] Shen Y J, Jia N N, Wong N, et al. Robust level-set-based inverse lithography. Optics Express, 2011, 19(6): 5511-5521.
[43] Shen Y J, Wong N, Lam E Y, et al. Aberration-aware robust mask design with level-set-based inverse lithography// Photomask and Next-Generation Lithography Mask Technology XVII, Yokohama, 2010: 774810.
[44] Yu J C, Yu P. Impacts of cost functions on inverse lithography patterning. Optics Express, 2010, 18(22): 23331-23342.
[45] Gallatin G M. High-numerical-aperture scalar imaging. Applied Optics, 2001, 40(28): 4958-4964.
[46] Ma X, Li Y Q, Dong L S. Mask optimization approaches in optical lithography based on a vector imaging model. Journal of the Optical Society of America A, 2012, 29(7): 1300-1312.
[47] Ma X, Li Y Q, Guo X J, et al. Vectorial mask optimization methods for robust optical lithography. Journal of Micro/Nanolithography MEMS and MOEMS, 2012, 11(4): 3008.
[48] Jorge N, Stephen J W. Numerical Optimization. New York: Spinger, 2006.
[49] Zhou Y, Li Y Q. Optimization of double bottom antireflective coating for hyper numerical aperture lithography. Acta Optica Sinica, 2008, 28(3): 472-477.
[50] Rosenbluth A E, Bukofsky S, Fonseca C, et al. Optimum mask and source patterns to print a given shape. Journal of Micro/Nanolithography, MEMS and MOEMS, 2002, 1(1): 13-30.
[51] Rosenbluth A E, Seong N. Global optimization of the illumination distribution to maximize integrated process window// Optical Microlithography XIX, San Jose, 2006, 6154: 179-190.
[52] Rosenbluth A E, Melville D, Tian K, et al. Global optimization of masks, including film stack design to restore TM contrast in high NA TCC's// Optical Microlithography XX, San Jose, 2007, 6520: 294-306.
[53] Robert S, Shi X L, Lefloty D. Simultaneous source mask optimization (SMO)// Photomask and Next-Generation Lithography Mask Technology XII, Yokohama, 2005, 5833: 180-193.
[54] Progler C, Conley W, Socha B, et al. Layout and source dependent transmission tuning// Optical Microlithography XVIII, San Jose, 2005, 5754: 315-326.
[55] Hsu S, Chen L Q, Li Z P, et al. An innovative source-mask co-optimization (SMO) method for extending low k1 imaging// Lithography Asia, Taipei, 2008, 7140: 220-229.
[56] Nakashima T, Matsuyama T, Owa S. Feasibility studies of source and mask optimization// Lithography Asia, Taipei, 2009, 7520: 91-100.
[57] Miklyaev Y V, Imgrunt W, Pavelyev V S, et al. Novel continuously shaped diffractive optical elements enable high efficiency beam shaping// Optical Microlithography XXIII, San Jose, 2010, 7640: 786-792.
[58] Carriere J, Stack J, Childers J, et al. Advances in DOE modeling and optical performance for SMO applications// Optical Microlithography XXIII, San Jose, 2010, 7640: 793-801.
[59] Ma X, Arce G R. Pixel-based simultaneous source and mask optimization for resolution

enhancement in optical lithography. Optics Express, 2009, 17(7): 5783-5793.

[60] Yu J C, Yu P, Dusa M V. Gradient-based fast source mask optimization (SMO)// Optical Microlithography XXIV, San Jose, 2011: 797320.

[61] Peng Y, Zhang J Y, Wang Y, et al. High performance source optimization using a gradient-based method in optical lithography// 2010 11th International Symposium on Quality Electronic Design, San Jose, 2010, 5: 108-113.

[62] Peng Y, Zhang J Y, Wang Y, et al. Gradient-based source and mask optimization in optical lithography. IEEE Transactions on Image Processing, 2011, 20(10): 2856-2864.

[63] Jia N N, Lam E Y. Performance analysis of pixelated source-mask optimization for optical microlithography// 2010 IEEE International Conference of Electron Devices and Solid-State Circuits, Hong Kong, 2010: 1-4.

[64] Jia N N, Lam E Y. Robustness enhancement in optical lithography: from pixelated mask optimization to pixelated source-mask optimization. ECS Transactions, 2011, 34(1): 203-208.

[65] Jia N N, Lam E Y. Pixelated source mask optimization for process robustness in optical lithography. Optics Express, 2011, 19(20): 19384-19398.

[66] Ma X, Han C Y, Li Y Q, et al. Pixelated source and mask optimization for immersion lithography. Journal of the Optical Society of America A, 2013, 30(1): 112-123.

[67] Ma X, Han C Y, Li Y Q, et al. Hybrid source mask optimization for robust immersion lithography. Applied Optics, 2013, 52(18): 4200-4211.

[68] Lai K F, Rosenbluth A E, Bagheri S, et al. Experimental result and simulation analysis for the use of pixelated illumination from source mask optimization for 22nm logic lithography process// Optical Microlithography XXII, San Jose, 2009, 7274: 82-93.

[69] Mülders T, Domnenko V, Küchler B, et al. Simultaneous source-mask optimization: a numerical combining method// Photomask Technology, Monterey, 2010: 78233X.

第 3 章　快速-全芯片计算光刻技术

第 2 章矢量计算光刻技术建立了全光路严格矢量光刻成像模型及零误差光刻系统矢量计算光刻技术。在零误差光刻系统假设下，矢量计算光刻可以提高 OPC 和 SMO 结果的精度[1-21]，但是会极大地增加矢量计算光刻优化迭代的计算量和计算时间。提高矢量计算光刻优化速度是加速工艺研发和迭代效率的必经之路[22-33]。

本章介绍 CS 计算光刻技术。该技术在光源和掩模区域进行稀疏采样，并对其进行优化和重构，从而获得优化的光源和掩模，实现快速计算光刻[34-40]。本章主要阐述经典 CS 和贝叶斯压缩感知(Bayesian compressive sensing，BCS)等快速计算光刻技术，并据此建立全芯片快速计算光刻技术。

3.1　压缩感知计算光刻技术

经典 CS 计算光刻技术通过对计算光刻优化对象，如光源、掩模区域进行稀疏采样，可以显著降低优化目标函数及优化参量的计算量，提高计算效率，实现光源或掩模或光源-掩模协同优化。一般情况，CS 稀疏采样或多或少地会影响成像质量。为了提高矢量计算光刻的优化的效率，并保证成像质量，CS 计算光刻必须采取稀疏性约束，保证光源、掩模图形具有合理的稀疏性。因为光源、掩模图形越稀疏，利用稀疏采样选取足够多的特征信息，实现高质量优化的概率越高。本节介绍两种常用的 l_1 范数和 l_0 范数稀疏约束，并在此基础上介绍线性压缩感知 SO 方法和非线性压缩感知 SMO 技术。

3.1.1　压缩感知光源优化技术

1. 压缩感知理论简介

CS 理论提供了一个新的框架来联合测量和压缩稀疏信号[41,42]。一个信号 $x \in \mathbb{R}^{\tilde{N}\times 1}$ 如果可以表示成 $x = \Psi\theta$，其中 $\Psi = [\Psi_1, \Psi_2, \cdots, \Psi_{\tilde{N}}] \in \mathbb{R}^{\tilde{N}\times\tilde{N}}$ 为稀疏基，稀疏系数 $\theta \in \mathbb{R}^{\tilde{N}\times 1}$ 有 $K \ll \tilde{N}$ 个非零元素，那么该信号被称为是 K 稀疏的。CS 表明，可以从一小组非自适应随机测量 $y = \Phi x = \Phi\Psi\theta$ 中以高概率重建信号 x，其中 $y \in \mathbb{R}^{M\times 1}$；$\Phi = [\phi_1, \phi_2, \cdots, \phi_M]^{\mathrm{T}} \in \mathbb{R}^{M\times\tilde{N}}$ 是随机投影矩阵，$M \ll \tilde{N}$。在几何上，这类稀疏信号可以用稀疏基 Ψ 中的 K 项近似值准确表达信号紧密集中在 $\mathbb{R}^{\tilde{N}\times 1}$ 中的

K 维子空间的并集上。如果稀疏基 $\varPsi$ 和投影矩阵 $\varPhi$ 不相干，并且 $\varPhi$ 的行是随机选择的，则

$$M = C \times K \times \log \tilde{N} \ll \tilde{N} \tag{3.1}$$

其中，$C \geqslant 1$ 为过采样因子。

$\varPsi$ 和 $\varPhi$ 的非相关性可以通过式(3.2)定义的互相关性来计算[43]，即

$$\mu(\varPsi, \varPhi) = \max_{(i,j)} \left(\left\langle \varPsi_i, \phi_j \right\rangle \right), \quad i = 1, 2, \cdots, M \tag{3.2}$$

2. 压缩感知光源优化的数学模型

将式(2.62)进行变形，可得

$$\begin{aligned} I &= \sum_{x_s} \sum_{y_s} \left[Q(x_s, y_s) \sum_{p=x,y,z} \left\| H_p^{x_s y_s} \otimes (B^{x_s y_s} \odot M) \right\|_2^2 \right] \\ &= \sum_{x_s} \sum_{y_s} Q(x_s, y_s) \times G^{x_s y_s} \end{aligned} \tag{3.3}$$

其中，$Q(x_s, y_s)$ 为总光强归一化后的点光源；$G^{x_s y_s} \in \mathbb{R}^{N \times N}$，且

$$G^{x_s y_s} = \sum_{p=x,y,z} \left\| H_p^{x_s y_s} \otimes (B^{x_s y_s} \odot M) \right\|_2^2 \tag{3.4}$$

则式(3.3)可以转换为

$$I = I_{CC} Q \tag{3.5}$$

其中，$I \in \mathbb{R}^{N^2 \times 1}$ 和 $Q \in \mathbb{R}^{N_s^2 \times 1}$ 分别为光栅扫描的空间像与光源图形；照明交叉系数(illumination cross coefficient，ICC)矩阵 I_{CC} 的维度为 $N^2 \times N_s^2$。

如图 3.1 所示，ICC 矩阵由 $I_{CC} = [g_1, g_2, \cdots, g_{N_s^2}]$ 构成，其中 g_i 为对应于光源点 Q_i 的 $G^{x_s y_s}$ 的光栅扫描向量。

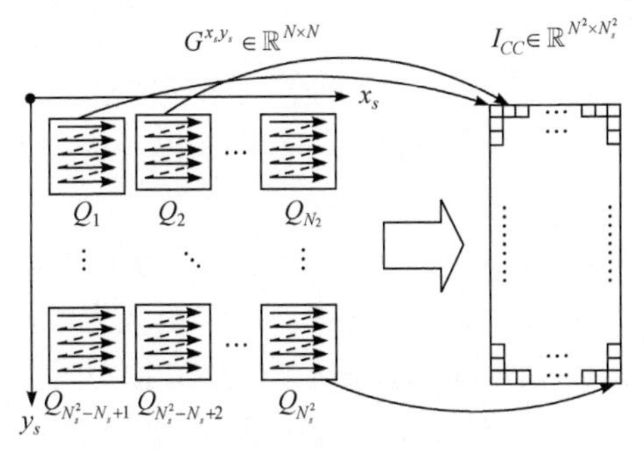

图 3.1 ICC 矩阵的形成

I_{CC} 的每一列代表由一个光源点 Q_i 贡献的相干成像强度，每一行代表由不同

光源点贡献的一个硅片像素上的成像强度。

掩模或硅片上的总采样数通常比光源图形的总采样数大得多，这意味着 $N_S \ll N$ 。因此，式(3.5)是一个无法有效解决的超定问题，很难从中重构所需的光源图形。基于 CS 理论，仅需要小部分 ICC 矩阵元素即可重建最佳光源图形。本节通过从中选择 $M(M \ll N_s^2 \ll N^2)$个关键行来压缩 ICC 矩阵。首先用类似于参考文献[44]的方法，选择与掩模特征内部和外部边缘相对应的行，并选择绘制图形周围非图形区域中的采样像素。这些选定行组成的新 ICC 矩阵可以表示为I'_{CC}。如图 3.2(a)和图 3.2(b)所示，在竖直线条图形和另一个水平条块图形的内部边缘、外部边缘和非图形区域标记的区域选择采样像素。在后续的数值仿真中，将这两种图形作为目标和掩模图形。此后，从I'_{CC}中随机取M行生成一个更小的矩阵，称为$I_{CC}^S \in \mathbb{R}^{M\times N_s^2}$ 。该M行对应于内部和外部边缘，以及非图形区域M个选定的采样像素，可以将式(3.5)中的超定线性问题简化如下的M维欠定问题，即

$$Z_S = I_S = I_{CC}^S Q \tag{3.6}$$

其中，$Z_S \in \mathbb{R}^{M\times 1}$为所选采样像素上的目标图形；$I_S \in \mathbb{R}^{M\times 1}$为对应的实际成像光强。

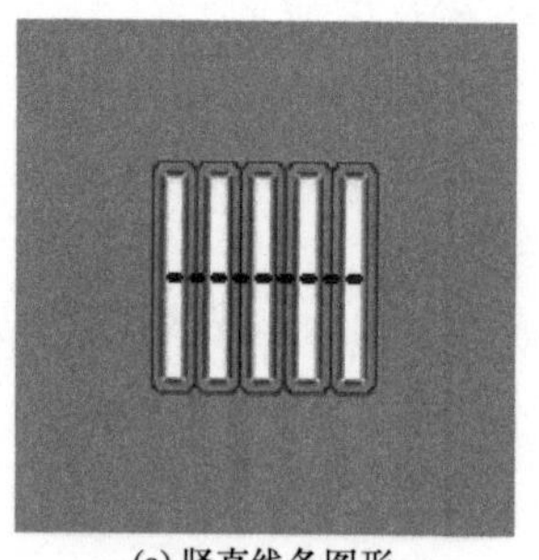
(a) 竖直线条图形

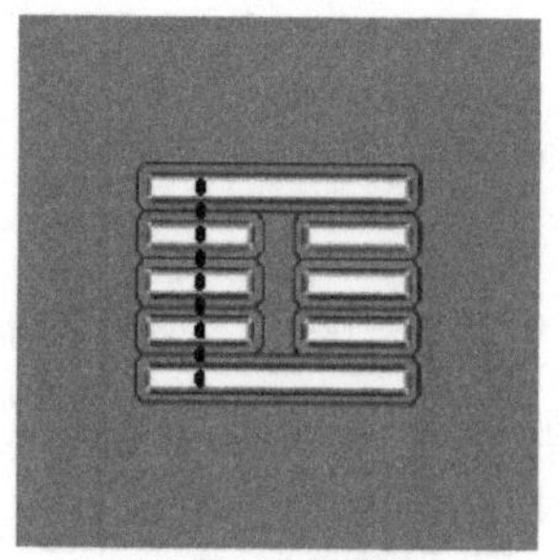
(b) 水平条块图形

图 3.2　竖直线条图形和水平条块图形选择监视像素的区域(黑色虚线为 PW 测量位置)

ICC 矩阵的选定子集对应于硅片上的关键采样像素，以控制成像性能。此外，随机选择采样像素，可确保投影重建矩阵和稀疏基矩阵之间不相干，满足 3.1.1 节所述的 CS 重建所需。

通常，无法从式(3.6)确定的问题中重建光源图形。但是，CS 理论指出，在光源图形的稀疏假设下，式(3.6)存在最优解。假定最佳光源是基于二维离散余弦变换(two-dimensional-discrete cosine transform，2D-DCT)的K稀疏图形。此时，SO 问题转化为具有未确定的、线性约束的l_1范数重构问题，即

$$\hat{\theta} = \min_{\theta} \|\theta\|_1 \quad \text{s.t.}\ Z_S = I_S = I_{CC}^S \Psi \theta \tag{3.7}$$

其中，$\Psi \in \mathbb{R}^{N_s^2 \times N_s^2}$ 为 2D-DCT 变换矩阵；$\theta \in \mathbb{R}^{N_s^2 \times 1}$ 为光源 Q 的 2D-DCT 系数；光源图形通过 $Q = \Psi\theta$ 表示；l_1 范数为 $\|\theta\|_1 = \sum_{i=1}^{N_s^2}|\theta_i|$，$\theta_i$ 为 θ 的第 i 个元素；Z_S 和 I_S 为目标图形和像平面对应于选择的采样像素的实际空间像；$I_{CC}^S \in \mathbb{R}^{M \times N_s^2}$ 由对应于这些采样像素的 I_{CC} 的行组成，M 和 N_s^2 分别为方程式的个数和变量的个数。

式(3.7)是一个典型的基追踪问题。CS 理论保证从 $M \ll N_s^2$ 的待定问题中成功地恢复光源图形。因此，采样像素的数量远小于光源变量，可有效地降低计算复杂度。

给定 2D-DCT 变换矩阵 $\tilde{\Psi} \in \mathbb{R}^{N_S \times N_S}$，可以将光源 Q 的 2D-DCT 系数计算为 $\Theta = \tilde{\Psi}Q\tilde{\Psi}^{\mathrm{T}}$，其中 $\Theta \in \mathbb{R}^{N_S \times N_S}$。将方阵展开为光栅扫描向量，可以将光源 Q 的 2D-DCT 转换为

$$\theta = \Psi^{\mathrm{T}} Q \tag{3.8}$$

其中，$\theta \in \mathbb{R}^{N_S^2 \times 1}$ 为 Θ 光栅扫描后的形式；$\Psi^{\mathrm{T}} \in \mathbb{R}^{N_S \times N_S}$ 为 $\tilde{\Psi}$ 的变体，可以计算为

$$\Psi^{\mathrm{T}}(N_S(i-1)+j, N_S(k-1)+p) = \sum_{p=1}^{N_S}\sum_{k=1}^{N_S}\tilde{\Psi}(i,k)\tilde{\Psi}^{\mathrm{T}}(p,j), \quad i,j = 1,2,\cdots,N_S \tag{3.9}$$

在传统的梯度方法中，无法大幅度降低 ICC 矩阵的维度 M，从而获得 SO 问题的精确解决方案[44]。该缺点导致无法通过减少采样像素数进一步降低计算复杂度。本节介绍的方法依赖稀疏表示光源图形，可以使用更少的采样像素，减小维数 M，显著加快重构速度。根据式(3.1)，对 I_{CC} 进行随机下采样，可实现 $K \times \log N_S^2 < M \ll N_S^2$，从而实现快速重构。另外，在 2D-DCT 基上，l_1 范数重构会使最优解成为稀疏图形，从而有效地改善光源图形的可制造性。此外，式(3.6)中的线性约束在采样像素上强制约束实际空间像等于目标图形。因此，在优化过程中总是提高空间像的对比度，这有利于提高 PW。

3. 压缩感知光源优化的优化技术

通过解决式(3.7)和式(3.8)中约束的 l_1-范数优化问题，可以获得最佳光源图形。该问题可以使用在 CS 领域开发的多种算法来解决[45]。在优化之前计算 I_{CC}^S 矩阵，可以减少运行时间。本节选择线性 Bregman 算法来解决该问题。该算法的计算效率高，并且可以增强获取图像的对比度[46,47]。线性化 Bregman 算法如下。

步骤 1，初始化权重参数 μ 和步长参数 δ，将光源初始化为具有单位总量的归一化光源，并初始化中间参数 $g = 0$ 和 $k = 0$。

步骤 2，计算矩阵 $I_{cc}^{sd} = I_{cc}^{s}\Psi$，其中 Ψ 在式(3.9)中定义。

步骤 3，使用线性 Bregman 算法迭代更新 2D-DCT 系数θ，即

$$g^{k+1}=g^{k}+(Z_S-I_{cc}^{sd}\theta) \tag{3.10}$$

$$\theta^{k+1}=\delta T_{\mu}(I_{cc}^{sd}g^{k+1}) \tag{3.11}$$

$$k=k+1 \tag{3.12}$$

式(3.11)中，$I_{cc}^{sd}g^{k+1}$为N_S^2的向量；$T_{\mu}(\cdot)$为门运算符。

给定一个向量$x\in\mathbb{R}^{N\times 1}$,$T_{\mu}(\cdot)$定义为

$$T_{\mu}(x)=[t_{\mu}(x_1),t_{\mu}(x_2),\cdots,t_{\mu}(x_N)]^{\mathrm{T}} \tag{3.13}$$

其中

$$t_{\mu}(x_i)=\begin{cases}0, & |x_i|<\mu \\ \operatorname{sgn}(x_i)(|x_i|-\mu), & |x_i|\geqslant\mu\end{cases} \tag{3.14}$$

$$\operatorname{sgn}(x_i)=\begin{cases}1, & x_i\geqslant 0 \\ -1, & x_i\leqslant 0\end{cases} \tag{3.15}$$

实际上，式(3.11)的右边是以下最小化问题的绝对解，即

$$\theta^{k+1}=\arg\min \mu\delta\|\theta\|_1+\frac{1}{2}\left\|\theta-\delta\nu^{k+1}\right\|^2 \tag{3.16}$$

其中，$\nu^{k+1}=\mu p^{k+1}+\frac{1}{\delta}\theta^{k+1}$，$p^{k+1}$为函数$\|\theta\|_1$的更新的子梯度；$g^{k+1}$和$\nu^{k+1}$的关系是$I_{cc}^{sd}g^{k+1}=\nu^{k+1}$。

为了保持光源图形的对称性，首先更新左上四分之一区域中的光源像素，相应地更新其他四分之三区域中的对称像素。为了保证光源像素的非负性、消除模糊的光源像素，利用更新后的 DCT 系数计算光源图形，并忽略强度低于10^{-4}的光源像素。然后，将优化后的光源图形转换到 DCT 域中，并在下一次迭代中使用新获得的 DCT 系数。

步骤 4，如果$\left\|Z_S-I_{cc}^{sd}\theta\right\|_2^2$的残留误差收敛到可接受的水平以下，或达到最大迭代次数，则停止迭代，并计算优化的光源图形，即

$$\hat{Q}=\Psi\hat{\theta} \tag{3.17}$$

其中，$\hat{\theta}$为线性 Bregman 算法获得的最佳 2D-DCT 系数。

应当注意，在一般的 CS 重建过程中，线性约束适用于最优解。另外，SO 是信号重建过程。实际上，事先不会知道以Z_S编码的性能质量。换句话说，式(3.7)中的$Z_S=I_S=I_{CC}^{S}\Psi\theta$的线性约束是一个理想情况，即使对于最佳光源也很难满足

该约束。因此，这里将目标 Z_S 与实际空间像 $I_S = I_{CC}^{S}\Psi\theta$ 之间的差异近似视为随机噪声。

4. 数值计算与分析

本节采用典型的竖直线条图形和水平条块图形作为目标图形，利用 CS-SO 方法优化光源图形，如图 3.2 所示。将 CS-SO 方法与传统 CG 方法[44]进行比较。图 3.3 和图 3.4 分别为使用 CS 和 CG 方法，对密集竖直线条图形进行 SO 后的结果。竖直线条图形的 CD = 45nm，占空比为 1∶1。照明波长为 193nm，光刻物镜的 NA = 1.2，缩小倍率为 4，浸没介质的折射率为 1.44。掩模尺寸为 4020nm × 4020nm，掩模由 201 × 201 像素组成，且单个像素尺寸为 20nm。光源图形由 41 × 41 像素组成。采用恒定阈值光刻胶(constant threshold resist，CTR)模型，获得光刻曝光图像。

曝光图像的计算公式为

$$\text{Print Image} = \Gamma(I_{\text{norm}} - t_r)$$

其中，I_{norm} 为归一化的空间像，由 I / Q_{sum} 给出，$Q_{\text{sum}} = \sum_{x_s}\sum_{y_s} Q(x_s, y_s)$ 是归一化因子；t_r 为成像的恒定阈值；$\Gamma(x)$ 为硬判决函数，当 $x > 0$ 时 $\Gamma(x) = 1$，当 $x \leqslant 0$ 时 $\Gamma(x) = 0$。

在下面的 SO 中，阈值 $t_r = 0.25$，式(3.11)中的 $\delta = 10^{-4}$，式(3.14)中的 $\mu = 1$。使用归一化的空间像计算曝光图像，因为光刻胶阈值是通过假设的单位曝光剂量来选择的。

如图 3.3 和图 3.4 所示，从上到下依次为 $M = 200$、$M = 100$ 和 $M = 25$ 时的仿真结果，其中 M 为硅片上随机选择的采样像素的数量。将光源图形的强度归一化，使总剂量为 1。从黑色到白色的颜色表示从 0 到最大强度的范围。对于曝光图像，黑色和白色分别代表 0 和 1。

优化得到的光源图形的 DCT 系数如图 3.5 所示。图 3.5(a)、图 3.5(b)和图 3.5(c)分别是针对 $M = 200$、$M = 100$ 和 $M = 25$ 的竖直线条图形的优化光源图形的 DCT 系数。这表明，优化的光源图形在 DCT 域上是稀疏的，因为忽略了极弱光源像素，所以便于在 DCT 域和光瞳域的稀疏度之间保持平衡。

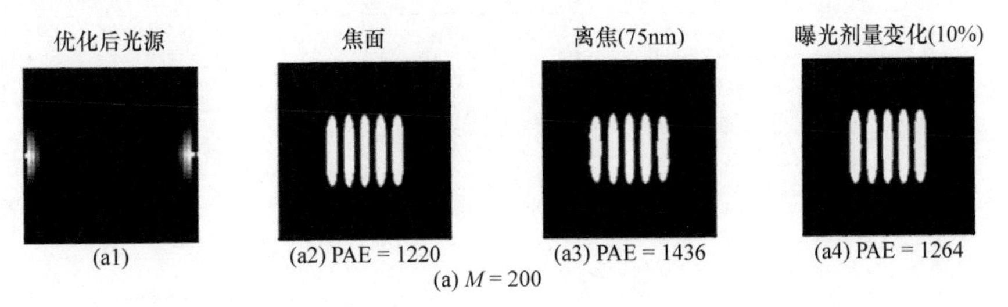

(a) $M = 200$

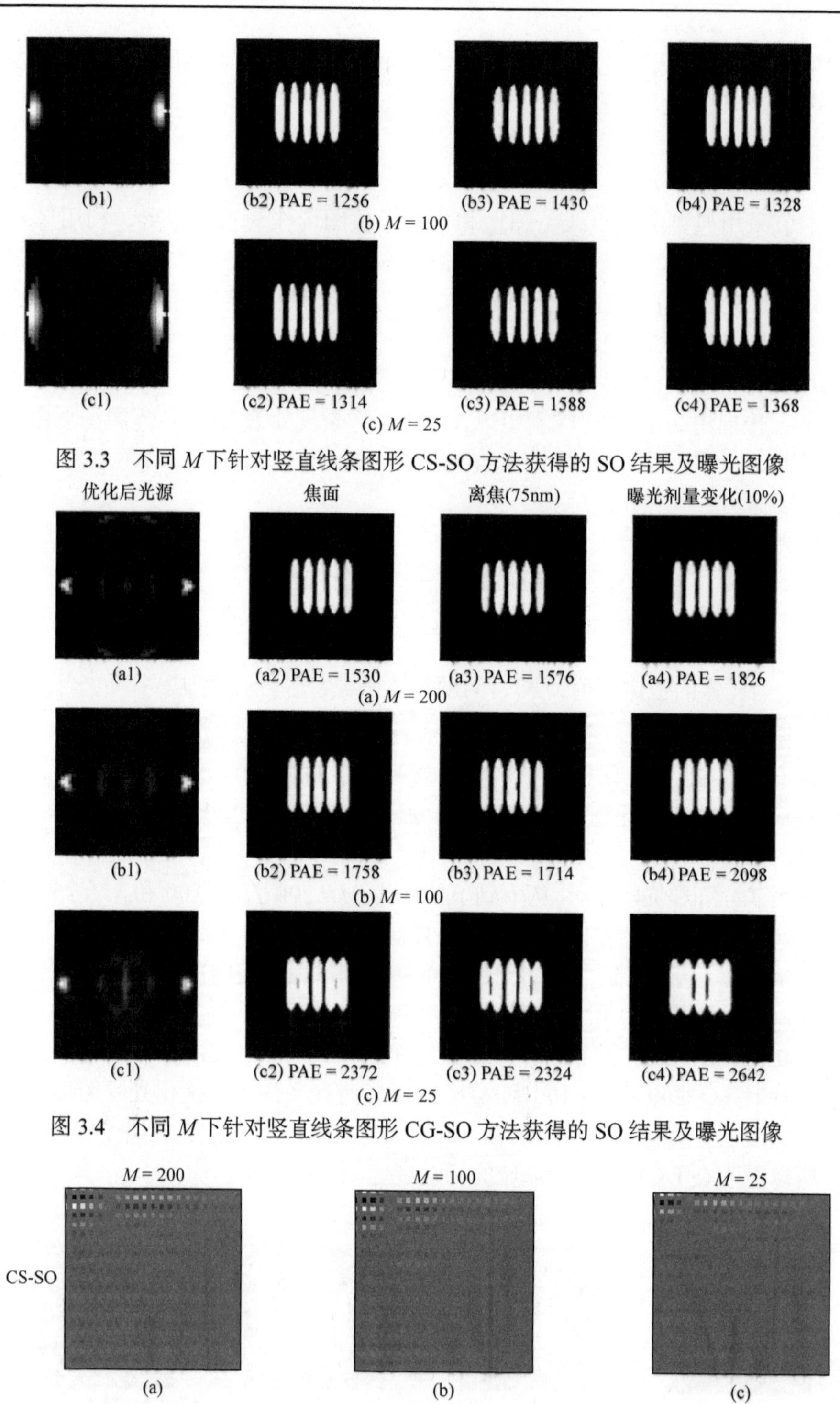

图 3.3　不同 M 下针对竖直线条图形 CS-SO 方法获得的 SO 结果及曝光图像

图 3.4　不同 M 下针对竖直线条图形 CG-SO 方法获得的 SO 结果及曝光图像

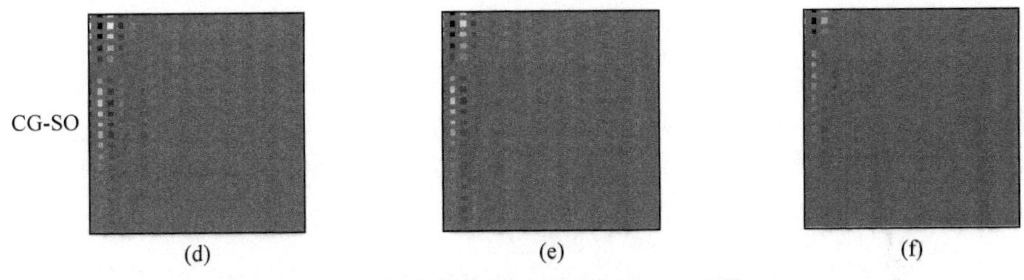

图 3.5　优化得到的光源图形 DCT 系数

硅片上随机选择的采样像素的实例如图 3.6 所示。

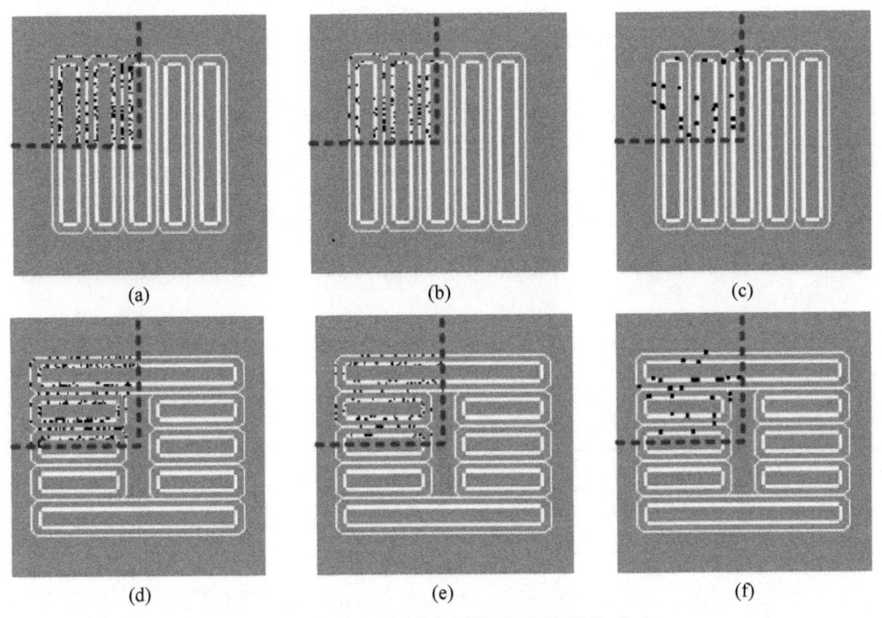

图 3.6　硅片上随机选择的采样像素的分布

第一行所示为竖直线条图形的随机选择采样像素的分布。白色区域代表下采样之前的所有采样像素，包括掩模图形的内部和外部边缘，以及非图形区域中的采样像素。黑点是随机选择的采样像素的位置。由于目标图形是四象限对称的，因此这里只选择虚线标记的左上角采样像素。

从图 3.3 和图 3.4 可以得出结论，CS 方法成功保留了光源图形的稀疏性，即优化后的光源仍是稀疏的。因此，CS 方法可以获得比 CG 方法更简单合理的光源图形及其强度分布。优化的光源图形随采样像素的数量而变化，原因是线性 Bregman 算法总是根据给定的线性约束，追求 l_1-范数最小化问题的最优解。更改采样像素数量将更改线性约束，从而导致不同的最佳光源图形。选取较多的采样像素优化的光源进行成像后，PAE 相对较低；选取较少的采样像素优化后，最后成像的 PAE 较高。

基于竖直线条图形的 PAE、空间像对比度和不同仿真的运行时间如表 3.1 所示。空间像对比度的计算位置为图 3.2 中黑色虚线标记处的横截面。如表 3.1 所示，当采样像素数 M 减少时，PAE 会增加，同时对比度会降低。因为使用的采样像素越少，控制整个目标图形曝光图像的图像保真度和空间像对比度的难度就越大。另外，在采样像素数相同的情况下，与 CG-SO 方法相比，CS-SO 方法获得的图像误差小、保真度高、图像对比度高。原因是 CS 方法应用了 $Z_S = I_S = I_{CC}^S \Psi\theta$ 这个线性约束，其在采样像素上强制约束实际空间像等于目标图形。此外，CS 方法比 CG 方法的优化速度提高 4～5 倍，选择较少的采样像素可以有效地减少 CS 方法的运行时间。

表 3.1　基于竖直线条图形的 PAE、空间像对比度和不同仿真的运行时间

指标	CS 算法			CG 算法		
	$M = 200$	$M = 100$	$M = 25$	$M = 200$	$M = 100$	$M = 25$
焦面处 PAE	1220	1256	1314	1530	1758	2372
DoF = 75nm 处 PAE	1436	1430	1588	1576	1714	2324
曝光剂量变化(10%)时 PAE	1264	1328	1368	1826	2098	2642
对比度	0.94	0.91	0.89	0.51	0.52	0.46
运行时间/s	0.43	0.41	0.37	1.73	1.73	1.68
提速/倍	×4	×4	×5	—	—	—

如图 3.7 所示，CS 方法比 CG 方法具有更稳定的收敛特性。图 3.8(a)所示为具有不同采样像素数的 CS 方法和 CG 方法的 PW。PW 测量位置为图 3.2(a)中黑色虚线标记处，PW 的测量结果通过 Prolith 光刻仿真软件获得。对于 CS 方法和 CG 方法，随着采样像素数目的增加，二者的 PW 都会扩展。与 CG 方法相比，CS 方法能实现更大的 PW，有效提高光刻系统对工艺变化的鲁棒性。

图 3.9 和图 3.10 所示为水平条块图形的 CS 方法和 CG 方法 SO 的结果。该图形的 CD = 45nm，所有优化参数都与竖直线条图形的优化一致。

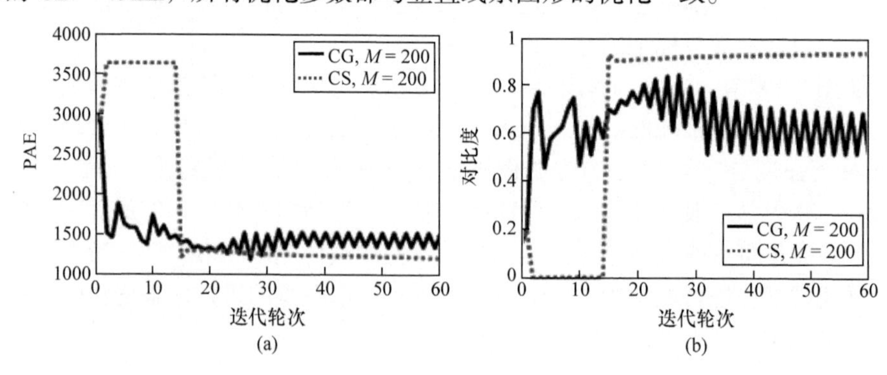

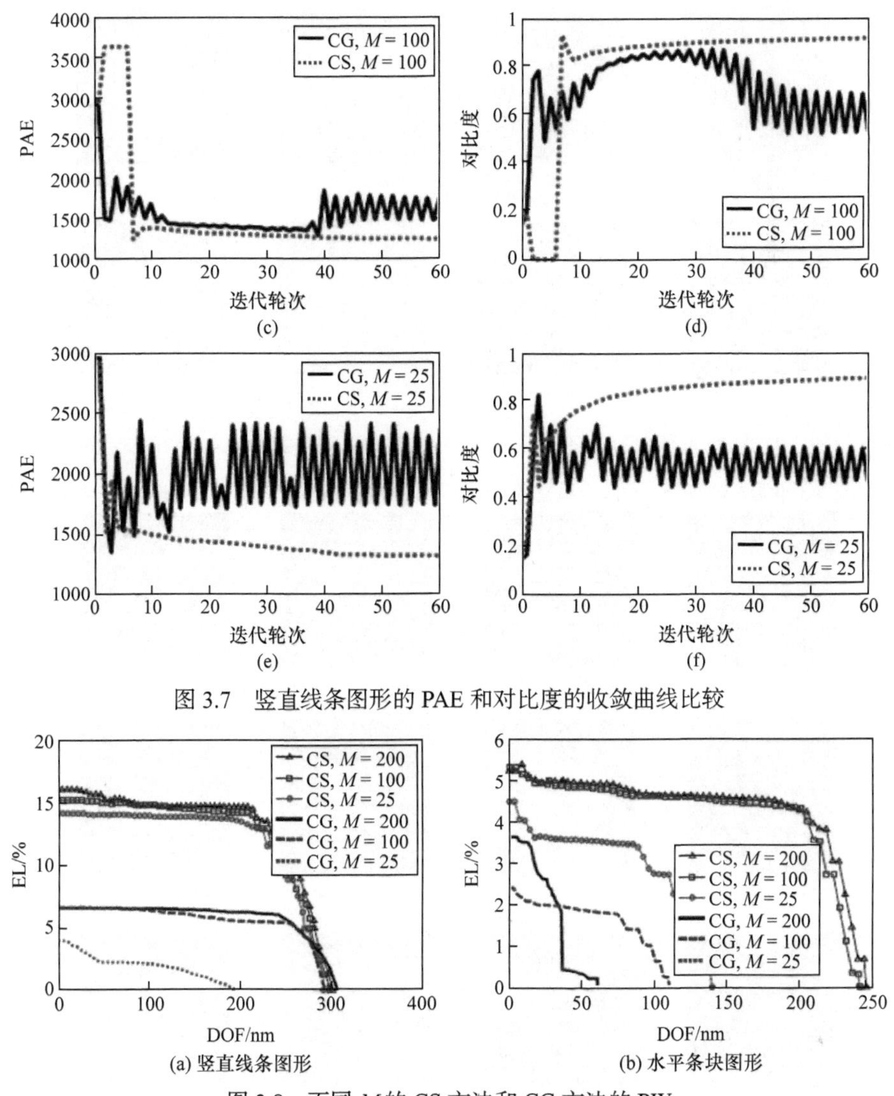

图 3.7　竖直线条图形的 PAE 和对比度的收敛曲线比较

图 3.8　不同 M 的 CS 方法和 CG 方法的 PW

基于水平条块图形的 PAE、空间像对比度和不同仿真的运行时间如表 3.2 所示。图 3.5(d)、图 3.5(e)和图 3.5(f)所示为分别在 $M = 200$、$M = 100$ 和 $M = 25$

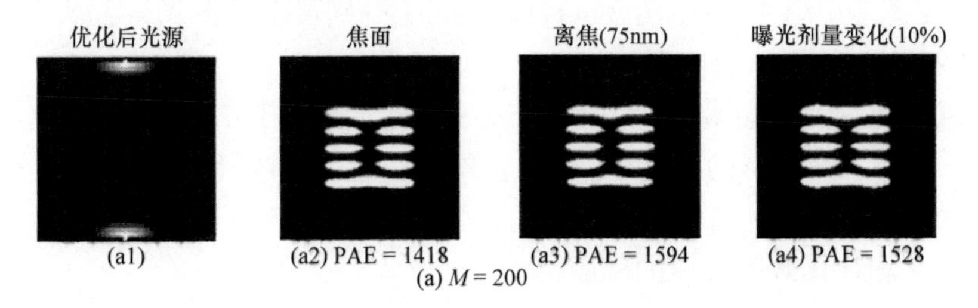

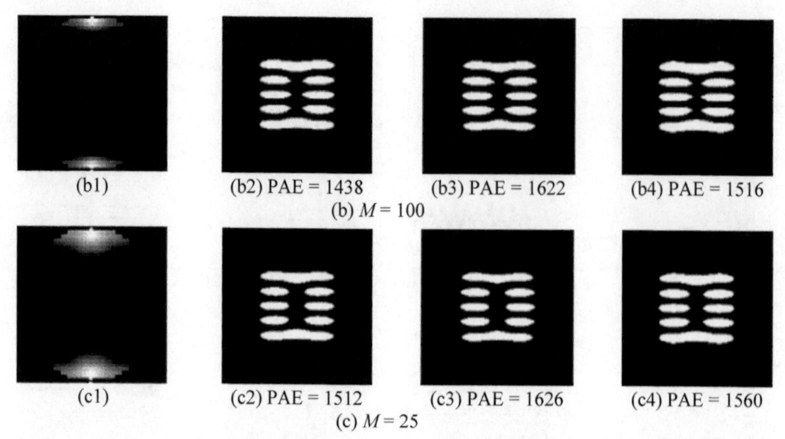

图 3.9　不同 M 下针对水平条块图形 CS-SO 方法获得的 SO 结果及曝光图像

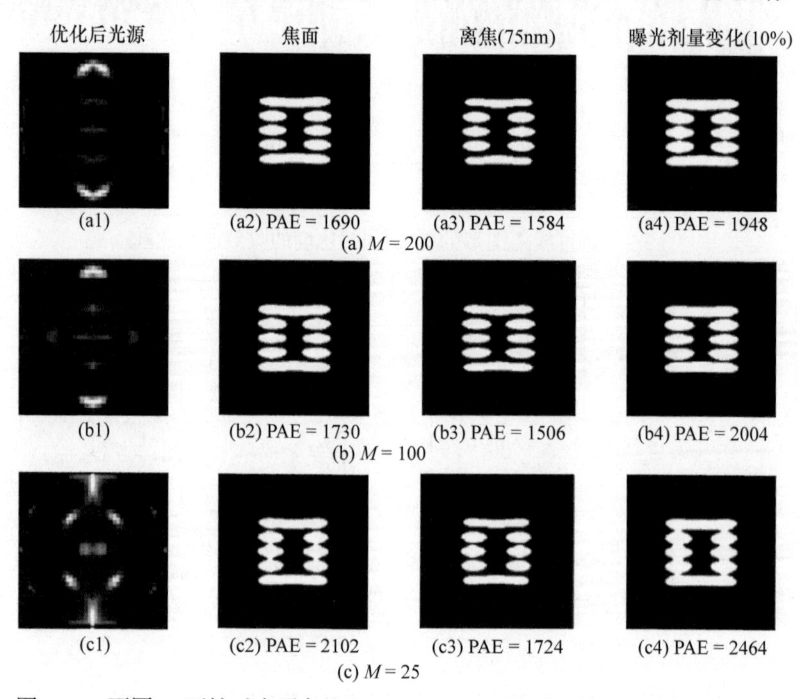

图 3.10　不同 M 下针对水平条块图形 CG-SO 方法获得的 SO 结果及曝光图像

时的 DCT 系数。图 3.6(d)、图 3.6(e)和图 3.6(f)分别展示了在 $M = 200$、$M = 100$ 和 $M = 25$ 时，水平条块图形随机选择的监视像素的分布。图 3.11 所示为 PAE 和对比度的收敛曲线。图 3.8(b)比较了水平条块图形 CS 方法和 CG 方法的 PW 情况。在水平条块图形的仿真中，可以获得与竖直线条图形相似的结论。CS-SO 方法与 CG-SO 方法对比，仿真结果证明了 CS-SO 方法在光源可制造性、成像性能、PW 和计算效率方面的优越性。

表 3.2 基于水平条块图形的 PAE、空间像对比度和不同仿真的运行时间

指标	CS 算法			CG 算法		
	$M=200$	$M=100$	$M=25$	$M=200$	$M=100$	$M=25$
焦面处 PAE	1418	1438	1215	1690	1730	2102
DOF = 75nm 处 PAE	1594	1622	1626	1584	1506	1724
曝光剂量变化(10%)时 PAE	1528	1516	1560	1948	2004	2464
对比度	0.94	0.93	0.80	0.37	0.47	0.37
运行时间/s	0.42	0.40	0.36	1.73	1.74	1.73
提速/倍	×4	×4	×5	—	—	—

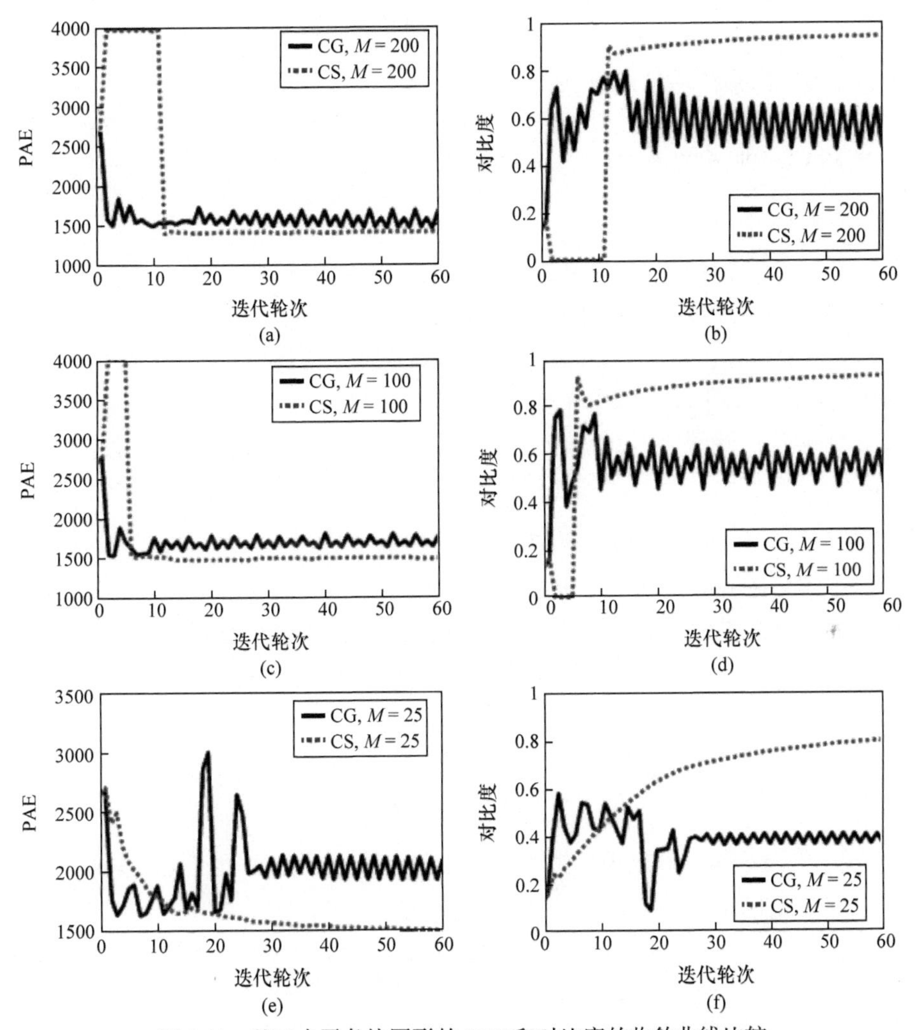

图 3.11 基于水平条块图形的 PAE 和对比度的收敛曲线比较

3.1.2　非线性压缩感知光源-掩模优化技术

3.1.1 节介绍了 CS-SO 的模型和优化技术。根据式(2.62)和式(2.63)所示的空间像成像模型和光刻胶成像模型可以看出，掩模图形与光刻成像之间呈非线性关系。因此，掩模图形与成像之间无法改写为式(3.5)所示的形式，导致无法建立后续的优化模型。因此，在建立 OPC 和 SMO 等这类涉及优化掩模的计算光刻中，必须采用非线性 CS 理论。

1. 非线性压缩感知简介

非线性 CS 重构问题一般可表述为

$$\arg\min_{x\in\mathcal{A}} f(x) \tag{3.18}$$

其中，x 为要恢复的信号；$\mathcal{A}$ 为约束集合。

在非线性 CS 中，一般利用迭代硬阈值[48,49](iterative hard thresholding，IHTs)算法对式(3.18)进行求解，迭代公式为

$$x_{n+1} = P_{\mathcal{A}}^{S}(x_n - \text{step}\times\nabla f(x_n)) \tag{3.19}$$

其中，$P_{\mathcal{A}}^{S}(\cdot)$ 为映射运算符，只保留参数中最大的 S 个元素，并将其他元素设置为 0；step 为步长；$\nabla f(x_n)$ 为目标函数的梯度。

与式(3.7)相比，式(3.18)和式(3.19)不再要求目标函数的具体形式，适合非线性问题的求解。为了加快收敛速度，借鉴牛顿法[50]，介绍一种考虑目标函数二阶导数的牛顿-迭代硬阈值(Newton-iterative hard thresholding，Newton-IHTs)算法。该算法可以加速式(3.19)所示的迭代过程。Newton-IHTs 算法的迭代公式可以写为

$$x_{n+1} = P_{\mathcal{A}}^{S}(x_n - \text{step}\times H_n\nabla f(x_n)) \tag{3.20}$$

其中，H_n 为 Hessian 矩阵 $f(x^n)$ 的逆矩阵。

为了节省存储和加速计算，选择有限内存 BFGS(limited-memory Broyden-Fletcher-Goldfarb-Shanno，L-BFGS)算法[51]近似计算 H，即

$$\begin{aligned} H_{n+1} &= (V_n^{\mathrm{T}}\cdots V_{n-m}^{\mathrm{T}})H_0(V_{n-m}\cdots V_n) \\ &\quad + \sum_{j=0}^{m}\rho_{n-m+1}\left(\prod_{l=0}^{m-j-1}V_{n-l}^{\mathrm{T}}\right)s_{n-m+j}s_{n-m+j}^{\mathrm{T}}\left(\prod_{l=0}^{m-j-1}V_{n-l}^{\mathrm{T}}\right) \end{aligned} \tag{3.21}$$

其中，H_0 为正定矩阵，这里设置为单位矩阵；m 为用户自行定义的参数。

$$s_n = x_n - x_{n-1} \tag{3.22}$$

$$\rho_n = \frac{1}{s_n^{\mathrm{T}}t_n},\quad V_n = (E - \rho_n t_n s_n^{\mathrm{T}}) \tag{3.23}$$

其中，E 为单位矩阵。

2. 非线性压缩感知光源-掩模优化的数学模型

假设目标图形为 $\tilde{Z} \in \mathbb{R}^{N\times N}$，实际曝光图形利用式(2.63)计算为 $Z \in \mathbb{R}^{N\times N}$，则根据式(2.72)可以将目标函数定义为

$$f(Q,M) = \| \Pi \odot (\tilde{Z} - Z) \|_2^2 = \sum_{m=1}^{N}\sum_{n=1}^{N}[\Pi(m,n)\times(\tilde{Z}(m,n) - Z(m,n))]^2 \tag{3.24}$$

其中，$\tilde{Z}(m,n)$ 和 $Z(m,n)$ 分别为 $\tilde{Z}$ 和 Z 的第(m,n)个元素；$\Pi \in \mathbb{R}^{N\times N}$ 为不同电路图形布局区域的权重矩阵。

对比式(3.24)和式(3.7)可以发现，在式(3.7)中，由于 ICC 矩阵的每一行对应于成像结果中每一像素的成像结果，因此 ICC 矩阵中任意行就可以实现任意采样；在式(3.24)中，由于曝光图形 Z 的计算需要依靠 FFT 进行，无法进行任意采样。因此，在非线性 CS-SMO 技术中，以采样率 K 对目标图形进行下采样，降低计算复杂度。式(3.24)所示的目标函数可以转换为

$$\begin{aligned} f_K(Q,M) &= \| \Pi_K \odot (\tilde{Z}_K - Z_K) \|_2^2 \\ &= \sum_{m=1}^{N/K}\sum_{n=1}^{N/K}[\Pi(Km,Kn)\times(\tilde{Z}(Km,Kn) - Z(Km,Kn))]^2 \end{aligned} \tag{3.25}$$

其中，$\Pi_K = \Pi(Km,Kn)$；$Z_K = Z(Km,Kn)$；$\tilde{Z}_K = \tilde{Z}(Km,Kn)$。

同时，分别应用离散化罚函数和广义小波罚函数抑制量化误差和降低掩模图形的复杂性。总的目标函数可表示为

$$d(J,M) = f_K(J,M) + \gamma_q R_q(M) + \gamma_w R_w(M) \tag{3.26}$$

其中，$R_q(M)$ 和 $R_w(M)$ 分别为离散化罚函数和小波罚函数；γ_q 和 γ_w 为权重因子。

根据 CS 理论，如果待重建信号本身并不足够稀疏，则需要在某个基函数上对其进行稀疏表示，选取的基函数称为稀疏基。本节选择的空间基是单位矩阵。作为光源图形的稀疏基，因为光源图形在照明光瞳上是足够稀疏的，所以可以得到光源图形的稀疏系数为

$$\Omega_S = \Psi_S \cdot Q \cdot \Psi_S^{\mathrm{T}} \tag{3.27}$$

其中，$\Psi_S \in \mathbb{R}^{N_S\times N_S}$ 为单位矩阵；$\Omega_S \in \mathbb{R}^{N_S\times N_S}$ 为光源图形的稀疏系数。

值得注意的是，当 Ω_S 仅包含 S 个非 0 元素时，矩阵 Q 被称为 S-稀疏矩阵。利用式(2.67)对掩模图形进行参数变换，可得

$$M = \frac{1+\cos\Theta}{2} \tag{3.28}$$

以下章节使用 $\Theta \in \mathbb{R}^{N\times N}$ 替换 M，从而将有约束的 SMO 问题转化为无约束优化问题。本节将 2D-DCT 基函数作为掩模图形的稀疏基，因为 2D-DCT 基可以比

二维离散傅里叶变换(two-dimensional-discrete Fourier transform, 2D-DFT)基更稀疏地表示掩模图形，这可以节约内存并加快计算过程。掩模图形的稀疏系数可以表示为

$$\varOmega_M = \varPsi_M \cdot \varTheta \cdot \varPsi_M^{\mathrm{T}} \tag{3.29}$$

其中，$\varPsi_M \in \mathbb{R}^{N\times N}$ 为 2D-DCT 变换矩阵；$\varOmega_M \in \mathbb{R}^{N\times N}$ 为稀疏系数。

根据非线性 CS 理论[48,49]，SMO 模型可表述为

$$\begin{aligned}\hat{\varOmega}_S, \hat{\varOmega}_M &= \arg\min_{\varOmega_S,\varOmega_M} d(\varOmega_S, \varOmega_M) \\ &= \arg\min_{\varOmega_S,\varOmega_M} \| \Pi_K \odot (\hat{Z}_K - \varPhi_K(\varOmega_S, \varOmega_M)) \|_2^2 \\ &\quad + \gamma_q R_q(\varOmega_M) + \gamma_w R_w(\varOmega_M) \\ \text{s.t.} \ \| \varOmega_S \|_0 &\leqslant S_S, \quad \| \varOmega_M \|_0 \leqslant S_M \end{aligned} \tag{3.30}$$

其中，$\|\cdot\|_0$ 为参数的 l_0 范数，等于参数中所有的非 0 元素的个数，这里使用 l_0 范数确保光源图形和掩模图形的稀疏性，非线性 CS 算法可用于求解式(3.30)。

3. 非线性压缩感知光源-掩模优化的优化技术

本节利用式(3.20)，即 Newton-IHTs 算法求解式(3.30)所示的 SMO 模型。由式(3.30)可知，需要计算目标函数对光源稀疏系数 $\varOmega_S$ 和掩模稀疏系数 $\varOmega_M$ 的梯度为

$$\nabla d(\varOmega_S) = \nabla f_K(\varOmega_S) \tag{3.31}$$

$$\nabla d(\varOmega_M) = \nabla f_K(\varOmega_M) + \gamma_q \nabla R_q(\varOmega_M) + \gamma_w \nabla R_w(\varOmega_M) \tag{3.32}$$

其中，$\nabla R_q(\varOmega_M)$ 和 $\nabla R_w(\varOmega_M)$ 为离散化罚函数和小波罚函数的梯度。

其他梯度的计算结果为

$$\nabla f_K(S) = \frac{-2a}{S_{\text{sum}}} \times 1_{N/K\times 1}^{\mathrm{T}} \times \left[\Pi_K \odot (\tilde{Z}_K - Z_K) \odot Z_K \odot (1 - Z_K) \odot \sum_{p=x,y,z} I_p^{\text{wafer}} \right] \times 1_{N/K\times 1} \tag{3.33}$$

$$\begin{aligned}\nabla f_K(M_{uv}) = -\frac{4a}{Q_{\text{sum}}} \sum_{x_s}\sum_{y_s} Q(x_s, y_s) \times \sum_{p=x,y,z} \operatorname{Re}((B_{uv}^{x_s,y_s})^* \odot (H_{p,uv}^{x_s,y_s})^{*o} \\ \otimes \{[H_{p,uv}^{x_s,y_s} \otimes (B_{uv}^{x_s,y_s} \odot M_{uv})] \odot \Pi_K \odot (\tilde{Z}_K - Z_K) \odot Z_K \odot (1_K - Z_K)\})\end{aligned} \tag{3.34}$$

由式(3.20)，$\varOmega_S$ 和 $\varOmega_M$ 可以更新为

$$\varOmega_{Sn+1} = P_{\mathcal{A}}^{S_S}(\varOmega_{Sn} - \text{step} \times H_{Sn} \nabla d(\varOmega_{Sn})) \tag{3.35}$$

$$\varOmega_{Mn+1} = P_{\mathcal{A}}^{S_M}(\varOmega_{Mn} - \text{step} \times H_{Mn} \nabla d(\varOmega_{Mn})) \tag{3.36}$$

4. 数值计算与分析

本节给出一个数值计算实例，以验证本节方法在 28nm 技术节点(CD = 45nm)上的三个目标图形的出色性能。所有仿真在 Intel(R)Core(TM)i5-7500 CPU 4GHz 和 8GB 内存的计算机上进行。仿真基于 193nm ArF 浸没式光刻系统，使用 AI 光源作为初始光源图形，内外部分相干因子分别为 $\sigma_{\text{in}} = 0.82$ 、$\sigma_{\text{out}} = 0.97$ 。像素化光源图形由 $N_S \times N_S$ 的矩阵表示，$N_S = 21$ 。像方 NA=1.35，浸没介质的折射率为 1.44。投影物镜的缩小倍率为 4。式(2.63)中的 $t_r = 0.2$ 、$a = 25$ 。本节使用 PAE 评估通过不同方法优化的成像系统的成像保真度。PAE 是曝光图形与目标图形之间的误差，可计算为 $\| \tilde{Z} - Z \|_2^2$ 。同时，对比使用 SD 算法的传统 SMO 框架、使用 IHTs 算法的非线性 CS-SMO 框架(下面简称 IHTs 方法)，以及使用 Newton-IHTs 算法的非线性 CS-SMO 框架(下面简称 Newton-IHTs 方法)的仿真结果。

基于 28nm 技术节点的两个简单目标图形和一个复杂目标图形，验证本节方法的仿真性能。28nm 技术节点的目标布局如图 3.12 所示。图 3.12(a)所示的目标图形是 28nm 技术节点的水平条块图形。图 3.12(b)所示的目标图形为竖直线条图形，CD 为 45nm，占空比为 1∶1。掩模尺寸为 5760nm × 5760nm，并且掩模上的像素尺寸均为 11.25nm × 11.25nm，偏振照明分别采用 X 偏振光和 Y 偏振光。

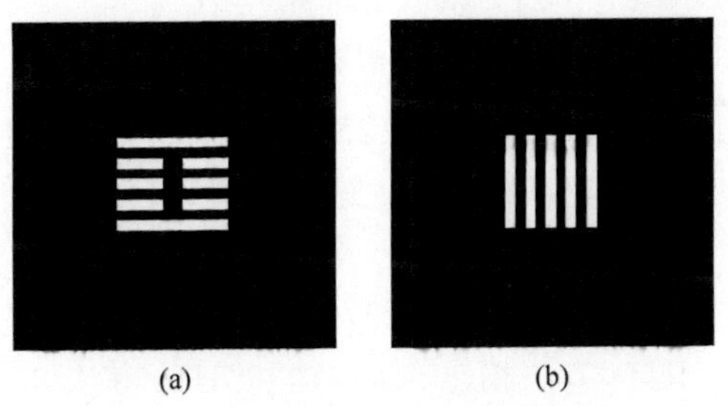

图 3.12　28nm 技术节点的目标图形

不同 SMO 技术对水平条块图形的仿真结果如图 3.13 所示。从第一列到第四列，图 3.13 分别为使用初始系统、SD 方法、IHTs 方法和 Newton-IHTs 方法的仿真结果。从上到下，图 3.13 分别为光源图形、掩模图形和光刻胶像。

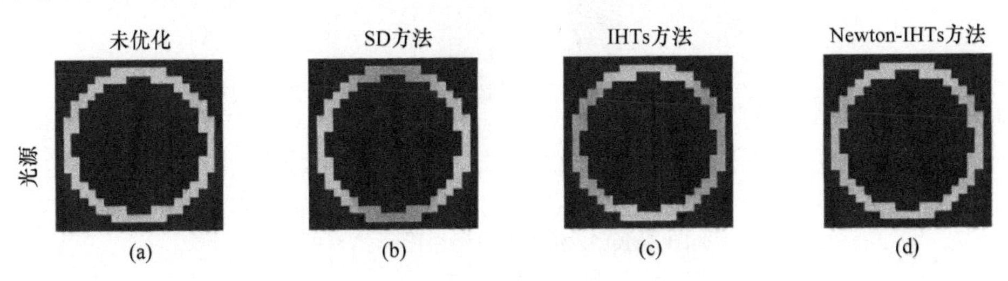

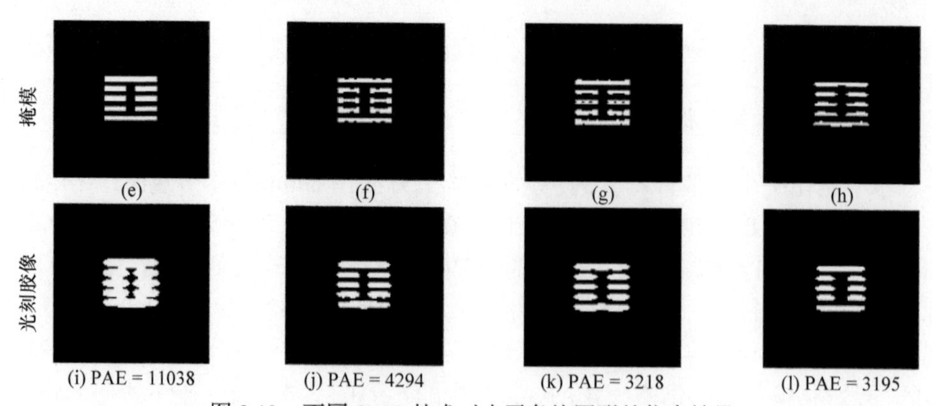

图 3.13　不同 SMO 技术对水平条块图形的仿真结果

如图 3.14 所示，考虑目标函数的二阶导数，Newton-IHTs 方法可以很快收敛。

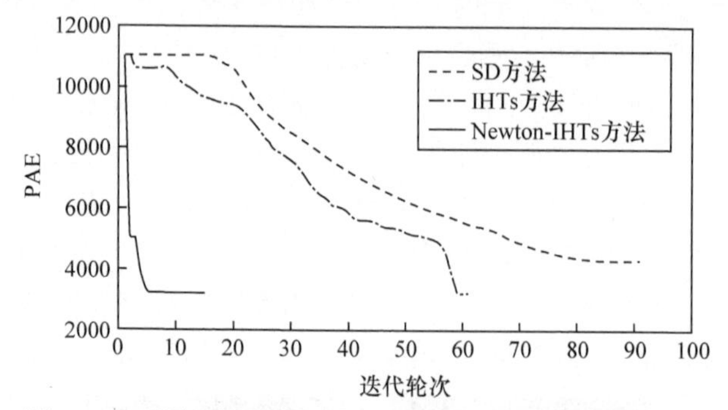

图 3.14　不同 SMO 技术对水平条块图形仿真的收敛曲线

CS-SMO 框架可以比 SD 方法减少 25%的 PAE。此外，Newton-IHTs 方法优化结果的成像保真度与 IHTs 方法相当。这意味着，合理的下采样可以提高 SMO 过程中的优化精度。

如图 3.15 所示，CS-SMO 框架可以有效地提高计算效率。此外，得益于其高效的收敛性，Newton-IHTs 方法相比 SD 方法和 IHTs 方法可将优化过程分别加快 8.31 倍和 6.39 倍。

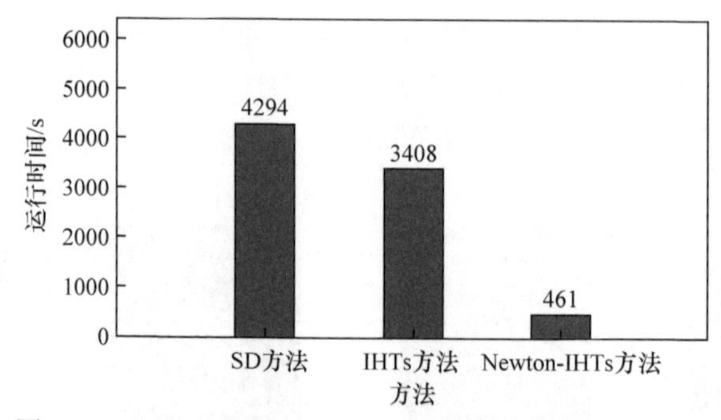

图 3.15　不同 SMO 技术对水平条块图形仿真的运行时间

为了保证稀疏性假设，IHTs 方法和 Newton-IHTs 方法采用 2D-DFT 基和 2D-DCT 基表示掩模图形。图 3.13(e)中的掩模图形在 2D-DFT 域和 2D-DCT 域中的稀疏系数分别由图 3.16(a1)和图 3.16(a2)表示。图 3.13(g)中的掩模图形在 2D-DFT 域中的稀疏系数和图 3.13(h)中的掩模图形在 2D-DCT 域中的稀疏系数分别如图 3.16(b1)和图 3.16(b2)所示。

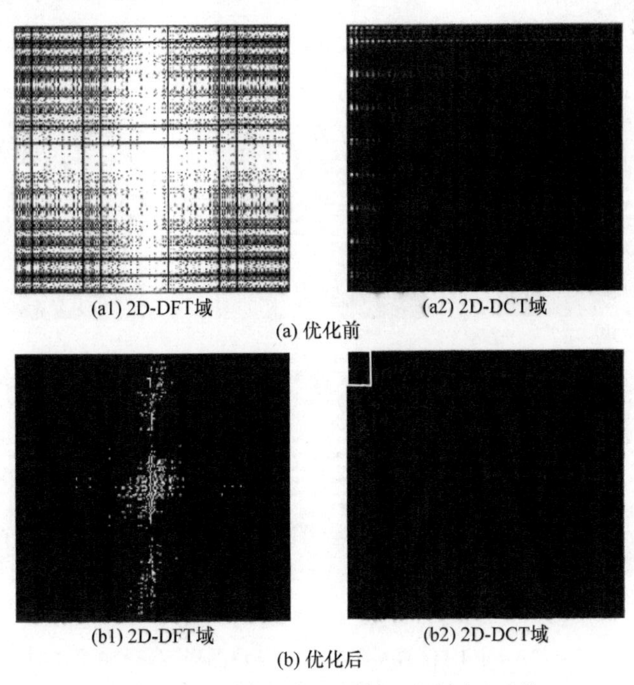

图 3.16　不同稀疏基上掩模图形的稀疏系数

2D-DFT 域中频谱的低频分量位于图的中心，以及水平和垂直中线附近，而 2D-DCT 域中的频谱低频分量位于图的左上角和左方、上方边界线附近。白色和黑色区域分别表示振幅大于 1 和小于 0。灰色区域表示振幅在[0,1]范围内。可以看出，初始掩模的大部分能量集中在 2D-DFT 域和 2D-DCT 域的低频分量区域。如图 3.17 所示，IHTs 方法和 Newton-IHTs 方法在每次迭代中去除具有小振幅的高频分量，从而生成比传统 SD 方法更简单的掩模图形。如图 3.16(b2)所示，能量仅集中在白色矩形标记中。因此，2D-DCT 基可以比 2D-DFT 基更稀疏地表示掩模图形，从而节省存储空间，加快计算速度。

为了研究稀疏基对成像保真度的影响，本节采用 2D-DFT 基的 Newton-IHTs 方法(DFT 方法)与采用 2D-DCT 基的 Newton-IHTs 方法(DCT 方法)的优化结果进行比较。从左到右，图 3.17 为使用初始系统、DFT 方法和 DCT 方法的仿真结果。从上到下，图 3.17 为光源图形、掩模图形和光刻胶像。结果表明，DFT 方法和

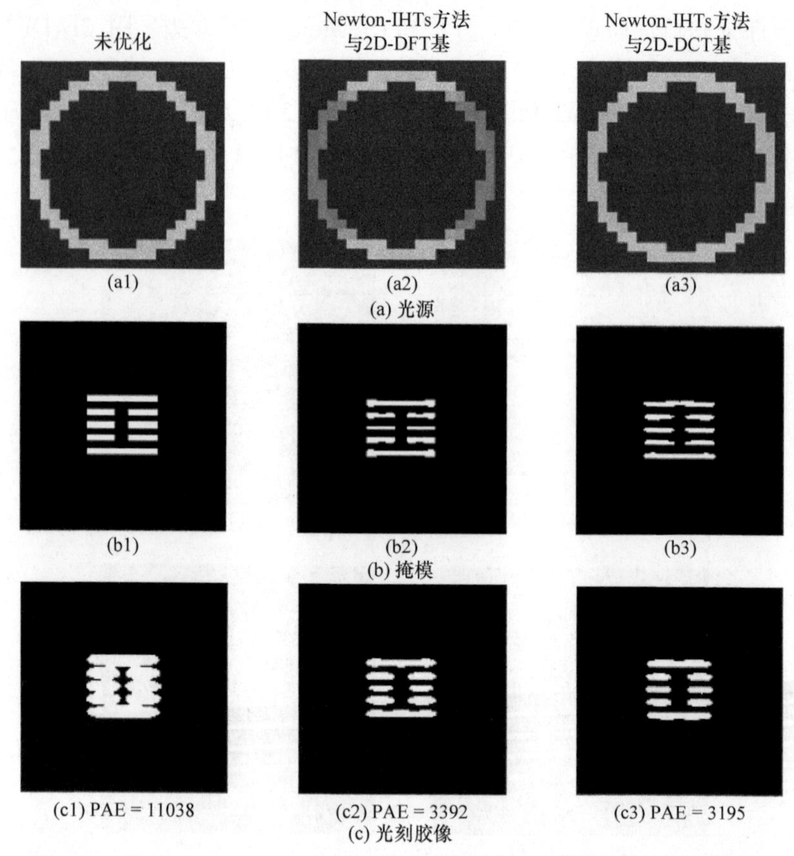

图 3.17　使用 Newton-IHTs 算法针对水平条块图形不同稀疏基的仿真结果

DCT 方法的优化结果在成像保真度上的差别并不大。不同 SMO 技术对竖直线条图形的仿真结果和收敛曲线如图 3.18 和图 3.19 所示。

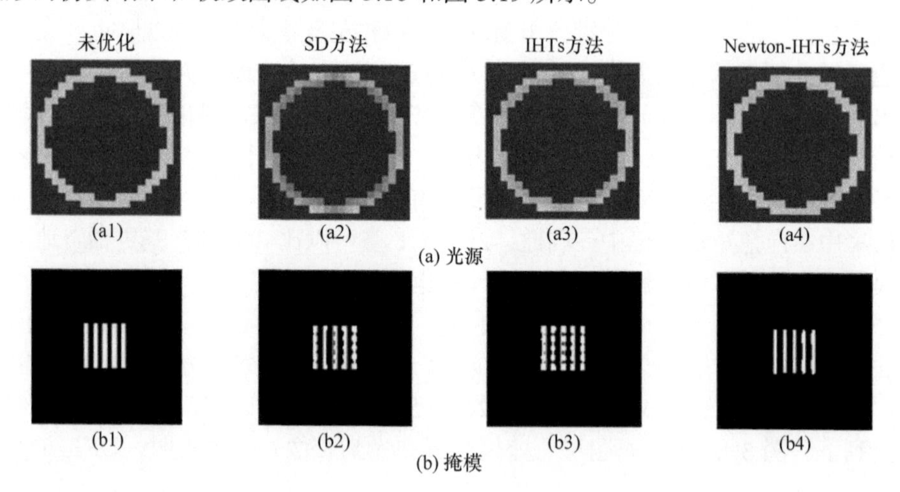

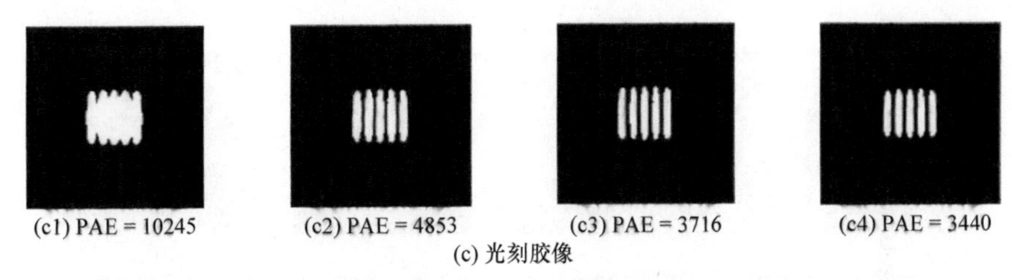

(c) 光刻胶像

图 3.18 不同 SMO 技术对竖直线条图形的仿真结果

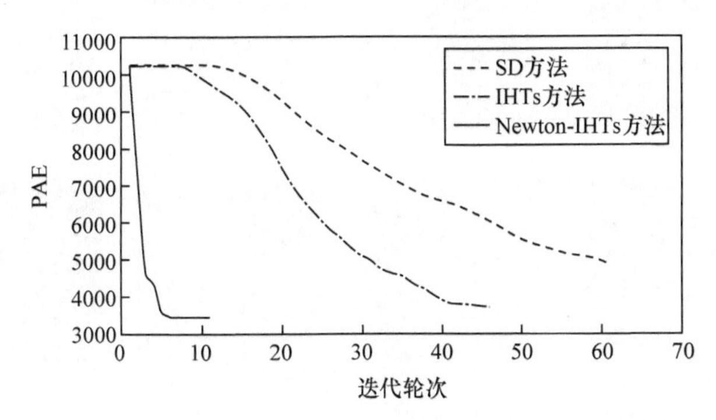

图 3.19 不同 SMO 技术对竖直线条图形仿真的收敛曲线

不同 SMO 技术对竖直线条图形仿真的运行时间如图 3.20 所示。不同 SMO 技术对复杂图形的仿真结果如图 3.21 所示。可以看出，与 SD 方法相比，该方法能有效地提高光刻系统的成像保真度和计算效率。

图 3.21 所示为对图 3.21(e)中 28nm 技术节点复杂图形的仿真结果。仿真采用 TE 偏振照明，式(3.26)中的权重因子在 SD 方法、IHTs 方法中设置为 $\gamma_q = 5\times10^{-5}$、$\gamma_w = 5\times10^{-5}$，在 Newton-IHTs 中设置为 $\gamma_q = 5\times10^{-5}$、$\gamma_w = 2.5\times10^{-5}$。在 Newton-IHTs 方法、IHTs 方法中，将稀疏度均设置为 $S_M = 200$、$S_M = 3500$。其他参数与仿真图 3.13 中两个简单目标图形使用的参数相同。

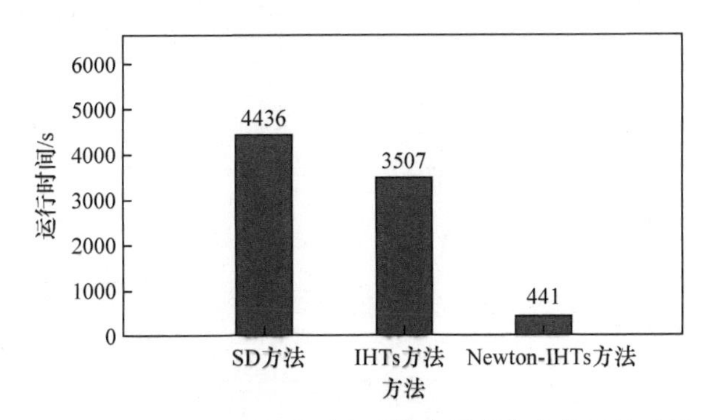

图 3.20 不同 SMO 技术对竖直线条图形仿真的运行时间

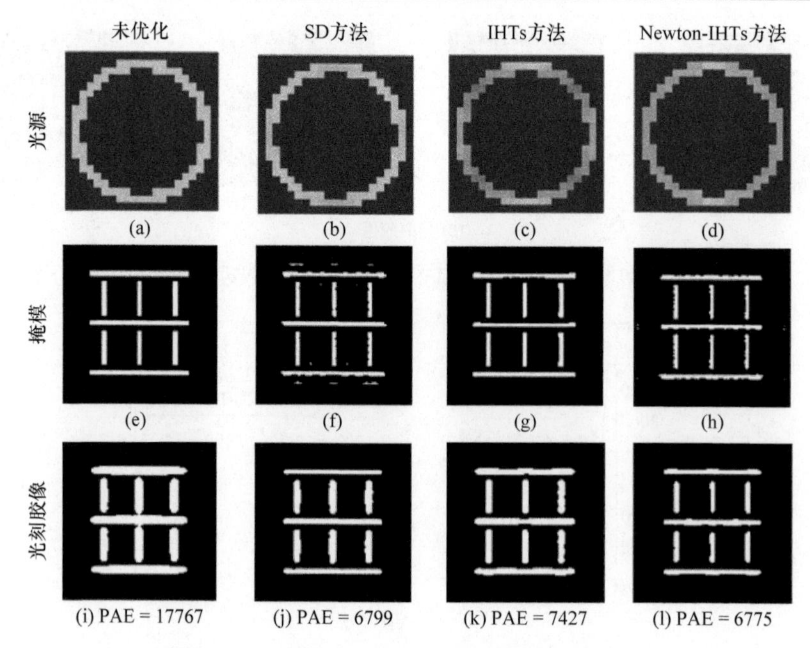

图 3.21　不同 SMO 技术对复杂图形的仿真结果

IHTs 方法的优化结果无法获得比 SD 方法更小的 PAE。因为在复杂图形的情况下，目标图形的高频分量较多，接近于下采样的截止频率，所以在采样过程中可能会丢失部分信息。此外，Newton-IHTs 方法优化结果的成像保真度与 SD 方法相当。可能是因为 Newton-IHTs 方法考虑目标函数的二阶导数，使该方法能够跳出优化过程中的局部最优解。

不同 SMO 技术对复杂图形的仿真收敛曲线和运行时间如图 3.22 和图 3.23 所示。可以看到，与传统的 SD 方法和 IHTs 方法相比，该方法能有效地提高 SMO 的计算效率。

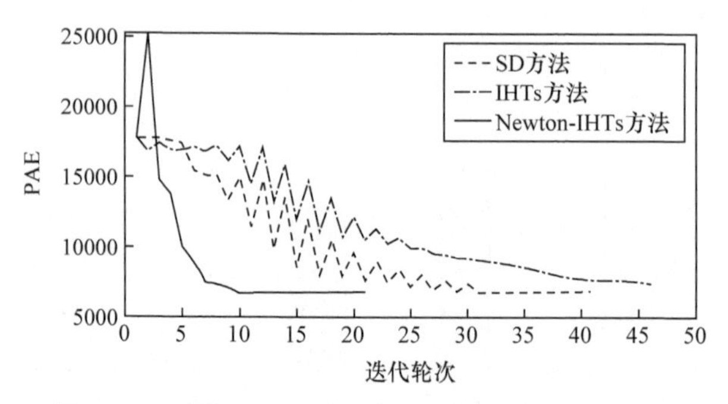

图 3.22　不同 SMO 技术对复杂图形的仿真收敛曲线

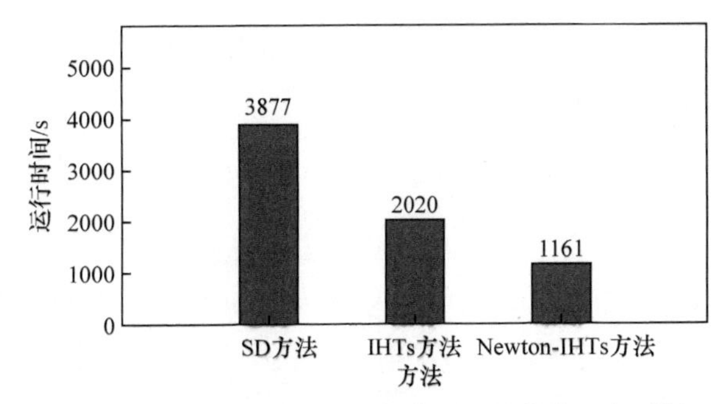

图 3.23　不同 SMO 技术对复杂图形的仿真运行时间

3.2　贝叶斯压缩感知计算光刻技术

作为一种采取梯度下降策略的优化技术，CS 计算光刻可以通过稀疏采样降低优化过程中计算优化的目标函数，以及目标函数对待优化参量梯度的计算量，以此实现加速优化。稀疏采样的操作在有效降低计算量的同时，不可避免地会在一定程度上放松对成像质量的约束。两种常用的 l_1 范数和 l_0 范数稀疏约束会在一定程度上约束光源和掩模图形的稀疏性，补偿优化结果损失的成像精度。本节从贝叶斯分析的角度入手，阐述 BCS 计算光刻理论，建立一种更好的稀疏约束罚函数。仿真结果表明，该方法能有效地补偿稀疏采样导致的优化结果精度的损失。

3.2.1　贝叶斯压缩感知光源优化技术

1. 贝叶斯压缩感知简介

BCS 理论关注的问题模型为

$$y = \Phi x + \varepsilon \tag{3.37}$$

其中，y 为已知的 $M \times 1$ 的压缩测量向量；x 为 $N \times 1$ 的未知信号；Φ 为信号和测量向量之间的线性映射；ε 为分布为 $\mathcal{N}(0,\sigma^2)$ 的高斯噪声。

在这种情况下，BCS 目的是在已知测量向量 y 的情况下，重构一个元素主要为零的未知信号 x，使式(3.37)能够尽可能成立。BCS 理论将广义高斯分布作为未知信号 x 的先验信息[52]，即

$$p(x;\gamma) = \mathcal{N}(0,\gamma) = \prod_{i=1}^{N} (2\pi\gamma_i)^{-\frac{1}{2}} \exp\left(-\frac{x_i^2}{2\gamma_i}\right) \tag{3.38}$$

其中，$x = [x_1, x_2, \cdots, x_N]^{\mathrm{T}}$、$\gamma = [\gamma_1, \gamma_2, \cdots, \gamma_N]^{\mathrm{T}}$ 为控制每个未知系数的先验方差向量。

这些超参数可以通过最大化边缘概率密度或II类最大似然[53,54]从数据中估计得到。这相当于最小化式(3.39)，即

$$L(\gamma) = -\log \int p(y \mid x) p(x;\gamma) \mathrm{d}x = \log |\Sigma_y| + y^{\mathrm{T}} \Sigma_y^{-1} y \tag{3.39}$$

其中，$\Sigma_y = \sigma^2 E + \Phi \Gamma \Phi^{\mathrm{T}}$，$E$ 为单位矩阵，$\Gamma = \mathrm{diag}(\gamma)$。

显而易见，式(3.39)所示的 BCS 模型在 γ 空间中进行优化操作，因为目标函数 $L(\gamma)$ 是 γ 的函数。一旦计算出最优值 $\gamma_* = \arg\min\ L(\gamma)$，未知信号 x 的最优估计值可以通过下式获得，即

$$x_* = \Gamma_* \Phi^{\mathrm{T}} \Sigma_{y_*}^{-1} y \tag{3.40}$$

为了直接在 x 空间中进行优化，文献[55]证明了式(3.39)中的目标函数可以通过迭代求解加权 l_1 正则化目标函数求解，即

$$x_{\mathrm{opt}} = \arg\min\ \| y - \Phi x \|_2^2 + 2\sigma^2 \sum_{i=1}^{N} z_i^{\frac{1}{2}} |x_i| \tag{3.41}$$

$$\gamma_i = z_i^{-\frac{1}{2}} |x_{\mathrm{opt},i}| \tag{3.42}$$

$$z = \mathrm{diag}(\Phi^{\mathrm{T}} \Sigma_y^{-1} \Phi) \tag{3.43}$$

其中，$z = [z_1, z_2, \cdots, z_N]^{\mathrm{T}}$。

在 x 空间进行优化的 BCS 方法可以通过迭代式(3.41)～式(3.43)，直到收敛到某个 x_* 来获得最优的 x_*。下面使用 x 空间中的 BCS 方法找出光学光刻系统的最佳光源图形。

2. 贝叶斯压缩感知光源优化的数学模型

在计算光刻的模型中，掩模图形或者硅片上的曝光图形的总像素数通常远大于光源图形的像素数。为了降低计算复杂度和内存需求，本节需要对目标图形进行稀疏采样。前面已经介绍了随机采样方法和下采样方法。下面介绍一种确定轮廓采样(certain contour sampling，CCS)方法。在 CCS 中，首先定位目标图形的轮廓区域，其定义为目标图形的边界与外轮廓之间距离边界一个像素的区域。需要说明的是，在定义的轮廓区域，只是为了方便描述所提出的方法，研究人员可以根据不同的应用场景按照需要重新定义实际的轮廓区域。然后，在轮廓区域中每间隔 Kc 个点选取一个采样像素点，这些选定的点组成采样区域。Kc 是用户定义的参数。

例如，将图 3.24(a)所示的图形设计为目标图形。基于蓝噪声采样法、下采样法和 CCS 方法的采样区域如图 3.24(b)～3.24(d)所示，其中白色点为选定采样像

素，灰色区域为目标图形。图 3.24(c)从非图形区域选择了太多像素，而这些像素显然在 SO 过程中的贡献并不大。图 3.24(b)只关注轮廓区域。同时，随机采样操作会导致优化结果的不确定性，这意味着同一 CS 重构中的采样像素不同，有时甚至会导致 SO 失败。图 3.24(d)通过选择少量采样像素避免随机性。

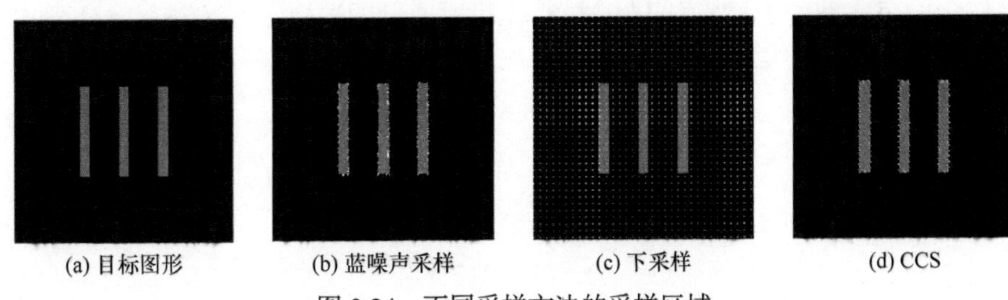

(a) 目标图形　(b) 蓝噪声采样　(c) 下采样　(d) CCS

图 3.24　不同采样方法的采样区域

根据式(3.5)、式(3.41)～式(3.43)，BCS-SO 模型可以表示为

$$Q_{\text{opt}} = \arg\min_{Q} \| \alpha Z_s - I_s \|_2^2 + \beta \sum_{i=1}^{N_s^2} w_i |Q_i| = \arg\min_{Q} \| \alpha Z_s - I_{cc}^s Q \|_2^2 + \beta \sum_{i=1}^{N_s^2} w_i |Q_i| \tag{3.44}$$

$$\gamma_i = w_i^{-1} Q_{\text{opt},i} \tag{3.45}$$

$$w = \text{sqrt}\left(\text{diag}\left\{(I_{cc}^s)^{\text{T}}\left[\beta E + I_{cc}^s \text{diag}(\gamma)(I_{cc}^s)^{\text{T}}\right]^{-1} I_{cc}^s\right\}\right) \tag{3.46}$$

其中，$Z_s \in \mathbb{R}^{M\times 1}$ 为所选采样像素上的目标图形；$I_s \in \mathbb{R}^{M\times 1}$ 为相应的实际成像强度；M 为所选像素的数量；因子 α 为常数，用于修改目标图形的幅度来提高收敛性[56]；β 为正则化系数；$I_{cc}^s \in \mathbb{R}^{M\times N_s^2}$ 由与所选像素对应的矩阵 $I_{cc} \in \mathbb{R}^{N^2\times N_s^2}$ 中的 M 行组成；Q_i、w_i 和 γ_i 为 Q、权重 w 和 γ 的第 i 个元素；E 为单位矩阵。

BCS-SO 方法可以通过迭代式(3.44)～式(3.46)来实现，直到收敛至某个最优 Q_*。

式(3.44)是一个加权 l_1 最小化的目标函数。为了更方便地求解这个问题，将式(3.44)变换为最小绝对收缩和选择算子(least absolute shrinkage and selection operator，LASSO)的形式[57]，即

$$u_* = \arg\min_{u} \| \alpha Z_s - \Phi u \|_2^2 + \beta \| u \|_1 \tag{3.47}$$

对 $u = \text{diag}(w)\cdot Q$、$Q = (\text{diag}(w))^{-1}\cdot u$ 和 $\Phi = I_{cc}^s \cdot (\text{diag}(w))^{-1}$ 进行参数变换，可以定义目标函数为

$$f(u) = g(u) + h(u) = \| \alpha Z_s - \Phi u \|_2^2 + \beta \| u \|_1 \tag{3.48}$$

其中，$g(u)=\|\alpha Z_s-\Phi u\|_2^2$ 为约束图像保真度；$h(u)=\beta\|u\|_1$ 为约束光源图形的稀疏性。

3. 贝叶斯压缩感知光源优化的优化技术

作为一个典型的 LASSO 问题，式(3.48)可以通过近端梯度下降(proximal gradient descent，PGD)算法[58]迭代求解，即

$$v=u_k-\text{step}\times\nabla g(u_k) \tag{3.49}$$

$$u_{k+1,i}=\text{shrink}(v_i,\beta/2)=\begin{cases} v_i+\beta/2, & v_i\leqslant-\beta/2 \\ 0, & |v_i|<\beta/2 \\ v_i-\beta/2, & v_i\geqslant\beta/2 \end{cases} \tag{3.50}$$

其中，step 为步长；$\nabla g(u_k)$ 为 $g(u_k)$ 关于 u_k 的梯度；$\text{shrink}(\cdot,\cdot)$ 为软阈值算子；$u_{k+1,i}$ 和 v_i 为 u_{k+1} 和 v 的第 i 个元素。

4. 数值计算与分析

本节提供一组仿真实验验证 BCS-SO 方法在 14nm 技术节点上的性能。所有计算均在 Intel(R) Core(TM)i5-7500 CPU 3.4GHz 和 8GB 内存的计算机上执行。本节利用式(2.63)计算光刻胶成像，利用式(2.72)评价光刻成像保真度。

1) 不同 SO 方法的仿真对比

仿真基于 193nm ArF 浸没式光刻系统。具有 TE 偏振的 AI 光源用作初始光源图形，其内部和外部部分相干因子分别为 $\sigma_{\text{in}}=0.82$ 和 $\sigma_{\text{out}}=0.97$。像素化光源由 $N_S\times N_S$ 的矩阵表示，其中 $N_S=41$。硅片侧的 $\text{NA}=1.35$，浸没介质的折射率为 1.44，投影光学器件的缩小倍率为 $R=4$。

以下仿真中使用的目标图形示意图如图 3.25 所示。图 3.25(a)和图 3.25(b)是 CD 为 14nm 的线条图形，两者的占空比均为 1：4。图 3.25(c)和图 3.25(d)是 14nm 技术节点的条块图形。所有像素化掩模都由 $N\times N$ 的矩阵表示，其中 $N=201$。这些掩模上的像素大小为 12.4nm × 12.4nm。

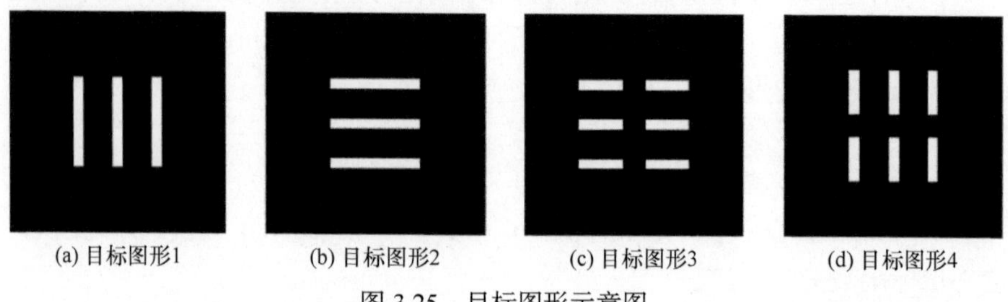

图 3.25　目标图形示意图

为了验证 CCS-BCS-SO 方法在高图像保真度 SO 上的性能，对比采用完全采

样的基于 SD 算法的 SO 框架[59](SD-SO 方法)，使用下采样和 PGD 算法的 l_1 范数 CS-SO [35]方法(下采样压缩感知光源优化(downsampling compressive sensing source optimization, D-CS-SO)方法)，使用蓝噪声(blue noise, BN)采样方法和 PGD 算法的 l_1 范数的 BN-CS-SO[35]方法，以及采用 PGD 的 CCS-BCS-SO 方法的仿真结果。设置式(3.48)中的 $\alpha = 0.2$，式(2.63)中的 $t_r = 0.1$，D-CS-SO 方法、BN-CS-SO 方法和 CCS-BCS-SO 方法中的 $\beta = 0.02$。

基于图 3.25 中目标图形的不同 SO 方法的仿真结果如图 3.26 所示。从上到下分别为使用初始系统、SD-SO 方法、D-CS-SO 方法、BN-CS-SO 方法和 CCS-BCS-SO 方法的仿真结果。第一列到第五列分别为优化的光源图形和目标图形 1～4 的曝光图像。为使结果更直观，图 3.27 所示为 PAE 的直方图，示出了 SD-SO 方法、D-CS-SO 方法、BN-CS-SO 方法和 CCS-BCS-SO 方法的仿真结果。从左到右分别为基于目标图形 1～4 的 PAE 和平均 PAE。以上三种方法的总运行时间如图 3.28 所示。需要注意的是，由于 BN-CS- SO 方法的随机性，图 3.27 和图 3.28 中 BN-CS-SO 方法的仿真结果是 100 次仿真的平均结果。此外，图 3.26 所示的 BN-CS-SO 方法的结果是接近平均值的仿真结果。

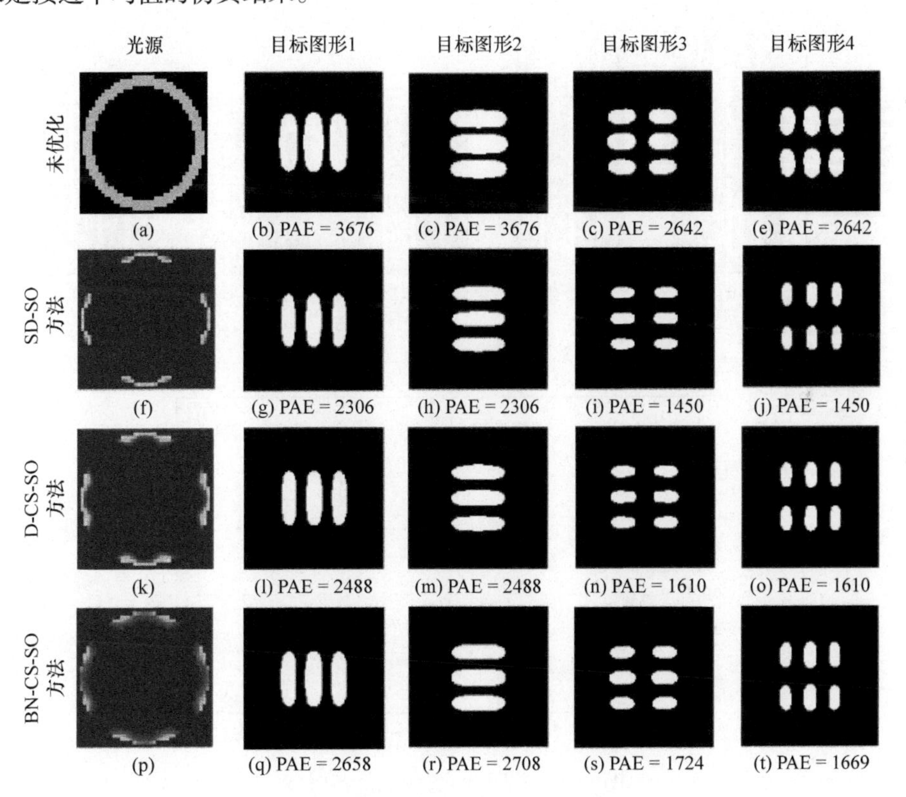

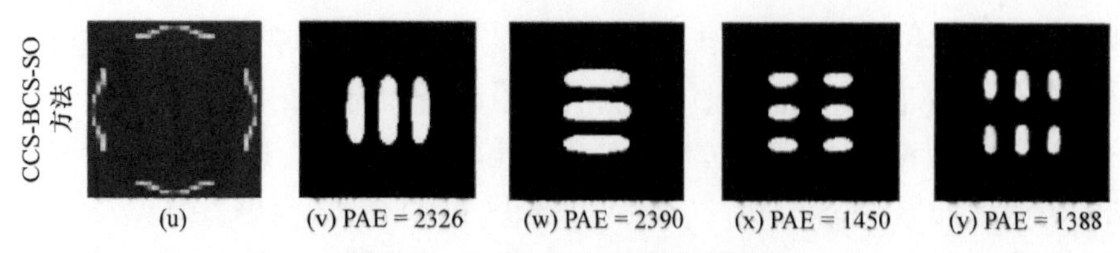

图 3.26 不同 SO 方法的仿真结果

如图 3.26～图 3.28 所示，D-CS-SO 方法、BN-CS-SO 方法和 CCS-BCS-SO 方法可以将 SO 过程相比 SD-SO 方法分别加速 159 倍、290 倍、95 倍。此外，CCS-BCS-SO 方法可以比 BN-CS-SO 方法减少 13.7%的平均 PAE，比 D-CS-SO 方法减少 7.8%，平均 PAE 只比 SD-SO 方法增加 0.59%。结果表明，CCS-BCS-SO 方法可以同时实现像 BN-CS-SO 方法这样的快速 SO 和像 SD-SO 方法这样的高保真成像结果。此外，受益于无随机性的 CCS 方法，CCS-BCS-SO 方法可以比 BN-CS-SO

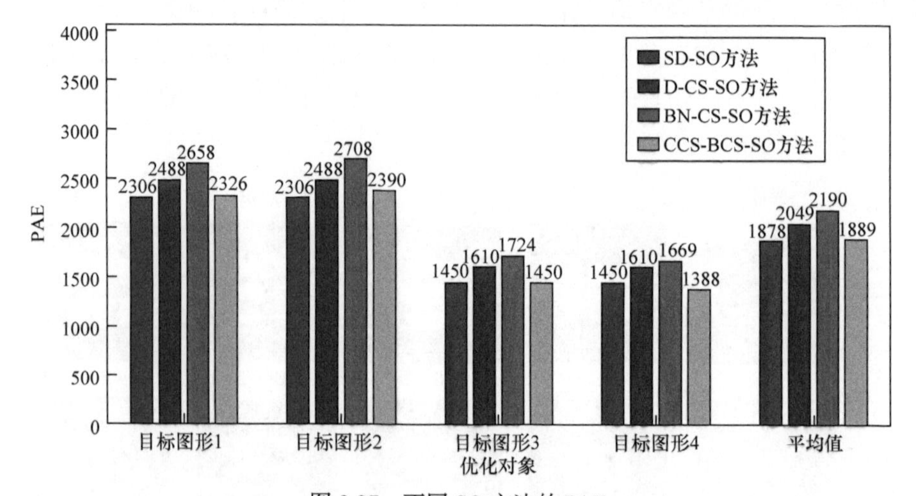

图 3.27 不同 SO 方法的 PAE

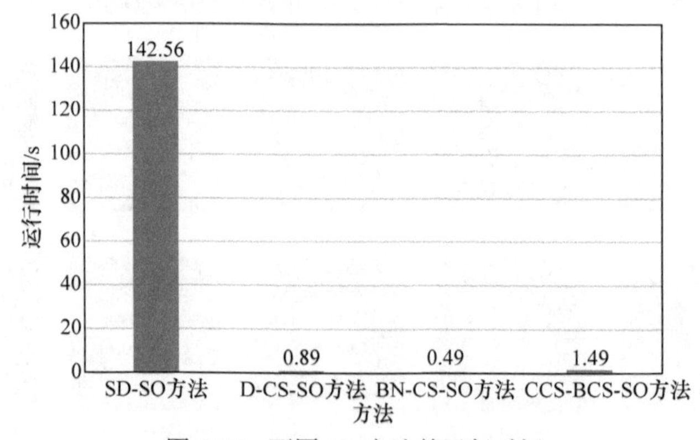

图 3.28 不同 SO 方法的运行时间

方法减少时间和存储成本。因此，最佳 PAE 提高 16%，证明 CCS-BCS-SO 方法的优越性能。

在上述仿真中，幅度修正因子、正则化系数和工艺阈值等参数都是根据经验选择的最优结果来提高收敛性和图形保真度。为了应用 BCS 理论，在 SO 建模过程中省略式(2.63)中的非线性光刻胶模型，保持曝光图形和光源图形之间的线性关系[34-36]，也可以提高优化成像结果的对比度[34]。α 用于修改目标图形的幅度来提高收敛性。β 用于调整目标函数中光源图形稀疏度的权重。β 越大，优化的光源图形就越稀疏。实际上，t_r 的值并不影响优化。如式(2.63)所示，t_r 是代表光刻胶效应的工艺参数，可以直接影响图形保真度。如表 3.3 所示，当 α 过大或过小时，图像保真度都会变差，因为 α 的值应该与成像结果的对比度匹配。β 越大，优化的光源图形就越稀疏。β 值越小，图像保真度就越好。因此，可以通过调整 β 寻求光源图形稀疏性和图形保真度之间的平衡点。

表 3.3　具有不同的 α 和 β 的 CCS-BCS-SO 方法获得的图像保真度

参数	α			β		
	0.15	0.2	0.25	0.01	0.02	0.03
平均 PAE	1899	1888	1911	1875	1888	1950

2) 不同 SO 框架的仿真对比

为了验证 BCS-SO 框架的性能，对比 CS-SO 框架和 BCS-SO 框架的仿真结果。以下所有仿真都是基于 CCS 方法和 PGD 算法，因此仿真中对比方法的唯一区别是目标函数。在采样情况下，CS-SO 方法在运行时间和图像保真度上均优于基于梯度的 SO 方法[34]。因此，本节省略了与 SD-SO 方法的比较。

不同 SO 方法使用 CCS 方法的仿真结果如图 3.29 所示。从上到下为使用 SD-SO 方法、CS-SO 方法和 BCS-SO 方法的仿真结果。从第一列到第五列为优化的光源图形和目标图形 1～4 的曝光图形。为了使结果更直观，图 3.30 所示为 PAE 的直方图，示出了 SD-SO 方法、CS-SO 方法和 BCS-SO 方法的结果。从左到右分别为目标图形 1～4 的 PAE 和平均 PAE。以上三种方法的总运行时间如图 3.31 所示。

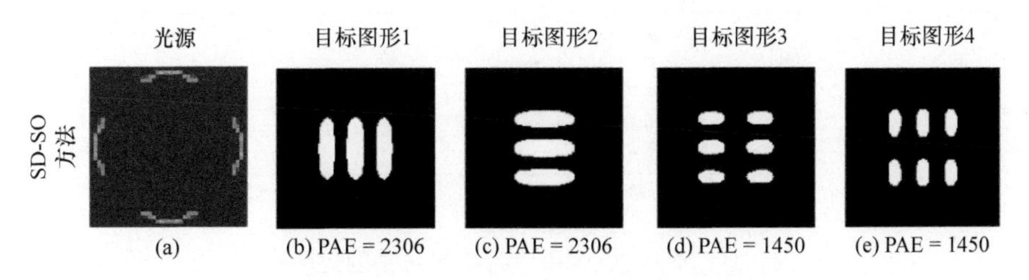

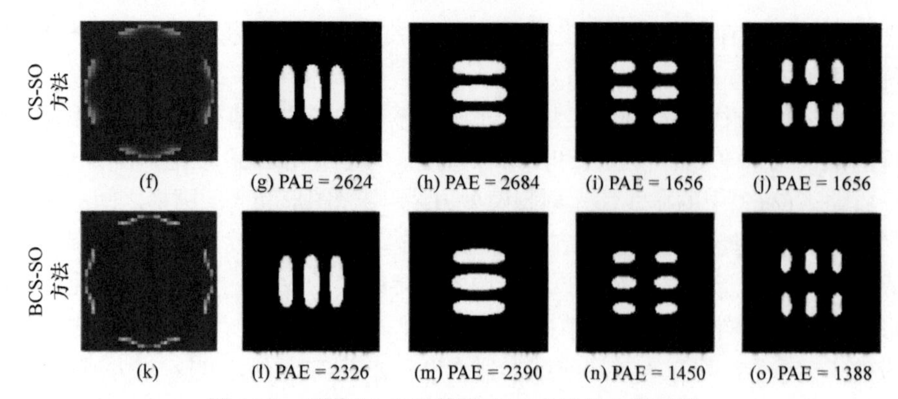

图 3.29　不同 SO 方法使用 CCS 方法的仿真结果

如图 3.29～图 3.31 所示，CS-SO 方法和 BCS-SO 方法都使用 CCS 方法，分别比 SD-SO 方法加速 273 倍和 95 倍。但是，CS-SO 方法比 SD-SO 方法增加 14.75%

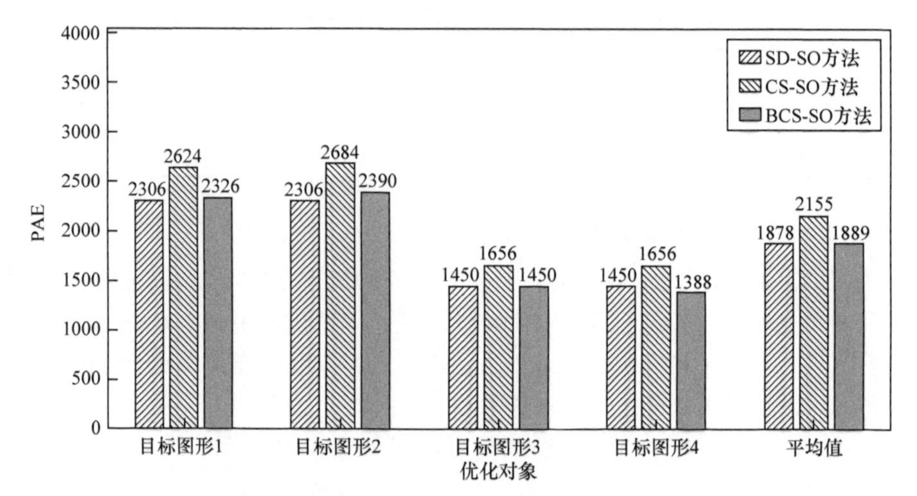

图 3.30　不同 SO 方法使用 CCS 方法的 PAE 结果

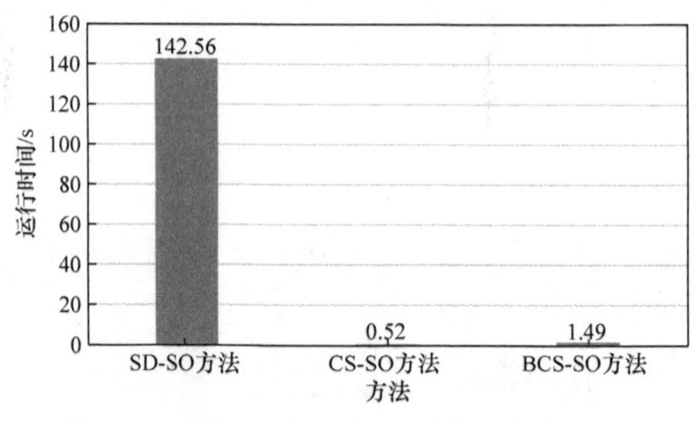

图 3.31　不同 SO 方法使用 CCS 方法的运行时间

的平均 PAE，而 BCS-SO 方法仅比 SD-SO 方法增加 0.53%的平均 PAE，这显然可以忽略不计。换句话说，CS-SO 方法通过牺牲图像保真度来加速 SO 过程，而 BCS-SO 方法加速 SO 过程并保持高图形保真度。这得益于 BCS 理论的加权 l_1 范数重构框架。

3) 不同采样方法的仿真对比

为了验证 CCS 方法的性能，分别对比下采样方法、蓝噪声采样方法和 CCS 方法的仿真结果。以下所有仿真均基于 BCS-SO 框架和 PGD 算法，仿真中对比的三种 SO 方法唯一的区别是采样方法。

为了尽可能公平地比较仿真结果，尝试在三种方法中选择相同数量的采样像素。由于下采样方法和 CCS 方法中的系统采样操作，无法实现完全相同的采样数。此外，如果继续减少采样像素的数量，下采样方法的仿真结果会急剧恶化。这就是表 3.4 所示的三种方法的采样数并不完全相同的原因。

表 3.4　不同采样方法的采样像素点的数量

采样点数目	目标图形 1	目标图形 2	目标图形 3	目标图形 4
下采样	289	289	289	289
蓝噪声采样	160	160	160	160
CCS	160	160	168	168

基于图 3.25 中目标图形的不同采样方法的仿真结果如图 3.32 所示。从上到下分别为使用下采样方法、蓝噪声采样方法和 CCS 方法的仿真结果。需要注意的是，蓝噪声采样方法的“坏”结果和“好”结果分别如图 3.32(f)～图 3.32(j)和图 3.32(k)～图 3.32(o)所示。因为仿真结果蓝噪声采样方法的好坏可能取决于其随机性，“好”或“坏”来自 20 次仿真的最小或最大平均 PAE 的仿真结果。从第一列到第五列为优化的光源图形和目标图形 1～4 的曝光图形。为了使结果更直观，图 3.33 所示为 PAE 的直方图，示出了下采样方法、蓝噪声采样方法和 CCS 方法的结果。从左到右分别为基于目标图形 1～4 的 PAE 和平均 PAE。需要注意的是，图 3.33 和图 3.34 中蓝噪声采样方法的结果是 100 次仿真的平均结果。不同采样方法的 CCS 方法的运行时间如图 3.34 所示。

如图 3.32～图 3.34 所示，蓝噪声采样方法和 CCS 方法由于采样像素较少，时间相同，可以将 SO 过程比下采样方法加快 2.5 倍。此外，CCS 方法可以比下采样方法和蓝噪声采样方法分别减少 2.7%和 8.5%的 PAE。因为 CCS 方法将采样区域集中在目标图形的轮廓区域上，所以这些区域的像素对 SO 结果的贡献显著。

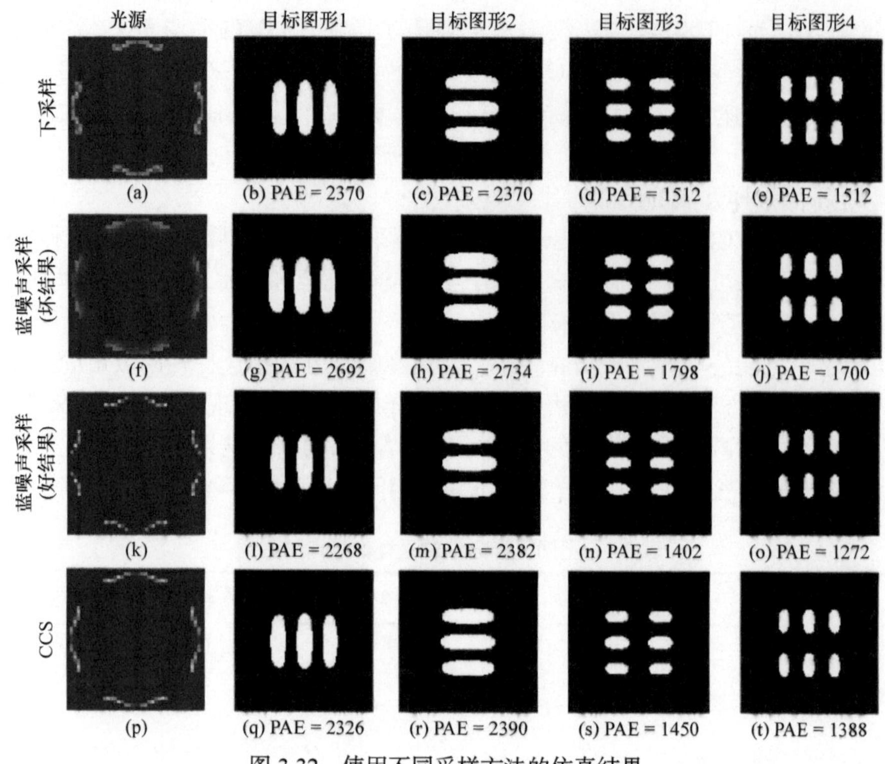

图 3.32　使用不同采样方法的仿真结果

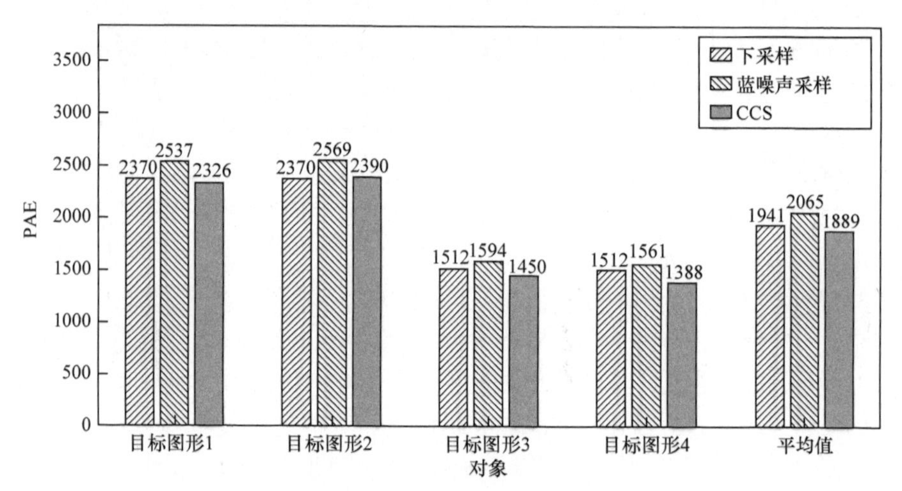

图 3.33　使用不同采样方法的 PAE

3.2.2　非线性贝叶斯压缩感知光源-掩模优化技术

受限于线性 BCS 理论的限制，3.2.1 节只建立了 BCS-SO 方法，而未将 BCS 理论应用至分辨率增强能力更强的 SMO 中。针对上述问题，本节介绍一种非线性 BCS-SMO，在与现有快速 CS-SMO 相近计算效率的基础上，显著提升优化结果的光刻成像保真度。

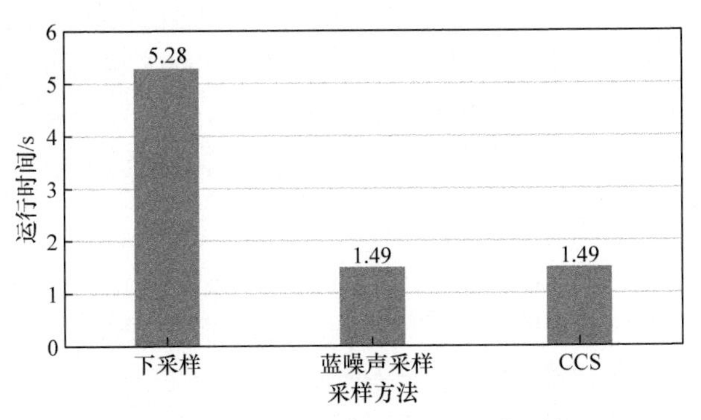

图 3.34　使用不同采样方法的运行时间

1. 非线性贝叶斯压缩感知的一般模型

非线性 BCS 理论关注的一般性问题模型为

$$y = \Phi(x) + \varepsilon \tag{3.51}$$

其中，y 为已知的 $M \times 1$ 的压缩测量向量；x 为 $N \times 1$ 的未知信号；$\Phi(\cdot)$ 为信号和测量向量之间的非线性映射；ε 为分布为 $\mathcal{N}(0,\sigma^2)$ 的高斯噪声。

在这种情况下，非线性 BCS 的目的是在已知测量 y 的情况下，重构一个元素主要为零的未知信号 x，使式(3.51)能够尽可能成立。非线性 BCS 理论将广义高斯分布作为未知信号 x 的先验信息[52]，即

$$p(x;\gamma) = \mathcal{N}(0,\gamma) = \prod_{i=1}^{N} (2\pi\gamma_i)^{-\frac{1}{2}} \exp\left(-\frac{x_i^2}{2\gamma_i}\right) \tag{3.52}$$

其中，$x = [x_1, x_2, \cdots, x_N]^{\mathrm{T}}$；$\gamma = [\gamma_1, \gamma_2, \cdots, \gamma_N]^{\mathrm{T}}$ 为控制每个未知系数的先验方差的向量。

在线性 BCS 理论中，这些超参数可以通过最大化边缘概率密度函数或者第 II 类最大似然估计[53,54]从数据中估计(最小化下式)得到，即

$$L(\gamma) = -\log \int p(y \mid x) p(x;\gamma) \mathrm{d}x \tag{3.53}$$

其中

$$p(y \mid x;\sigma^2) = (2\pi\sigma^2)^{-\frac{N}{2}} \exp\left(-\frac{1}{2\sigma^2} \|y - \Phi(x)\|_2^2\right) \tag{3.54}$$

显而易见，由于非线性成像模型中信号与测量向量直接的映射无法独立成矩阵形式，式(3.53)无法取得解析解，也无法计算式(3.39)所示的 Σ_y。一些研究希望

通过获取式(3.53)中积分数值解的形式对其求解，开发了诸如马尔可夫链-蒙特卡罗(Markov-chain Monte Carlo，MCMC)方法[60,61]和变分贝叶斯分析(variational Bayesian inference，VBI)[62]等方法，但是会极大地增加计算复杂度。

为了将线性 BCS 理论应用至可以优化掩模的 SMO 和 OPC 这种非线性优化情景，对式(3.53)进行简化。下面通过将式(3.54)简化为最大后验(maximum a posteriori，MAP)概率估计形式，并将 γ- 域的优化转移至 x -域进行，则未知参数可以通过最小化下式估计，即

$$L(x) = -\log p(y \mid x) p(x;\gamma) \tag{3.55}$$

我们沿用 3.2.1 节介绍的线性 BCS 理论，引入权重参数 z ，式(3.55)的求解可以通过迭代求解加权 l_1 范数重构问题实现，即

$$x_{\text{opt}} = \arg\min_{x} \left\| y - \Phi(x) \right\|_2^2 + 2\sigma^2 \sum_{i=1}^{N} z_i^{1/2} \left| x_i \right| \tag{3.56}$$

$$\gamma_i = z_i^{-1/2} \left| x_{\text{opt},i} \right| \tag{3.57}$$

$$z = \arg\min_{z} \sum_{i=1}^{N} \left[\log(2\pi \cdot z_i^{-1/2} \left| x_i \right|) + z_i^{1/2} \left| x_i \right| \right] \tag{3.58}$$

其中，$z = [z_1, z_2, \cdots, z_N]^{\mathrm{T}}$ 。

2. 非线性贝叶斯压缩感知光源-掩模优化模型

1) 优化变量参数变换

对于光源图形和掩模图形，考虑将有约束优化问题转化为无约束优化问题，采取参数变换，用 Θ_J 和 Θ_M 分别代替光源图形和掩模图形进行后续优化，并均利用 2D-DCT 基对二者进行稀疏表达，用 Ω_J 和 Ω_M 代表其稀疏系数。

2) 目标函数构建

基于空间像成像模型，以及光源图形和掩模的参数变换，可得

$$I_S = \Phi(\Theta_J, \Theta_M) \tag{3.59}$$

其中，$\Phi(\cdot)$ 为光从光源图形和掩模图形出发的非线性成像过程。

同样，出于提高对比度的考虑，构建优化目标函数时同样暂不考虑光刻胶模型的影响。因此，可以构建目标图形与待优化变量之间的高斯模型，即

$$p(Z_S \mid \Theta_J, \Theta_M; \sigma^2) = (2\pi\sigma^2)^{-\frac{M}{2}} \times \exp\left(-\frac{1}{2\sigma^2} \left\| Z_S - \Phi(\Theta_J, \Theta_M) \right\|_2^2 \right) \tag{3.60}$$

其中，Z_S 为选中的监测像素处的目标图形；M 为像素数；Θ_J 和 Θ_M 为未知的光源图形和掩模图形，可以采用广义高斯分布对二者进行表述，即

$$
\begin{aligned}
p(\Theta_J;\gamma_J) &= \mathcal{N}(0,\gamma_J) \\
&= \prod_{i=1}^{N_S}\prod_{j=1}^{N_S}(2\pi\gamma_J(i,j))^{-\frac{1}{2}}\exp\left(-\frac{\Theta_J(i,j)^2}{2\gamma_J(i,j)}\right)
\end{aligned} \tag{3.61}
$$

$$
\begin{aligned}
p(\Theta_M;\gamma_M) &= \mathcal{N}(0,\gamma_M) \\
&= \prod_{i=1}^{N}\prod_{j=1}^{N}(2\pi\gamma_M(i,j))^{-\frac{1}{2}}\exp\left(-\frac{\Theta_M(i,j)^2}{2\gamma_M(i,j)}\right)
\end{aligned} \tag{3.62}
$$

其中，$\gamma \in \{\gamma_J,\gamma_M\}$为控制每个元素先验方差的矩阵；$N_S$和$N$为光源图形和掩模图形的矩阵尺寸。

之后，便可以如式(3.63)所示，通过 MAP 构建非线性 BCS-SMO 的目标函数，即

$$
f(\Theta_J,\Theta_M) = -\log(p(Z_S \mid \Theta_J,\Theta_M;\sigma^2)p(\Theta_J;\gamma)p(\Theta_M;\gamma)) \tag{3.63}
$$

目标函数可以通过迭代求解如下加权 l_1 范数重构问题实现最小化，即

$$
\begin{aligned}
\hat{\Theta}_J,\hat{\Theta}_M &\in \arg\min_{\Theta_J,\Theta_M} f(\Theta_J,\Theta_M) \\
&= \|\alpha Z_S - I_S\|_2^2 + 2\sigma^2\sum_{i=1}^{N_S}\sum_{j=1}^{N_S}\frac{|\Theta_J(i,j)|}{\gamma_J(i,j)}|\Theta_J(i,j)| \\
&\quad + 2\sigma^2\sum_{k=1}^{N}\sum_{l=1}^{N}\frac{|\Theta_M(i,j)|}{\gamma_M(i,j)}|\Theta_M(k,l)| \\
&= \|\alpha Z_S - I_S\|_2^2 + \beta\sum_{i=1}^{N_S}\sum_{j=1}^{N_S}w_J(i,j)|\Theta_J(i,j)| \\
&\quad + \beta\sum_{k=1}^{N}\sum_{l=1}^{N}w_M(k,l)|\Theta_M(k,l)|
\end{aligned} \tag{3.64}
$$

$$
\hat{w}_J = \arg\min_{w_J}\sum_{i=1}^{N_S}\sum_{j=1}^{N_S}\left[\log\left(2\pi\frac{|\Theta_J(i,j)|}{w_J(i,j)}\right) + w_J(i,j)\cdot\Theta_J(i,j)\right] \tag{3.65}
$$

$$
\hat{w}_M = \arg\min_{w_M}\sum_{k=1}^{N}\sum_{l=1}^{N}\left[\log\left(2\pi\frac{|\Theta_M(k,l)|}{w_M(k,l)}\right) + w_M(k,l)\cdot\Theta_M(k,l)\right] \tag{3.66}
$$

其中，w_J和w_M为光源图形和掩模图形加权 l_1 范数重构的权重矩阵，可以在优化过程中自适应地调整；α为常数，用以调制目标函数的幅度以提高收敛性；β为正则化系数。

非线性 BCS-SMO 的具体目标函数构建完毕，如式(3.64)所示。

3) Adam 优化器调制的 IHTs 优化技术

在非线性 BCS-SMO 技术中，对采用 Adam 优化器[63]调制的 IHTs 算法进行优

化，迭代公式为

$$m_n = \beta_1 \times m_{n-1} + (1-\beta_1) \times \nabla_{\Theta_{g,n}} f(\Theta_J, \Theta_M) \tag{3.67}$$

$$v_n = \beta_2 \times v_{n-1} + (1-\beta_2) \times (\nabla_{\Theta_{g,n}} f(\Theta_J, \Theta_M))^2 \tag{3.68}$$

$$m_{b,n} = \frac{m_n}{1-\beta_1^n} \tag{3.69}$$

$$v_{b,n} = \frac{v_n}{1-\beta_2^n} \tag{3.70}$$

$$\Theta_{g,n+1} = P_{\mathcal{A}}^{S_\bullet}\left(\Theta_{g,n} - \text{step} \times \frac{m_{b,n}}{\sqrt{v_{b,n}}}\right) \tag{3.71}$$

其中，$\Theta_{g,n} \in \{\Theta_{J,n}, \Theta_{M,n}\}$ 为第 n 轮迭代中的光源图形或掩模图形；$\nabla_{\Theta_{g,n}} f(\Theta_J, \Theta_M)$ 为目标函数对 $\Theta_{g,n}$ 的梯度；β_1 和 β_2 为常数，用以改善收敛性和收敛速度；$\mathcal{A}$ 为光源图形和掩模在 2D-DCT 域里的约束集合；$P_{\mathcal{A}}^{S_\bullet}$ 为映射算子，只保留参量在 2D-DCT 域中最大的 $S_g \in \{S_J, S_M\}$ 个元素，其他元素全部置为 0；step 为优化步长。

3. 数值计算与分析

下面给出几个数值计算实例，验证本节方法在 14nm 技术节点上的出色性能。所有仿真计算均在 Intel(R)Core(TM)i7-6700HQ CPU 2.6GHz 和 16GB 内存的计算机上进行。仿真基于 193nm ArF 浸没式光刻系统，使用 TE 偏振的 AI 光源作为初始光源图形，内外部分相干因子分别为 $\sigma_{\text{in}} = 0.82$ 、$\sigma_{\text{out}} = 0.97$ 。像素化光源图形由 $N_S \times N_S$ 的矩阵表示、$N_S = 21$ 。像方 NA = 1.35，浸没介质的折射率为 1.44。投影物镜的缩小倍率为 4。在后续仿真示例中，均使用图 3.35 所示的目标图形。图 3.35(a)是 CD 为 28nm 的竖直线条图形，占空比均为 1∶4。图 3.35(b)是 14nm 技术节点的水平条块图形。所有像素化掩模都由 $N \times N$ 的矩阵表示，其中 $N = 201$ 。这些掩模上的像素大小为 12.4nm× 12.4nm。

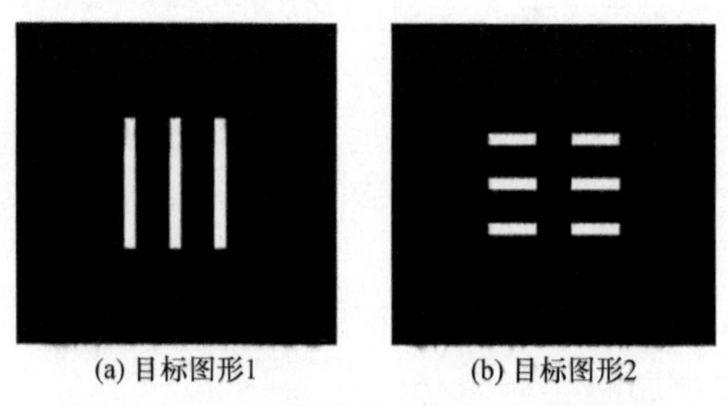

(a) 目标图形1　　(b) 目标图形2

图 3.35　14nm 技术节点的两个目标图形

为了验证非线性 BCS-SMO 技术在快速、高成像保真度 SMO 技术上的优越性能，本节对比了 3.1.2 节建立的基于 l_0 范数重构框架的 CS-SMO 技术，以及基于加权 l_1 范数重构框架的非线性 BCS-SMO 技术优化的光源、掩模图形的仿真成像结果。在这两种 SMO 技术中，均采用式(3.67)～式(3.71)所示的 Adam 优化器调制的 IHTs 算法实现优化，其中 β_1 和 β_2 均设置为 0.7，m_0 和 v_0 均初始化为全 0 矩阵。式(3.64)中的正则化系数 β 设置为 40。在针对目标图形 1 的仿真中，设置式(3.64)中的 $\alpha = 0.4$，式(3.71)中的 $S_J = 200$、$S_M = 400$。在针对目标图形 2 的仿真中，设置式(3.64)中的 $\alpha = 0.5$，式(3.71)中的 $S_J = 200$、$S_M = 500$。这些参数设置在两种对比的 SMO 技术中均相同。

下面分别展示和讨论这两种测试掩模图形的仿真结果。

基于图 3.35(a)中目标图形 1 的不同 SMO 技术对 14nm 节点竖直线条图形的仿真结果及 PAE 对比如图 3.36 所示。第一行到第三行给出了使用未优化的光源图形和掩模图形、使用 CS-SMO 技术优化的光源图形和掩模图形，以及使用非线性 BCS-SMO 技术优化的光源图形和掩模图形的仿真成像结果。第一列到第三列分别为光源图形、掩模图形，以及曝光图像。

可以看出，非线性 BCS-SMO 技术优化的光源图形和掩模图形可以分别比未

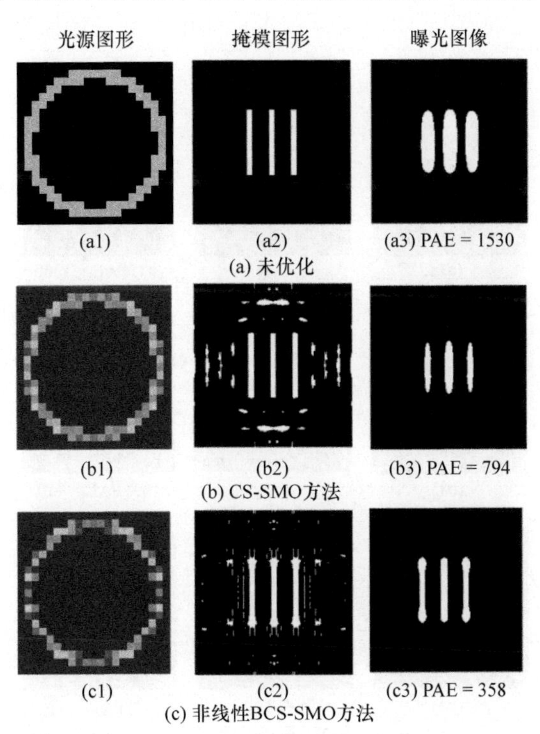

图 3.36　不同 SMO 技术对 14nm 节点竖直线条图形的仿真结果及 PAE 对比

优化的光源图形和掩模图形，以及基于 l_0 范数重构框架的 CS-SMO 技术优化的光源图形和掩模图形的成像结果减少 76.6%和 54.9%的 PAE。这得益于加权 l_1 范数稀疏重构框架，被证明与 l_0 范数稀疏重构算法具有相同的全局最优解，并显著减少局部最优解的数目。这使非线性 BCS-SMO 技术优化的光源图形和掩模图形在 2D-DCT 域上更加稀疏。稀疏重构算法就有更高的概率可以重构出 PAE 更小的光源图形和掩模图形。仿真结果证明，本节建立的基于加权 l_1 范数稀疏重构框架的非线性 BCS-SMO 技术可以显著提升现有的基于 l_0 范数重构框架的 CS-SMO 技术优化结果的成像保真度。

基于图 3.35(b)中目标图形 2 的不同 SMO 技术对 14nm 节点水平条块图形的仿真结果及 PAE 对比如图 3.37 所示。第一行到第三行给出了使用未优化的光源图形和掩模图形、使用 CS-SMO 技术优化的光源图形和掩模图形，以及使用本节建立的非线性 BCS-SMO 技术优化的光源图形和掩模图形的仿真成像结果。第一列到第三列分别为光源图形、掩模图形，以及曝光图像。本节建立的非线性 BCS-SMO 技术可以分别比未优化的光源图形和掩模图形，以及 CS-SMO 技术优化的光源图形和掩模图形的成像结果减少 70.2%和 47.1%的 PAE。仿真结果证明，本节建立的基于加权 l_1 范数稀疏重构框架的非线性 BCS-SMO 技术可以显著提升现有基于 l_0 范数重构框架的 CS-SMO 技术优化结果的成像保真度。

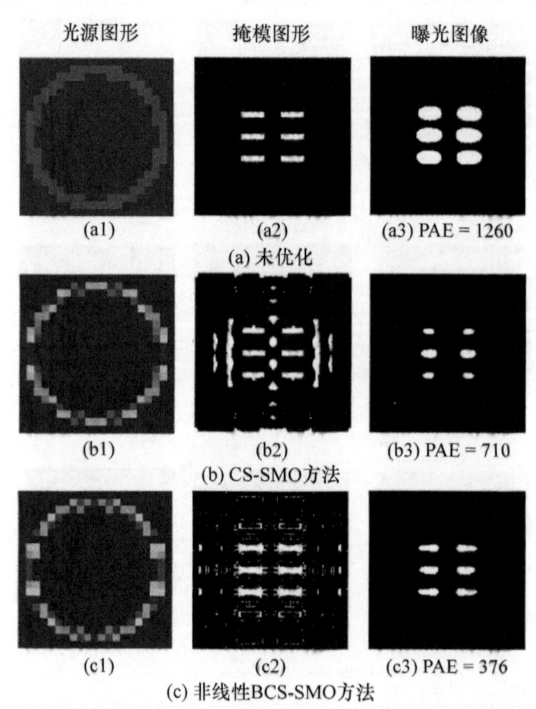

图 3.37　不同 SMO 技术对 14nm 节点水平条块图形的仿真结果及 PAE 对比

根据本节建立的数学模型和优化技术，可以预见非线性 BCS-SMO 技术在迭代中将会有比 CS-SMO 技术更高的计算复杂度，因为非线性 BCS-SMO 技术相比 CS-SMO 技术需要在每轮迭代中进行自适应更新权重矩阵的操作。如表 3.5 所示，在目标图形 1 和目标图形 2 的测试案例中，本章建立的非线性 BCS-SMO 技术每次迭代仅比 CS-SMO 增加 1.43%和 2.80%的运行时间。考虑优化结果在提升成像保真度方面的显著优势，这种程度计算量的轻微增加是完全可以接受的。

表 3.5 两种 SMO 技术每次迭代的运行时间对比 (单位：s)

技术	目标图形 1	目标图形 2
CS-SMO	1.257	1.249
非线性 BCS-SMO	1.275	1.284

3.3 全芯片压缩感知计算光刻技术

基于 CS、BCS 与计算光刻结合的研究与讨论，本节利用 CS 计算光刻的高效优势，将 SO 从 clip 级别应用推广至全芯片应用，构建多目标光源优化(multi-objective source optimization，MOSO)。如图 3.38 所示，所谓全芯片应用指从全芯片中选取一部分对光刻成像性能影响较为关键的 clip，在优化光源图形的同时保证每个 clip 的成像保真度。

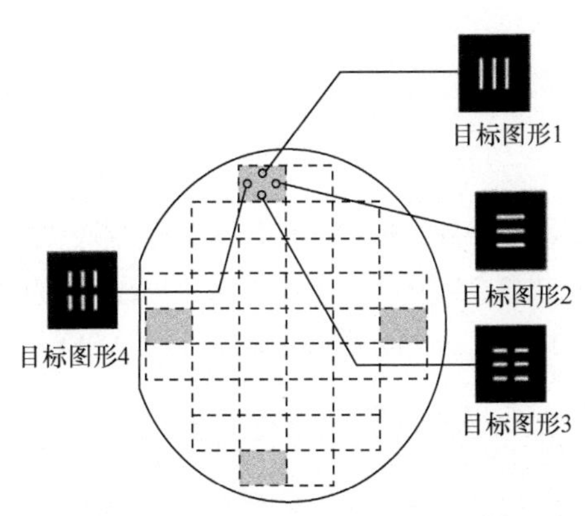

图 3.38 全芯片中选取 4 个 clip 示意图

1. 全芯片压缩感知光源优化的数学模型

根据式(3.5)和式(3.7)，可以建立全芯片压缩感知光源优化的目标函数为

$$F=\sum_{i=1}^{N}\omega_i\left\|Z_i-I_{cc}^{i}Q\right\|_2^2+\mu\left\|Q\right\|_1 \tag{3.72}$$

其中，ω_i为第i个目标图形的权重因子，每个目标图形是从全芯片中选择的clip；Z_i和I_{cc}^{i}为对应于第i个clip的目标图形和ICC矩阵；μ为正则化系数；$\left\|Z_i-I_{cc}^{i}Q\right\|_2^2$为第$i$个模式的PAE；$\left\|Q\right\|_1$为约束光源$Q$的稀疏度。

为了降低计算复杂度和内存需求，使用CCS方法[39]选择采样区域，这样可以避免优化结果的随机性。式(3.72)可以改写为

$$F=\sum_{i=1}^{N}\omega_i\left\|Z_i^{s}-I_{cc}^{is}Q\right\|_2^2+\mu\left\|Q\right\|_1 \tag{3.73}$$

其中，Z_i^s和I_{cc}^{is}为采样的目标图形和ICC矩阵。

至此，已经获得可以同时优化全芯片不同代表性clip的初级模型。新的目标函数包括每个clip的PAE信息，确保全芯片的光刻成像质量。因此，该模型可以表示为

$$Q=\arg\min_{Q}F \tag{3.74}$$

2. 全芯片压缩感知光源优化的优化技术

显然，如何确定式(3.72)中的权重系数至关重要。很自然地，所有加权因子都相等是一种可接受且简单的权重分配策略。为了进一步平衡整个芯片的光刻成像质量，本节介绍另一种策略在每次迭代中自适应更新权重因子，以便在工业应用中更好地用于全芯片，称为Adaptive-MOSO。加权因子的迭代公式可以表示为

$$\omega_i=\frac{\mathrm{PAE}_i}{\sum_{i}\mathrm{PAE}_i}=\frac{\left\|Z_i^{s}-I_{cc}^{is}Q\right\|_2^2}{\sum_{i=1}^{N}\left\|Z_i^{s}-I_{cc}^{is}Q\right\|_2^2} \tag{3.75}$$

Adaptive-MOSO需要在每次迭代中计算每个光刻胶图形的PAE，然后将下一次迭代的权重因子按照式(3.75)更新，即每个光刻胶图形的PAE除以所有目标图形PAE的总和。Adaptive-MOSO问题可以转化为LASSO形式[57]，即

$$Q_*=\arg\min_{Q}\sum_{i=1}^{N}\omega_i\left\|Z_i^{s}-I_{cc}^{is}Q\right\|_2^2+\mu\left\|Q\right\|_1 \tag{3.76}$$

式(3.76)可以利用式(3.49)和式(3.50)所示的PGD算法迭代求解。

3. 数值计算与分析

本节使用Adaptive-MOSO方法优化基于193nm ArF浸没式光刻系统的光源图形。4个不同的clip级目标图形如图3.39所示。其中图3.39(a)和图3.39(b)是

line-space 图形，图 3.39(c)和图 3.39(d)是条块图形。所有这些图形都由占空比为 1∶4 的 $N \times N$ 矩阵表示，$N = 201$。这些图形的像素尺寸为 12.4nm×12.4nm。14nm 技术节点图形的 $\mathrm{CD} = 28\mathrm{nm}$。初始光源图形是一个 AI 光源，内部和外部部分相干因子为 $\sigma_{\text{in}} = 0.82$ 和 $\sigma_{\text{out}} = 0.97$，具有 TE 偏振光。光源图形用 $N_S \times N_S$ 的矩阵表示，$N_S = 41$。照射波长为 193nm，像方 NA = 1.35，光刻系统的缩小倍率为 4，浸没介质的折射率为 1.44。空间基用于稀疏地表示光源图形。

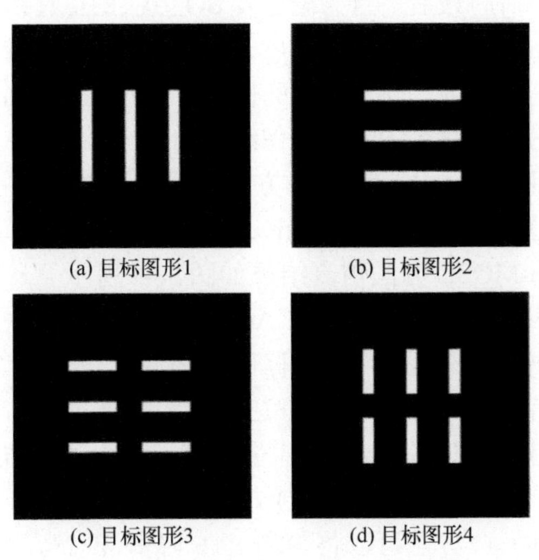

图 3.39　4 个不同的 clip 级目标图形

选择式(2.72)所示的 PAE 评估成像保真度。clip 级方法和 Adaptive-MOSO 方法仿真结果如图 3.40 所示。第一行从左到右，图 3.40(a)展示光源图形，图 3.40(b)～图 3.40(e)展示 4 张初始系统的曝光图形。对于 clip 级方法，首先使用 CS-SO 方法优化目标图形 1，并获得图 3.40(g)所示的曝光图形和图 3.40(f)所示的优化之后的光源图形。然后，使用光源图形依次对其他的目标图形进行成像，并获得曝光图

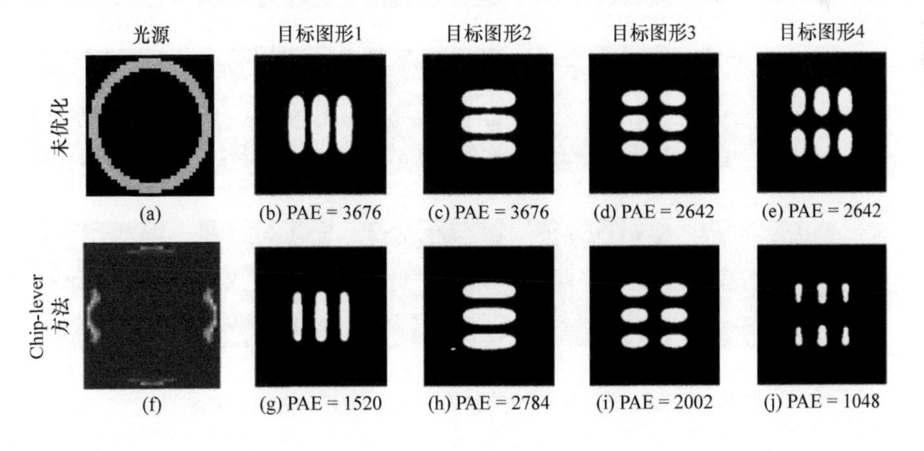

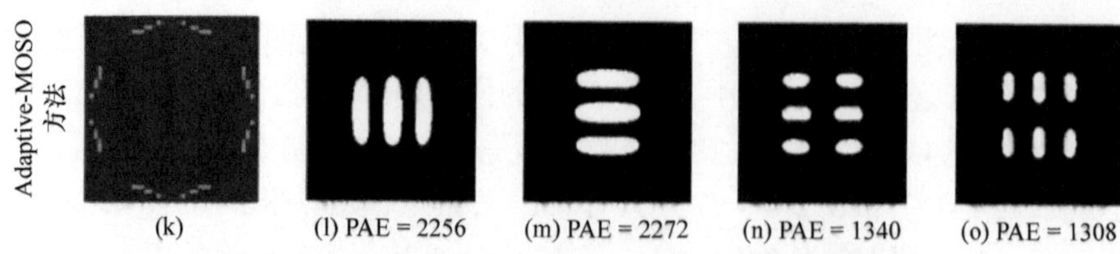

图 3.40　clip 级方法和 Adaptive-MOSO 方法仿真结果

像图 3.40(h)～图 3.40(j)。最后一行为全芯片 SO 方法的仿真结果。可以看出，clip 级方法对于一个 clip 可以有很好的保真度，而对其他 clip 则不能保证其成像结果的图形保真度，不能满足大尺寸全芯片的应用。相比之下，Adaptive-MOSO 方法可以更好地平衡全芯片中每个 clip 的成像结果。

为了进一步证明 Adaptive-MOSO 方法的优越性，对比 Mean-MOSO 方法(各 clip 的权重设置为相等)和 Adaptive-MOSO 方法的仿真结果。Adaptive-MOSO 方法和 Mean-MOSO 方法仿真结果如图 3.41 所示。从第一行到最后一行给出了初始系统、Mean-MOSO 方法和 Adaptive-MOSO 方法的仿真结果。第一列是光源图形，其他 4 列是 4 个目标图形的曝光图形。与初始系统相比，Adaptive- MOSO 方法和 Mean-MOSO 方法都大大提高了全芯片的成像性能，而 Adaptive- MOSO 方法可以进一步提高成像保真度。为了使结果更直观，图 3.42 所示为 PAE 的直方图。Adaptive-MOSO 方法和 Mean-MOSO 方法都可以提高成像保真度。Mean-MOSO 方法可以将平均 PAE 降低 39.2%，Adaptive-MOSO 方法可以降低 43.2%，进一步提高成像保真度近 4%。这对实际芯片制造行业应用具有重要意义。

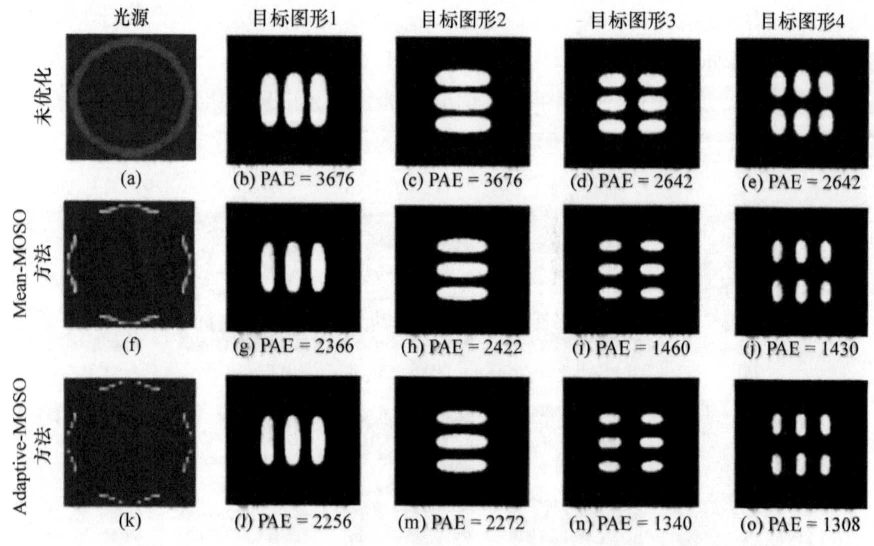

图 3.41　Adaptive-MOSO 方法和 Mean-MOSO 方法仿真结果

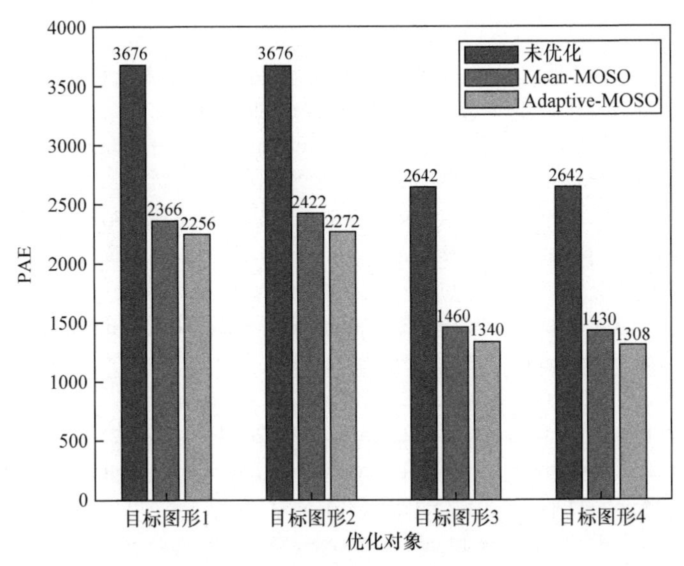

图 3.42　不同权重分配方法优化结果的 PAE

参 考 文 献

[1] Progler C, Conley W, Socha B, et al. Layout and source dependent transmission tuning// Optical Microlithography XVIII, San Jose, 2005, 5754: 315-326.

[2] Socha R, Shi X, LeHoty D. Simultaneous source mask optimization(SMO)// Photomask and Next-Generation Lithography Mask Technology XII, San Jose, 2005, 5853: 180-193.

[3] Hsu S, Chen L Q, Li Z, et al. An innovative Source-Mask co-optimization (SMO) method for extending low k1 imaging// Lithography Asia 2008, Taipei, 2008, 7140: 220-229.

[4] Sherif S, Saleh B, Leone R. Binary image synthesis using mixed interger programming. IEEE Transacitions on Image Processing, 1995, 4(9): 1252-1257.

[5] Liu Y, Zakhor A. Binary and phase shifting mask design for optical lithography. IEEE Transactions on Semiconductor Manufacturing, 1992, 5(2): 138-152.

[6] Granik Y. Solving inverse problems of optical microlithography//Optical Microlithography XVIII, San Jose, 2005, 5754: 506-526.

[7] Erdmann A, Farkas R, Fuhner T, et al. Towards automatic mask and source optimization for optical lithography// Optical Microlithography XVII, Santa Clara, 2004, 5377: 646-657.

[8] Zhang Z N, Li S K, Wang X Z, et al. Source mask optimization for extreme-ultraviolet lithography based on thick mask model and social learning particle swarm optimization algorithm. Optics Express, 2021, 29(4): 5448-5465.

[9] Granik Y. Fast pixel-based mask optimization for inverse lithography. Journal of Micro/Nanolithography, MEMS, and MOEMS, 2006, 5(4): 43002.

[10] Ma X, Arce G R. Pixel-based OPC optimization based on conjugate gradients. Optics Express, 2011, 19(3): 2165-2180.

[11] Shen Y J. Level-set-based inverse lithography for photomask synthesis. Optics Express, 2009,

17(26): 23690-23701.
[12] Han C Y, Li Y Q, Ma X, et al. Robust hybrid source and mask optimization to lithography source blur and flare. Applied Optics, 2015, 54(14): 5291-5302.
[13] Li T, Li Y Q. Lithographic source and mask optimization with low aberration sensitivity. IEEE Transactions on Nanotechnology, 2017, 16(6): 1099-1105.
[14] Li T, Sun Y Y, Li E Z, et al. Multi-objective lithographic source mask optimization to reduce the uneven impact of polarization aberration at full exposure field. Optics Express, 2019, 27(11): 15604-15616.
[15] Li T, Liu Y, Sun Y Y, et al. Multiple field point pupil wavefront optimization in computational lithography. Applied Optics, 2019, 58(30): 8331-8338.
[16] Li T, Liu Y, Sun Y Y, et al. Vectorial pupil optimization to compensate polarization distortion in immersion lithography system. Optics Express, 2020, 28 (4): 4412-4425.
[17] Han C Y, Li Y Q, Dong L S, et al. Inverse pupil wavefront optimization for immersion lithography. Applied Optics, 2014, 53(29): 6861-6871.
[18] Jia N N, Lam E Y. Machine learning for inverse lithography: using stochastic gradient descent for robust photomask synthesis. Journal of Optics, 2010, 12(4): 45601-45609.
[19] Shen Y J. Level-set based mask synthesis with a vector imaging model. Optics Express, 2017, 25(18): 21775-21785.
[20] Shen Y J. Lithographic source and mask optimization with a narrow-band level-set method. Optics Express, 2018, 26(8): 10065-10078.
[21] Shen Y J, Peng F, Huang X Y. Adaptive gradient-based source and mask co-optimization with process awareness. Chinese Optics Letters, 2019, 17(12): 121102.
[22] Shen Y J, Peng F, Zhang Z R. Efficient optical proximity correction based on semi-implicit additive operator splitting. Optics Express, 2019, 27(2): 1520-1528.
[23] Shen Y J, Peng F, Zhang Z R. Semi-implicit level set formulation for lithographic source and mask optimization. Optics Express, 2019, 27(21): 29659-29668.
[24] Peng A T, Hsu S D, Howell C, et al. Lithography-defect-driven source-mask optimization solution for full-chip optical proximity correction. Applied Optics, 2021, 60(3): 616-620.
[25] Ma X, Han C Y, Li Y Q, et al. Pixelated source and mask optimization for immersion lithography. Journal of the Optical Society of America A: Optics and Image Science, and Vision, 2013, 30(1): 112-123.
[26] Ma X, Han C Y, Li Y Q, et al. Hybrid source mask optimization for robust immersion lithography. Applied Optics, 2013, 52(18): 4200-4211.
[27] Lan S, Liu J, Wang Y M, et al. Deep learning assisted fast mask optimization// Optical Microlithography XXXI, San Jose, 2018: 105870H.
[28] Wang S B, Baron S, Kachwala N, et al. Efficient full-chip SRAF placement using machine learning for best accuracy and improved consistency// Optical Microlithography XXXI, San Jose, 2018: 105870N.
[29] Ma X, Zhao Q L, Zhang H, et al. Model-driven convolution neural network for inverse lithography. Optics Express, 2018, 26(25): 32565-32584.

[30] Yang H, Li S K, Deng Z, et al. GAN-OPC: mask optimization with lithography-guided generative adversarial nets. IEEE Transactions on Computer-Aided Design of Integrated Circuits and Systems, 2020, 39(10): 2822-2834.

[31] Ma X, Zheng X, Arce G R. Fast inverse lithography based on dual-channel model-driven deep learning. Optics Express, 2020, 28(14): 20404-20421.

[32] Zheng X Q, Ma X, Zhao Q L, et al. Model-informed deep learning for computational lithography with partially coherent illumination. Optics Express, 2020, 28(26): 39475-39491.

[33] Shi X. Optimal feature vector design for computational lithography// Optical Microlithography XXXII, San Jose, 2019: 109610O.

[34] Song Z Y, Ma X, Gao J, et al. Inverse lithography source optimization via compressive sensing. Optics Express, 2014, 22(12): 14180-14198.

[35] Ma X, Shi D X, Wang Z Q, et al. Lithographic source optimization based on adaptive projection compressive sensing. Optics Express, 2017, 25(6): 7131-7149.

[36] Ma X, Wang Z Q, Lin H, et al. Optimization of lithography source illumination arrays using diffraction subspaces. Optics Express, 2018, 26(4): 3738-3755.

[37] Ma X, Wang Z Q, Li Y Q, et al. Fast optical proximity correction method based on nonlinear compressive sensing. Optics Express, 2018, 26(11): 14479-14498.

[38] Sun Y Y, Sheng N, Li T, et al. Fast nonlinear compressive sensing lithographic source and mask optimization method using Newton-IHTs algorithm. Optics Express, 2019, 27(3): 2754-2770.

[39] Sun Y Y, Li Y Q, Li T, et al. Fast lithographic source optimization method of certain contour sampling-Bayesian compressive sensing for high fidelity patterning. Optics Express, 2019, 27(22): 32733-32745.

[40] Liao G H, Sun Y Y, Wei P, et al. Multi-objective adaptive source optimization for full chip. Applied Optics, 2021, 60(13): 2530-2536.

[41] Cand´es E, Romberg J, Tao T. Robust uncertainty principles: exact signal reconstruction from highly incomplete frequency information. IEEE Transactions on Information Theory, 2006, 52(2): 489-509.

[42] Donoho D. Compressive sensing. IEEE Transactions on Information Theory, 2006, 52(4): 1289-1306.

[43] Donoho D, Huo X. Uncertainty principles and ideal atomic decomposition. IEEE Transactions on Information Theory, 2001, 47(7): 2845-2862.

[44] Yu J C, Yu P, Chao H Y. Fast source optimization involving quadratic line-contour objectives for the resist image. Optics Express, 2012, 20(7): 8161-8174.

[45] Eldar Y C, Kutyniok G. Compressed Sensing: Theory and Applications. Cambridge: Cambridge University Press, 2012.

[46] Osher S, Burger M, Goldfarb D, et al. An iterative regularization method for total variation-based image restoration. Multiscale Modeling & Simulation, 2005, 4(2): 460-489.

[47] Cai J F, Osher S, Shen Z. Linearized bregman iterations for compressed sensing. Mathematics of Computation, 2009, 78(267): 1515-1536.

[48] Blumensath T. Compressed sensing with nonlinear observations and related nonlinear

optimization problems. IEEE Transactions on Information Theory, 2013, 59(6): 3466-3474.
[49] Blumensath T, Davies M E. Iterative hard thresholding for compressed sensing. Applied and Computational Harmonic Analysis, 2009, 27(3): 265-274.
[50] Tjalling J, Ypma. Historical development of the Newton-Raphson method. Society for Industry and Applied Mathematics Review, 1995, 37(4): 531-551.
[51] Nocedal J. Updating Quasi-Newton matrices with limited storage. Mathematics and Computation, 1980, 35(151): 773-782.
[52] Wipf D P, Rao B D. Sparse Bayesian learning for basis selection. IEEE Transactions on Signal Processing, 2004, 52(8): 2153-2464.
[53] MacKay D J C. Bayesian interpolation. Neural Computation, 1992, 4(3): 415-447.
[54] Tipping M E. Spare Bayesian learning and the relevance vector machine. Journal of Machine Learning Research, 2001, 1: 211-244.
[55] Wipf D, Nagarajan S. A new view of automatic relevance determination. Advancies in Neural Information Processing Systems, 2008, 20: 612-634.
[56] Ma X, Li Y Q, Guo X, et al. Vectorial mask optimization methods for robust optical lithography. Journal of Micro/Nanolithography, MEMS, and MOEMS, 2012, 11(4): 43008.
[57] Tibshirani R. Regression shrinkage and selection via the lasso. Journal of the Royal Statistical Society Series B: Statistical Methodology, 1996, 58(1): 267-288.
[58] Combettes P, Wajs V. Signal recovering by proximal forward-backing splitting. Multiscale Modeling and Simulation, 2005, 4(4): 1168-1200.
[59] Granik Y. Source optimization for image fidelity and throughput. Journal of Microlithography Microfabrication and Microsystems, 2004, 3(4): 509-522.
[60] Hastings W K. Monte Carlo sampling methods using Markov chains and their applications. Biometrika, 1970, 57: 97-109.
[61] Green P J. Reversible jump Markov chain Monte Carlo computation and Bayesian model determination. Biometrika, 1995, 82: 711-732.
[62] Blei D M, Kucukelbir A, McAuliffe J D. Variational inference: a review for statisticians. Journal of the American Statistical Association, 2017, 112(518): 589-577.
[63] Kingma D P, Ba J L. Adam: a method for stochastic optimization// The 3rd International Conference on Learning Representations, San Diego, 2015: 1176-1195.

第 4 章　高稳定-高保真计算光刻技术

第 2、3 章阐述了严格矢量计算光刻理论、零误差光刻系统计算光刻，以及梯度类、CS 先进算法。实际光刻系统是非零误差系统，若采纳零误差计算光刻优化的光源-掩模作为优化结果，则难以获得更优的光刻成像性能，因此有必要建立包含系统误差的计算光刻技术。本章建立高稳定-高保真计算光刻技术。该技术在目标函数中增加多项误差敏感度因子，建立新的多目标函数，优化的光源-掩模-光瞳既能提高光刻图形保真度，又能降低光刻成像对误差的敏感度。本章从高稳定-高保真 SMO 技术、高稳定-高保真光瞳优化(pupil wavefront optimization，PWO)技术两个方面，阐述高稳定-高保真计算光刻技术及其光刻成像效果。

4.1　误差对计算光刻的影响

2.1 节建立严格矢量成像模型，2.2 节建立零误差、理想光刻系统的矢量 OPC 和 SMO 算法、技术。然而，实际光刻系统存在像差(波像差或偏振像差)、杂散光、光源非均匀性等误差。忽视光刻系统多种误差的计算光刻模型优化的掩模和光源，将偏离实际光刻系统所需、无法实现最优光刻性能。因此，需要建立包含光刻系统多种误差的计算光刻模型。本节分析波像差、偏振像差、杂散光，以及光源非均匀性对计算光刻的影响。

4.1.1　波像差与偏振像差的定义与表征

1. 波像差的定义与表征

在成像光学系统出瞳面处，理想波面与实际波面的偏差称为波像差[1]。由于光学系统的光瞳一般都是圆形，因此根据 Nijboer-Zernike 理论[2,3]，波像差 W 可以用 Zernike 多项式展开，即

$$W = \sum_i c_i \Gamma_i \tag{4.1}$$

其中，c_i 和 Γ_i 为第 i 项 Zernike 系数和 Zernike 多项式。

因此，可以用一组 Zernike 系数 c_i 表示波像差 W，通常用 37 项 Zernike 多项式即可精确地拟合波面变化。如无特殊说明，本节仿真均用 37 项 Zernike 多项式和 Zernike 系数描述波面形状；Zernike 系数 c_i 的单位均为波长λ(下面一般略去不写)。

在实际应用中，波像差均方根(root mean square，RMS)值和峰谷(peak-valley，PV)值是描述波像差的重要参数。若使用 W 表示波像差，则波像差的 RMS 值可以定义为

$$\mathrm{RMS}=\sqrt{\frac{\sum_{m}\sum_{n}W_{mn}^{2}}{K}} \tag{4.2}$$

其中，W_{mn} 为矩阵 W 中序号为 (m,n) 的元素的数值；K 为矩阵 W 中坐标位于圆形光瞳内部的元素的个数。

波像差的 PV 值定义为

$$\mathrm{PV}=W_{\max}-W_{\min} \tag{4.3}$$

其中，$W_{\max}$ 为矩阵 W 中最大的元素值；$W_{\min}$ 为矩阵 W 中最小的元素值。

2. 偏振像差的定义与表征

偏振像差是成像系统出瞳面相对理想波面光波振幅、相位、偏振态的差异[4]。在小 NA 光学系统中，偏振像差对光刻成像的影响并不明显。但是，对于大 NA 的浸没式光刻成像系统，必须考虑偏振像差对光刻成像及其计算光刻的影响[5-9]。

偏振像差有多种表征形式，包括琼斯光瞳、穆勒光瞳、泡利光瞳、物理光瞳等[10]。光刻成像系统的偏振像差通常用琼斯光瞳(Jones pupil)表征。琼斯光瞳由投影物镜光瞳平面上各点对应的琼斯矩阵构成。假设入射偏振光的电场分量为 E_x^{in}、E_y^{in}，经过光学系统后的出射偏振光的电场分量 E_x^{out}、E_y^{out}，琼斯光瞳与入射光电矢量和出射光电矢量的关系为

$$\begin{bmatrix} E_x^{\mathrm{out}} \\ E_y^{\mathrm{out}} \end{bmatrix}=J\begin{bmatrix} E_x^{\mathrm{in}} \\ E_y^{\mathrm{in}} \end{bmatrix}=\begin{bmatrix} J_{xx} & J_{xy} \\ J_{yx} & J_{yy} \end{bmatrix}\begin{bmatrix} E_x^{\mathrm{in}} \\ E_y^{\mathrm{in}} \end{bmatrix} \tag{4.4}$$

其中，琼斯矩阵 J 是维度为 2×2 的复数矩阵。

4.1.2 波像差对计算光刻的影响

1. 波像差对 OPC 技术的影响

针对含波像差的光刻系统，为说明波像差对 OPC 技术的影响，对 BIM 密集线条图形进行 OPC，分析对比零像差与含波像差 OPC 技术的优化结果的差异及成像性能。

OPC 技术仿真条件和计算参数设置如下，曝光波长 193.3nm、物镜 NA = 1.2，缩小倍率为 4，Y 偏振光环形照明($\sigma_{\mathrm{in}}=0.80$、$\sigma_{\mathrm{out}}=0.95$)，sigmoid 函数的参数为 $a=80$、$t_r=0.5$，优化步长 $s_{\Omega}=10$。仿真使用的波像差如图 4.1 所示。针对 28nm 技术节点，无 OPC 的掩模结构如图 4.2(a)所示，OPC 区域为 4020nm × 4020nm，

像素点的尺寸为 20nm×20nm。其他仿真条件同 2.2.1 节中零误差光刻系统的 OPC 技术仿真条件。

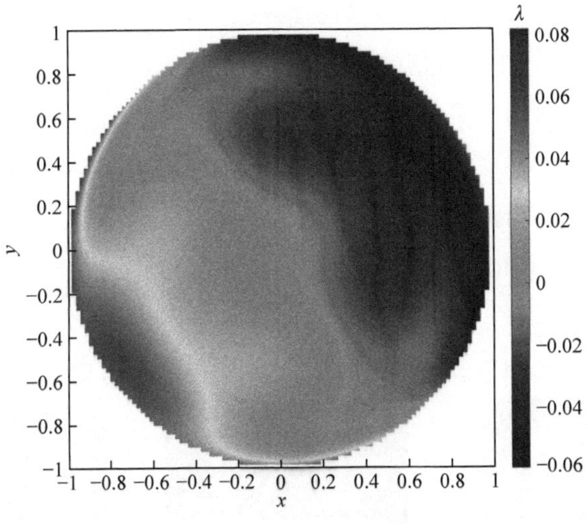

图 4.1　仿真使用的波像差

对含波像差的光刻系统，图 4.2(a)～图 4.2(c)分别为初始掩模图形、无波像差 OPC 技术优化后的掩模及有波像差 OPC 技术优化后的掩模。上述掩模对应的曝光结果如图 4.2(d)～图 4.2(f)。图 4.2(c)和图 4.2(f)为使用包含波像差的 OPC 技术计算光刻模型获得的修正掩模，以及 PAE 最小的光刻成像结果(PAE = 1255)。

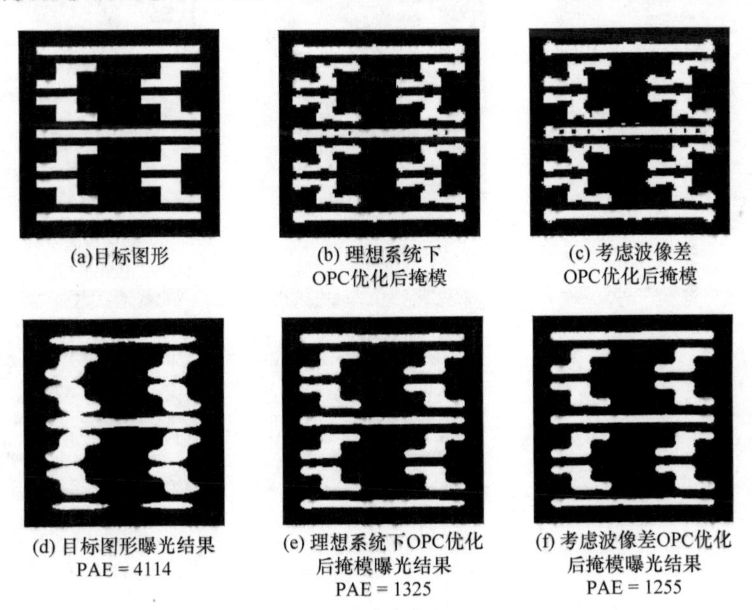

图 4.2　考虑投影物镜波像差前后的 OPC 结果对比

2. 波像差对 SMO 的影响

为说明波像差对 SMO 的影响，针对含波像差的光刻系统，分析对比零像差与含波像差 SMO 优化结果的差异及成像性能。

SMO 仿真条件和计算参数设置如下，曝光波长 193.3nm，物镜 NA = 1.2，缩小倍率为 4，Y 偏振光环形照明($\sigma_{\text{in}} = 0.97$、$\sigma_{\text{out}} = 0.82$)，sigmoid 函数的参数为 $a = 25$、$t_r = 0.2$，光源优化步长 $s_Q = 0.6$，掩模优化步长 $s_M = 10$。用琼斯光瞳表示的波像差如图 4.1 所示。针对 28nm 技术节点，未进行 SMO 初始光源与掩模的结构如图 4.3(a)和图 4.3(b)所示，掩模区域为 4020nm × 4020nm，掩模像素点的尺寸为 20nm × 20nm，光源区域用 21 × 21 的矩阵表示。

对含波像差的光刻系统，图 4.3(a)、图 4.3(d)、图 4.3(g)为初始光源、无波像

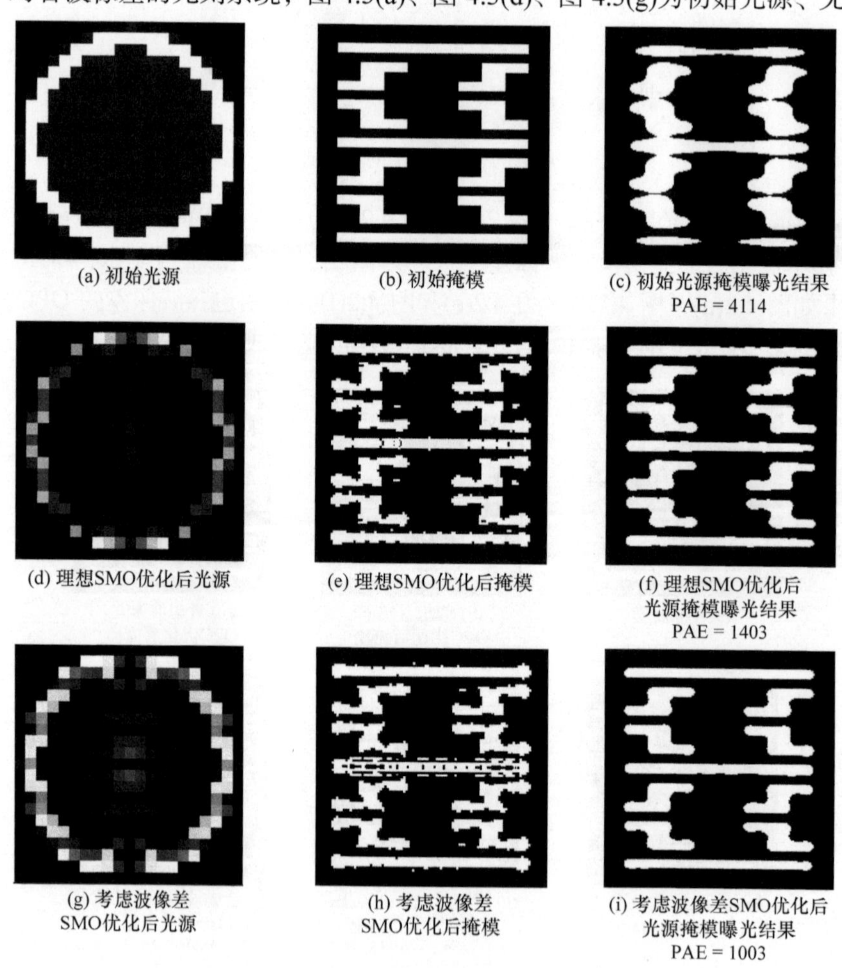

图 4.3　考虑投影物镜波像差后的 SMO 结果

差 SMO 优化后的光源及有波像差 SMO 优化后的光源；图 4.3(b)、图 4.3(e)、图 4.3(h)分别为初始掩模图形、无波像差 SMO 优化后的掩模，及有波像差 SMO 优化后的掩模；光源与掩模对应的曝光结果分别如图 4.3(c)、图 4.3(f)、图 4.3(i)。如图 4.3(g)、图 4.3(h)、图 4.3(i)，使用包含波像差的 SMO 计算光刻模型获得 SMO 修正的光源与掩模，光刻成像 PAE 最小(PAE = 1003)。

4.1.3　偏振像差对计算光刻的影响

1. 偏振像差对 OPC 技术的影响

针对含偏振像差的光刻系统，为说明偏振像差对 OPC 技术的影响，对 BIM 密集线条图形进行 OPC，分析对比零像差与含偏振像差 OPC 优化结果的差异及成像性能。

对于 OPC 技术的仿真条件和计算参数，设置曝光波长为 193.3nm，物镜 NA = 1.2，缩小倍率为 4，Y 偏振光环形照明($\sigma_{\text{in}} = 0.97$、$\sigma_{\text{out}} = 0.82$)，sigmoid 函数的参数为 $a = 25$ 、 $t_r = 0.2$ ，优化步长 $s_{\Omega} = 20$ 。偏振像差琼斯光瞳的各分量分布如图 4.4 所示。

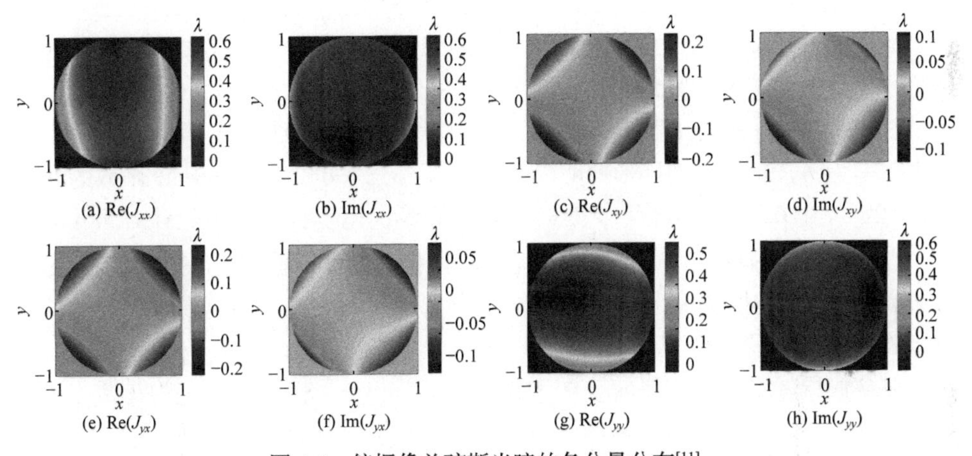

图 4.4　偏振像差琼斯光瞳的各分量分布[11]

针对 28nm 技术节点，无 OPC 的掩模结构如图 4.5(a)所示。OPC 区域为 4020nm×4020nm，像素点的尺寸为 20nm×20nm。其他仿真条件同 2.2.1 节零误差光刻系统的 OPC 技术的仿真条件。

对含偏振像差的光刻系统，图 4.5(a)～图 4.5(c)分别为初始掩模图形、无偏振像差 OPC 技术优化后的掩模及有偏振像差 OPC 技术优化后的掩模。上述掩模对应的曝光结果分别如图 4.5(d)～图 4.5(f)。图 4.5(c)和图 4.5(f)使用包含偏振像差的 OPC 技术计算光刻模型修正掩模，进而获得 PAE 最小的光刻成像结果(PAE = 351)。

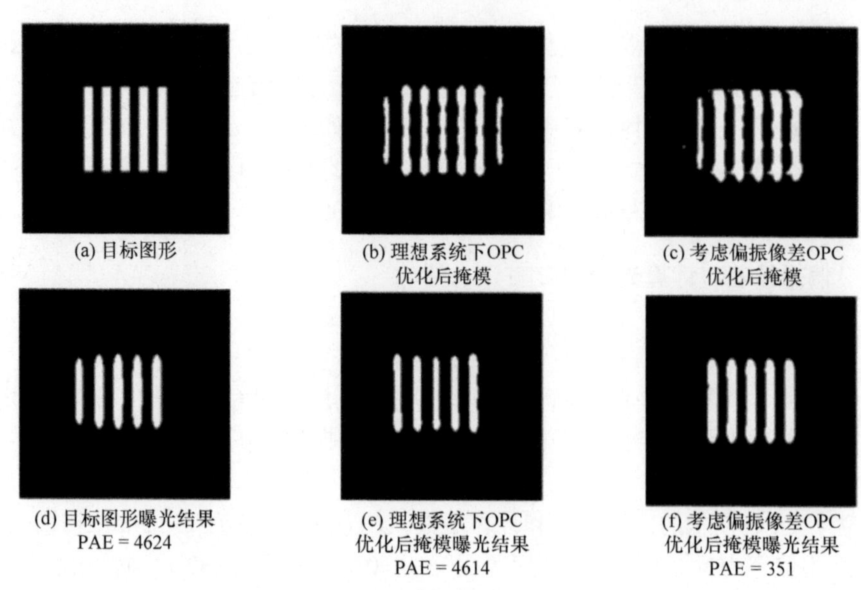

(a) 目标图形　(b) 理想系统下OPC优化后掩模　(c) 考虑偏振像差OPC优化后掩模

(d) 目标图形曝光结果 PAE = 4624　(e) 理想系统下OPC优化后掩模曝光结果 PAE = 4614　(f) 考虑偏振像差OPC优化后掩模曝光结果 PAE = 351

图 4.5　考虑投影物镜偏振像差前后的 OPC 结果对比

2. 偏振像差对 SMO 的影响

为说明偏振像差对 SMO 的影响，针对含偏振像差的光刻系统，分析对比零像差与含偏振像差 SMO 优化结果的差异及成像性能。

对于 SMO 仿真条件和计算参数，设置曝光波长为 193.3nm，物镜 NA = 1.2，缩小倍率为 4，Y 偏振光环形照明($\sigma_{\text{in}} = 0.97$、$\sigma_{\text{out}} = 0.82$)，sigmoid 函数的参数为 $a = 25$ 、$t_r = 0.2$ ，光源优化步长 $s_Q = 0.6$ ，掩模优化步长 $s_M = 10$ 。针对 28nm 技术节点，未进行 SMO 的初始光源与掩模的结构如图 4.6(a)和图 4.6(b)所示。掩模区域为 4020nm×4020nm，掩模像素点的尺寸为 20nm×20nm，光源区域用 21×21 的矩阵表示。

对含偏振像差的光刻系统，图 4.6(a)、图 4.6(d)、图 4.6(g)分别为初始光源、无偏振像差 SMO 优化后的光源、有偏振像差 SMO 优化后的光源；图 4.6(b)、图 4.6(e)、图 4.6(h)分别为初始掩模图形、无偏振像差 SMO 优化后的掩模、有偏振像差 SMO 优化后的掩模。上述光源与掩模对应的曝光结果分别如图 4.6(c)、图 4.6(f)、图 4.6(i)所示。图 4.6(g)、图 4.6(h)、图 4.6(i)使用包含偏振像差的 SMO 计算光刻模型，获得 SMO 修正的光源与掩模，光刻成像 PAE 最小(PAE = 367)。

4.1.4　光源非均匀性与杂散光对计算光刻的影响

1. 光源非均匀性对计算光刻的影响

在实际光刻机中，不可避免地存在照明光源不均匀(即照明系统出瞳处的二次

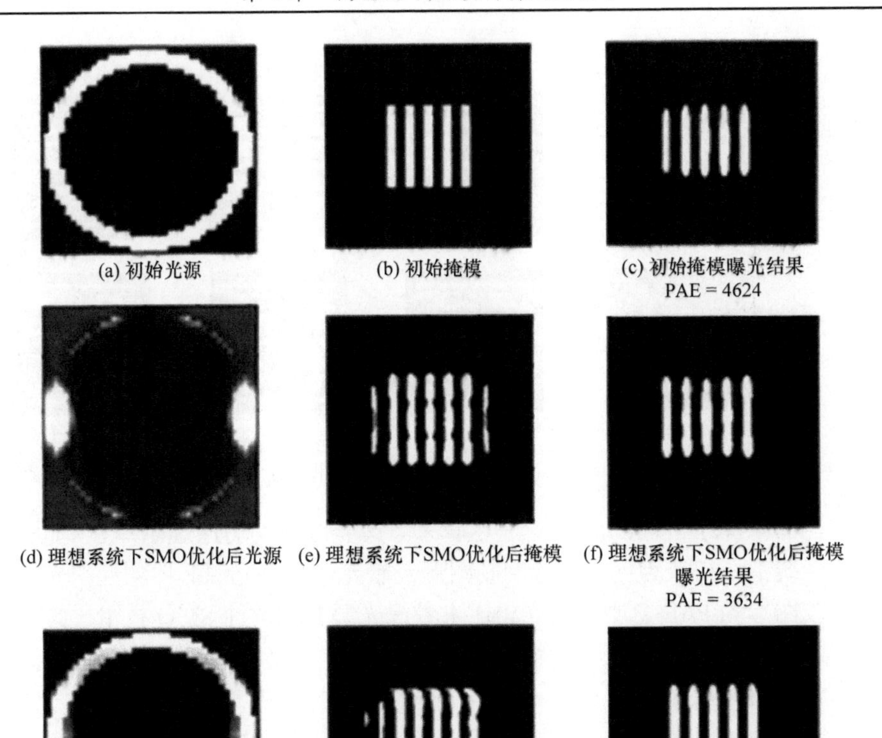

(a) 初始光源　(b) 初始掩模　(c) 初始掩模曝光结果 PAE = 4624

(d) 理想系统下SMO优化后光源　(e) 理想系统下SMO优化后掩模　(f) 理想系统下SMO优化后掩模曝光结果 PAE = 3634

(g) 考虑偏振像差SMO优化后光源　(h) 考虑偏振像差SMO优化后掩模　(i) 考虑偏振像差SMO优化后掩模曝光结果 PAE = 367

图 4.6　考虑投影物镜偏振像差后的 SMO 结果

光源，下面的光源均指二次光源)，并对计算光刻成像性能产生影响。为说明光源非均匀性对计算光刻模型和结果的影响，对图 4.7(b)中的掩模图形进行仿真实验。图 4.7(a)为初始光源($\sigma_{\text{in}} = 0.95$、$\sigma_{\text{out}} = 0.8$)。光刻系统参数为 $\lambda = 193\text{nm}$、NA = 1.2、$R = 4$，TE 偏振光。sigmoid 函数的参数 $a = 80$ 、$t_r = 0.2$ 。

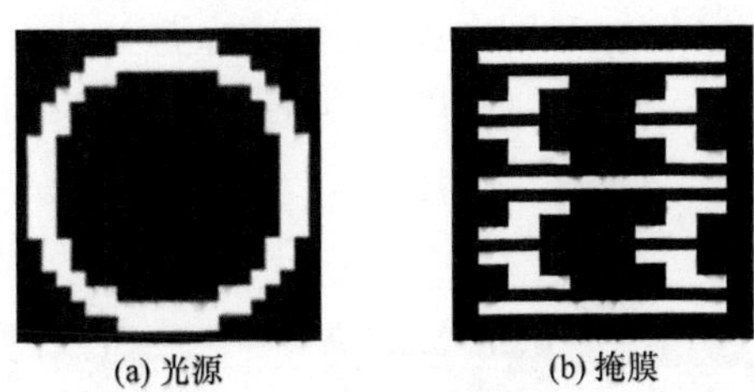

(a) 光源　(b) 掩膜

图 4.7　初始光源和测试掩模图形

存在光源非均匀性的情况下，未考虑光源非均匀性 SMO 技术和考虑光源非均匀性 SMO 技术的仿真结果如图 4.8 所示。

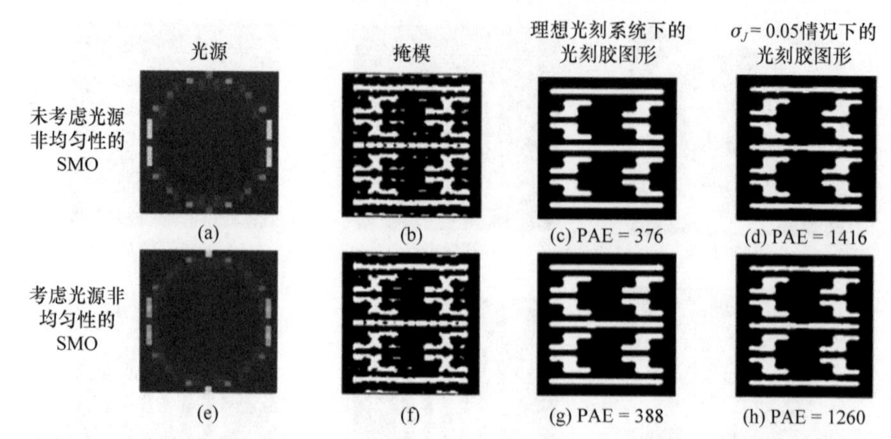

图 4.8 未考虑光源非均匀性 SMO 技术和考虑光源非均匀性 SMO 技术的仿真结果

对比图 4.8(c)和图 4.8(d)可知，尽管未考虑光源非均匀性 SMO 技术能够在理想光刻系统下获得较为优越的光刻胶图形，然而在存在光源非均匀性的光刻系统下光刻胶图形的 PAE 急剧增加。相比未考虑光源非均匀性 SMO 技术，含光源非均匀性的 SMO 获得的光源与掩模，可以有效地减小存在光源非均匀性光刻胶图形的 PAE(PAE = 1260)。

2. 杂散光对计算光刻的影响

光在实际光刻投影物镜中传播时将不可避免地产生反射和散射现象。这些反射光和散射光在成像面处不参与干涉成像，相当于一种非均匀的背景光，导致光刻成像性能的恶化。杂散光是指存在于实际光刻投影物镜中的非成像光线。为说明杂散光对计算光刻的影响，依旧对图 4.7(b)的掩模图形进行仿真实验。

在存在杂散光的情况下，未考虑杂散光 SMO 技术和考虑杂散光 SMO 技术的仿真结果如图 4.9 所示。第一行是未考虑杂散光的 SMO 结果，第二行是考虑杂散光的 SMO 结果。图 4.9(a)和图 4.9(b)为未考虑杂散光的 SMO 优化后的光源、掩模，图 4.9(c)为理想光刻系统下的光刻胶图形，图 4.9(d)为含杂散光时的光刻胶图形，图 4.9(e)和图 4.9(f)为考虑杂散光的 SMO 优化后的光源、掩模，图 4.9(g)为理想光刻系统下的光刻胶图形，图 4.9(h)为含杂散光时的光刻胶图形。

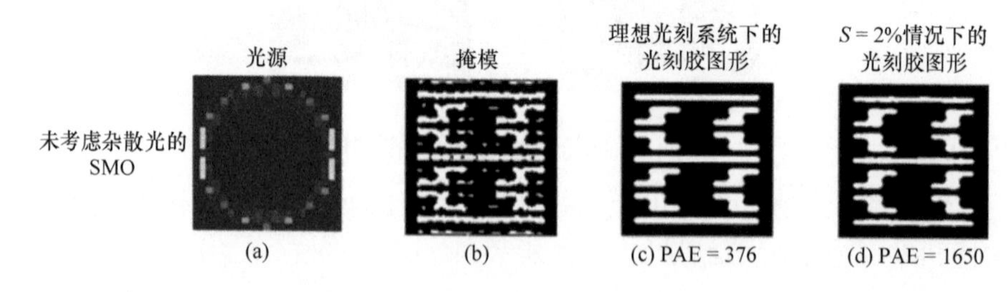

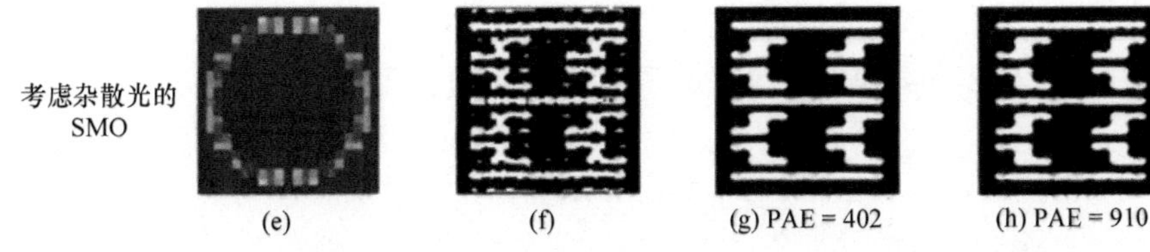

图 4.9　未考虑杂散光 SMO 技术和考虑杂散光 SMO 技术的仿真结果

针对存在杂散光的光刻系统，与忽略杂散光影响的 SMO 获得的光刻胶像 PAE(PAE = 1650)相比，考虑杂散光的 SMO 获得的光源与掩模可以有效地减小光刻胶像 PAE (PAE = 910)。

4.2　高稳定-高保真光源-掩模优化技术

本节针对实际光刻系统存在波像差、偏振像差、随机误差的情况，介绍低误差敏感度的、高稳定 SMO 技术，论述一种兼顾杂散光和光源不均匀误差的多目标光源-掩模优化(multi-objective source-mask optimization，MOSMO)技术，降低 PAE 对光源非均匀性和杂散光的敏感度，以及一种低像差敏感度的光源-掩模优化(low aberration sensitivity source-mask optimization，LASSMO)技术，降低光刻成像的像差敏感度，减小随机像差对 PAE 的影响，扩大光刻 PW。同时，针对光刻系统全视场内像差分布的不均匀性，介绍一种考虑全视场像差的 MOSMO 技术，降低物镜像差(波像差和偏振像差)对各视场点成像的影响，提高全视场光刻成像的均匀性，可以显著扩大全视场光刻 PW，实现高稳定计算光刻。

4.2.1　低误差敏感度的光源-掩模优化技术

1. 低光源非均匀性和杂散光敏感度的光源-掩模优化

1) 包含光源非均匀性和杂散光的 SMO 数学模型

降低光源非均匀性和杂散光影响的 MOSMO 技术寻求最优的光源和掩模组合，既可以提高光刻胶图形保真度，也可以减小光刻成像性能对光源非均匀性和杂散光的敏感度。

根据式(2.62)，将整个部分相干光源 Q 形成的空间像表述为各个点光源对应空间像的线性叠加。考虑光源非均匀性，光源 Q_{Blur} 可表示为

$$Q_{\text{Blur}} = Q_{\text{Ideal}} \otimes G_{\text{Norm}} \tag{4.5}$$

其中，G_{Norm} 为归一化高斯函数[12]，即

$$G_{\text{Norm}}(x_s, y_s) = \frac{1}{\sum\limits_{x_s}\sum\limits_{y_s}\exp\left(-\dfrac{{x_s}^2 + {y_s}^2}{2{\sigma_J}^2}\right)} \times \exp\left(-\frac{{x_s}^2 + {y_s}^2}{2{\sigma_J}^2}\right) \tag{4.6}$$

其中，σ_J 为标准偏差，表征光源非均匀性的大小。

根据式(2.62)和式(4.5)，考虑光源非均匀性的空间像表达式为

$$I_{\text{Blur}} = \frac{1}{Q_{\text{sum}}} \sum_{x_s} \sum_{y_s} \left(Q_{\text{Blur}}(x_s, y_s) \times \sum_{p=x,y,z} \left| H_p^{x_s y_s} \otimes M \right|^2 \right) \tag{4.7}$$

存在光源非均匀性和杂散光时的空间像可表示为[13]

$$I_{\text{NonIdeal}} = S \cdot A + (1-S) I_{\text{Blur}} \tag{4.8}$$

其中，S 为物镜中杂散光占总光强的百分比；A 为掩模亮场所占比率，即掩模透光区占总掩模区域的百分比。

根据式(2.63)，光刻胶中显影后的像为

$$Z_{\text{NonIdeal}} = \text{sigmoid}(I_{\text{NonIdeal}}) = \frac{1}{1+\exp(-a(I_{\text{NonIdeal}} - t_r))} \tag{4.9}$$

常见的多目标优化方法有目标加权法、ε 约束法和最小-最大法等[14]。针对多目标优化问题，采用目标加权法进行求解。因此，建立空间像对 σ_J 和 S 的敏感度表达式，并依此构建一种有效的多目标函数，即

$$F_{\text{MOSMO}} = \omega_1 F_{\text{Fidelity}} + \omega_2 F_{\text{Blur}} + \omega_3 F_{\text{Flare}} \tag{4.10}$$

其中

$$F_{\text{Fidelity}} = \varepsilon_{\sigma_J, S} \left(\left\| \tilde{Z}(x,y) - Z_{\text{NonIdeal}}(x,y;\sigma_J,S) \right\|_2^2 \right) \tag{4.11}$$

$$F_{\text{Blur}} = \varepsilon_{\sigma_J, S} \left[\sum_x \sum_y \left(\frac{\partial I_{\text{NonIdeal}}(x,y;\sigma_J,S)}{\partial \sigma_J} \right)^2 \right] \tag{4.12}$$

$$F_{\text{Flare}} = \varepsilon_{\sigma_J, S} \left[\sum_x \sum_y \left(\frac{\partial I_{\text{NonIdeal}}(x,y;\sigma_J,S)}{\partial S} \right)^2 \right] \tag{4.13}$$

其中，$\varepsilon_{\sigma_J,S}(\cdot)$ 为服从高斯分布的 σ_J 和 S 在整个变化范围内的数学期望；ω_1、ω_2 和 ω_3 为权重因子。

式(4.10)中的 F_{Fidelity} 用来控制 PAE，从而提高优化后光刻成像保真度，F_{Blur} 和 F_{Flare} 用来控制整个光源非均匀性和杂散光变化范围内光刻成像性能对 σ_J 和 S 的敏感度，从而减小光源非均匀性和杂散光对光刻成像的影响。

由于式(4.10)很难推导出解析的数学期望表达式，因此需要对 σ_J 和 S 进行离散化处理，方便求解目标函数，即

$$F_{\text{MOSMO}} = \sum_i \sum_j \zeta_i \eta_j \left[\omega_1 \left\| \tilde{Z}(x,y) - Z_{\text{NonIdeal}}(x,y;\sigma_J^i,S_j) \right\|_2^2 \right.$$

$$+\omega_2\sum_x\sum_y\left(\frac{\partial I_{\text{NonIdeal}}(x,y;\sigma_J^i,S_j)}{\partial\sigma_J}\right)^2$$

$$\left.+\omega_3\sum_x\sum_y\left(\frac{\partial I_{\text{NonIdeal}}(x,y;\sigma_J^i,S_j)}{\partial S}\right)^2\right] \tag{4.14}$$

其中，ζ_i 和 η_j 为 σ_J^i 和 S_j 的概率。

利用式(2.121)和式(2.67)对光源 Q_{Ideal} 和掩模 M 进行参数转换，MOSMO 技术的无约束数学优化模型为

$$(\hat{\Omega}_S,\hat{\Omega}_M)=\arg\min_{\Omega_S,\Omega_M}F_{\text{MOSMO}}(\Omega_S,\Omega_M) \tag{4.15}$$

2) 包含光源非均匀性和杂散光的 SMO 技术

由式(4.14)可知，式(4.15)中矢量 MOSMO 技术的计算量与 σ_J 和 S 的采样点数目成正比。为了解决计算复杂度高的问题，可以采用 SGD 算法求解式(4.15)中的优化问题。对于式(4.15)，不同目标函数对优化参数的梯度值差别较大，并且这种差别随着训练采样点的不同而不同，进而导致优化参数在按照普通的 SGD 迭代公式进行更新时会跳过最优解，使 MOSMO 技术的目标函数产生发散或振荡等不稳定现象。为了解决上述缺陷，MOSMO 技术使用归一化 SGD 算法。在每次循环中按照一定的概率 η_i 随机选取一个训练采样点 δ_i，通过归一化梯度指导优化参数的更新，即

$$\Omega^{(k+1)}=\Omega^{(k)}-s_k\frac{\nabla F_{\delta_i}(\Omega^{(k)})}{\left\|\nabla F_{\delta_i}(\Omega^{(k)})\right\|_2} \tag{4.16}$$

(1) 目标函数对光源优化和掩模优化参数的梯度。

目标函数 F_{MOSMO} 对光源优化参数 Ω_S 的梯度公式为

$$\nabla F_{\text{MOSMO}}(\Omega_S)$$

$$=\frac{\partial F_{\text{MOSMO}}(\sigma_J^i,S_j)}{\partial\Omega_S}$$

$$=\zeta_i\eta_j\left(\omega_1\times\frac{a(1-S_j)}{J_{\text{sum}}}\times(\sin\Omega_S\otimes G_{\text{Norm}}^o)\times 1_{N\times 1}^{\text{T}}\left[\sum_{p=x,y,z}\left|E_p^{\text{wafer}}\right|^2\right.\right.$$

$$\left.\odot(\tilde{Z}-Z_{\text{NonIdeal}})\odot Z_{\text{NonIdeal}}\odot(1-Z_{\text{NonIdeal}})\right]1_{N\times 1}$$

$$+\omega_2\times\frac{S_j-1}{J_{\text{sum}}}\times(\sin\Omega_S\otimes G_{\text{Norm}}'^o)$$

$$\times 1_{N\times 1}^{\mathrm{T}}\left\{\sum_{p=x,y,z}\left|E_p^{\mathrm{wafer}}\right|^2\odot[S_j\cdot A+(1-S_j)I'_{\mathrm{Blur}}]\right\}1_{N\times 1}$$

$$+\omega_3\times\frac{1}{J_{\mathrm{sum}}}\times(\sin\Omega_S\otimes G_{\mathrm{Norm}}^{o})\times 1_{N\times 1}^{\mathrm{T}}\left[\sum_{p=x,y,z}\left|E_p^{\mathrm{wafer}}\right|^2\odot(A-I_{\mathrm{Blur}})\right]1_{N\times 1}\Bigg) \tag{4.17}$$

其中

$$I'_{\mathrm{Blur}}=\frac{1}{Q_{\mathrm{sum}}}\sum_{x_s}\sum_{y_s}\left[(Q_{\mathrm{Ideal}}\otimes G'_{\mathrm{Norm}})\times\sum_{p=x,y,z}\left|E_p^{\mathrm{wafer}}(x_s,y_s)\right|^2\right] \tag{4.18}$$

目标函数 F_{MOSMO} 对掩模优化参数 Ω_M 的梯度公式为

$$\begin{aligned}
&\nabla F_{\mathrm{MOSMO}}(\Omega_M)\\
&=\frac{\partial F_{\mathrm{MOSMO}}(\sigma_J^i,S_j)}{\partial\Omega_M}\\
&=\zeta_i\eta_j\Bigg[\omega_1\times\frac{2a(1-S_j)}{J_{\mathrm{sum}}}\times\sin\Omega_M\odot\sum_{x_s}\sum_{y_s}\Bigg(J_{\mathrm{Blur}}(x_s,y_s)\times\sum_{p=x,y,z}\mathrm{Re}\Big\{(H_p^{x_sy_s})^{*o}\\
&\otimes[E_p^{\mathrm{wafer}}\odot(\tilde{Z}-Z_{\mathrm{NonIdeal}})\odot Z_{\mathrm{NonIdeal}}\odot(1-Z_{\mathrm{NonIdeal}})]\Big\}\Bigg)\\
&+\omega_2\times\frac{2(S_j-1)}{Q_{\mathrm{sum}}}\times\sin\Omega_M\odot\sum_{x_s}\sum_{y_s}\Bigg(Q'_{\mathrm{Blur}}(x_s,y_s)\times\sum_{p=x,y,z}\mathrm{Re}\Big\{(H_p^{x_sy_s})^{*o}\\
&\otimes[E_p^{\mathrm{wafer}}\odot(S_j\cdot A+(1-S_j)I'_{\mathrm{Blur}})]\Big\}\Bigg)\\
&+\omega_3\times\frac{2}{Q_{\mathrm{sum}}}\times\sin\Omega_M\odot\sum_{x_s}\sum_{y_s}\Bigg(Q'_{\mathrm{Blur}}(x_s,y_s)\times\sum_{p=x,y,z}\mathrm{Re}\Big\{(H_p^{x_sy_s})^{*o}\\
&\otimes[E_p^{\mathrm{wafer}}\odot(A-I_{\mathrm{Blur}})]\Big\}\Bigg)\Bigg]
\end{aligned} \tag{4.19}$$

(2) MOSMO 技术的算法流程。

MOSMO 技术采用混合优化策略(与 HSMO 技术相同)优化光源和掩模图形。考虑光源非均匀性和杂散光影响的 MOSMO 技术的算法流程如表 4.1 所示。其中，$\Omega_S^{(k)}$ 表示第 k 次循环时 Ω_S 的取值。

表 4.1　考虑光源非均匀性和杂散光影响的 MOSMO 技术的算法流程

SO 步骤
初始化：赋值 $\Omega_S^{(0)}$ 、 $\omega_1=1$ 、 $s_J=0.7$ ，最大循环次数 $l_{\mathrm{so}}=20$ 、 $k=0$ 更新光源优化参数：

续表

while $k \leqslant l_{so}$ $k \leftarrow k+1$； 随机生成 σ_J^i 和 S_j 利用式(4.13)计算梯度 $\nabla F_{\text{MOSMO}}(\Omega_S^{(k-1)})$ 更新光源优化参数：$\Omega_S^{(k)} = \Omega_S^{(k-1)} - s_J \dfrac{\nabla F_{\text{MOSMO}}(\Omega_S^{(k-1)})}{\left\Vert \nabla F_{\text{MOSMO}}(\Omega_S^{(k-1)}) \right\Vert_2}$ end //将优化后的光源图形输出至 SISMO 步骤
SISMO 步骤
初始化：赋值 $\Omega_M^{(0)}$ 、 $s_J = 0.7$ 、 $s_M = 10$ ，最大循环次数 $l_{smo} = 130$ 、 $k = 0$ 同步更新光源优化和掩模优化参数： while $k \leqslant l_{smo}$ $k \leftarrow k+1$； 随机生成 σ_J^i 和 S_j； 利用式(4.13)和式(4.15)分别计算梯度 $\nabla F_{\text{MOSMO}}(\Omega_S^{(k-1)})$ 和 $\nabla F_{\text{MOSMO}}(\Omega_M^{(k-1)})$； 同时更新光源优化和掩模优化参数，即 $\Omega_S^{(k)} = \Omega_S^{(k-1)} - s_J \dfrac{\nabla F_{\text{MOSMO}}(\Omega_S^{(k-1)})}{\left\Vert \nabla F_{\text{MOSMO}}(\Omega_S^{(k-1)}) \right\Vert_2}$ 和 $\Omega_M^{(k)} = \Omega_M^{(k-1)} - s_M \dfrac{\nabla F_{\text{MOSMO}}(\Omega_M^{(k-1)})}{\left\Vert \nabla F_{\text{MOSMO}}(\Omega_M^{(k-1)}) \right\Vert_2}$ end //将优化后的光源和掩模图形输出至 MO 步骤
MO 步骤
初始化：$s_M = 10$ ，最大循环次数 $l_{mo} = 100$ 、 $k = 0$ 更新掩模优化参数： while $k \leqslant l_{mo}$ $k \leftarrow k+1$； 随机生成 σ_J^i 和 S_j； 利用式(4.15)计算梯度 $\nabla F_{\text{MOSMO}}(\Omega_M^{(k-1)})$； 更新掩模优化参数：$\Omega_M^{(k)} = \Omega_M^{(k-1)} - s_M \dfrac{\nabla F_{\text{MOSMO}}(\Omega_M^{(k-1)})}{\left\Vert \nabla F_{\text{MOSMO}}(\Omega_M^{(k-1)}) \right\Vert_2}$ end 输出最终的优化光源和掩模图形

3) 数值计算与分析

初始光源和测试掩模图形如图 4.10 所示。其中，灰线表示计算 PW 时采用的测量平面。

初始光源的部分相干因子的内外径为 0.8 和 0.95。光刻系统参数为$\lambda = 193\text{nm}$、NA = 1.2、缩小倍率 $R = 4$、TE 偏振光。式(4.9)中的 $a = 80$ 、$t_r = 0.2$ 。下面讨论 F_{Blur} 和 F_{Flare} 的权重因子对 MOSMO 技术优化结果的影响，并论证 F_{Blur} 和 F_{Flare} 同时存

在的情况下 MOSMO 技术的有效性。

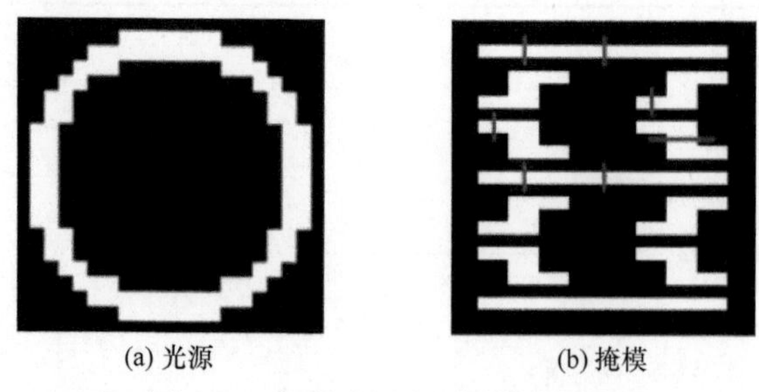

图 4.10 初始光源和测试掩模图形

(1) 光源非均匀性单独存在的情况。

光源非均匀性单独存在的情况下，设定 $\omega_3=0$ 和 $S=0$，分析不同 ω_2 取值对 MOSMO 技术优化性能的影响。传统 SMO 技术(理想光刻系统下的矢量 SMO 技术)和不同 ω_2 下 MOSMO 技术的仿真结果如图 4.11 所示。

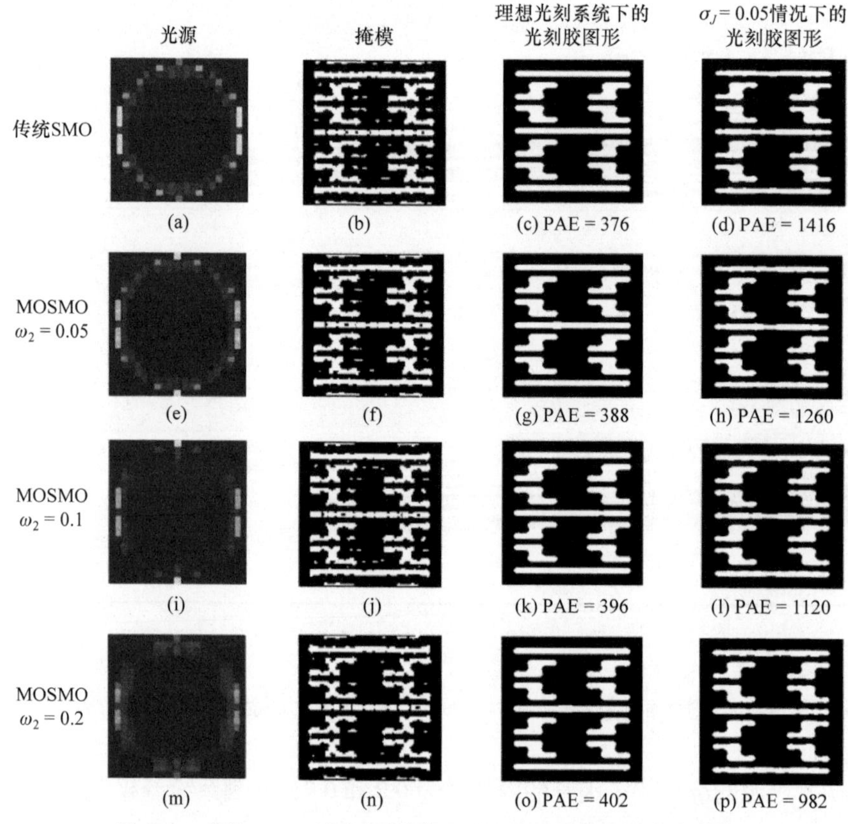

图 4.11 传统 SMO 技术和不同 ω_2 下 MOSMO 技术的仿真结果

图 4.11 中的第一行为传统 SMO 技术的优化结果。从上到下依次对应传统

SMO 技术，$\omega_2 = 0.05$、$\omega_2 = 0.1$、$\omega_2 = 0.2$ 时的 MOSMO 技术；从左到右依次对应光源、掩模、理想光刻系统下的光刻胶图形和 $\sigma_J = 0.05$ 时的光刻胶图形。对比图 4.11(c)和图 4.11(d)，传统 SMO 技术能够在理想光刻系统($\sigma_J = 0$)下获得保真度较高的光刻胶图形，但是在非理想光刻系统($\sigma_J = 0.05$)下获得的光刻胶 PAE 急剧增加。

图 4.11 中第二行到第四行分别对应 $\omega_2 = 0.05$、$\omega_2 = 0.1$、$\omega_2 = 0.2$ 时 MOSMO 的优化结果。随着 ω_2 的增大，在 $\sigma_J = 0.05$ 的非理想光刻系统下光刻胶图形的 PAE 呈现明显减小的趋势。结果表明，目标函数中 F_{Blur} 的引入可以有效降低光源非均匀性对光刻成像性能影响。图 4.11(m)中的光源出现明显的非均匀性特征。根据光刻成像理论可知，这样的光源在一定程度上会降低光刻 PW。

图 4.12 给出了传统 SMO 技术和不同 ω_2 下 MOSMO 技术优化后的 PAE 随 σ_J 变化的曲线图。相比传统 SMO 技术，MOSMO 技术会在一定程度上降低光刻胶图形的 PAE 对光源非均匀性的敏感度，并且此敏感度随着 ω_2 的增大而减小。仿真结果进一步论证了 F_{Blur} 能够有效降低光源非均匀性对光刻成像的影响。

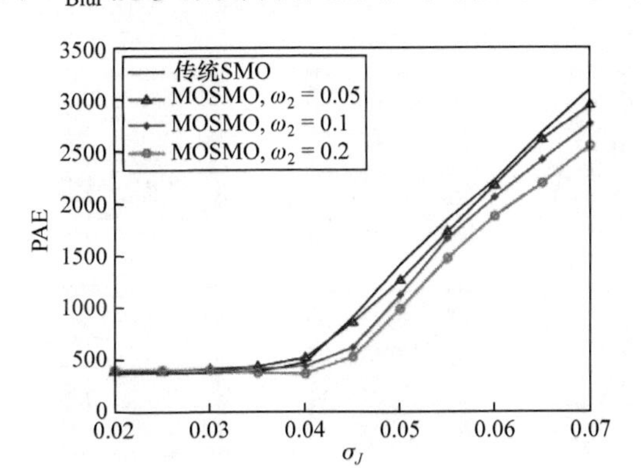

图 4.12　传统 SMO 技术和不同ω_2下 MOSMO 技术优化后的 PAE 随光源非均匀性变化的曲线图

光源非均匀性误差单独存在的情况下，采用传统 SMO 技术和不同 ω_2 下 MOSMO 技术优化后的 PW 对比图如图 4.13 所示。

图 4.13 中的仿真结果表明，在 $\omega_2 = 0.05$ 和 $\omega_2 = 0.1$ 的情况下，相比传统 SMO 技术，MOSMO 技术明显扩大了优化后的 PW。然而，当 $\omega_2 = 0.2$ 时，MOSMO 技术优化后的 PW 明显小于传统 SMO 技术的情况。因此，ω_2 的选取需要兼顾 PAE 和 PW 大小，不能无限制增大。合理的 ω_2 能够有效地提高 PAE 对光源非均匀性的稳定性和扩大光刻 PW。

(2) 杂散光单独存在的情况。

针对杂散光单独存在的情况下，设定 $\omega_2 = 0$ 和 $\sigma_J = 0$，分析不同 ω_3 取值对 MOSMO 技术优化性能的影响。杂散光单独存在的情况下，传统 SMO 技术和不

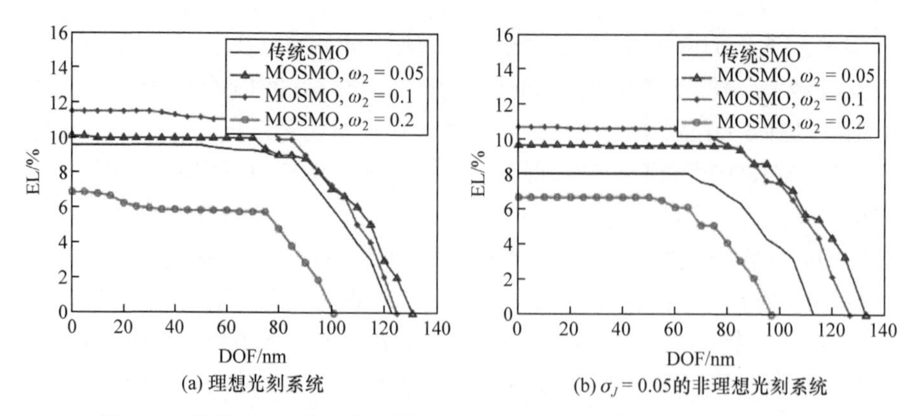

图 4.13　传统 SMO 技术和不同ω_2下 MOSMO 技术优化后的 PW 对比图

同ω_3下 MOSMO 技术的仿真结果如图 4.14 所示。从上到下依次对应传统 SMO 技术，$\omega_3 = 0.03$、$\omega_3 = 0.04$、$\omega_3 = 0.05$时的 MOSMO 技术；从左到右依次对应光源、掩模、理想光刻系统下的光刻胶图形和$S = 2\%$时的光刻胶图形。

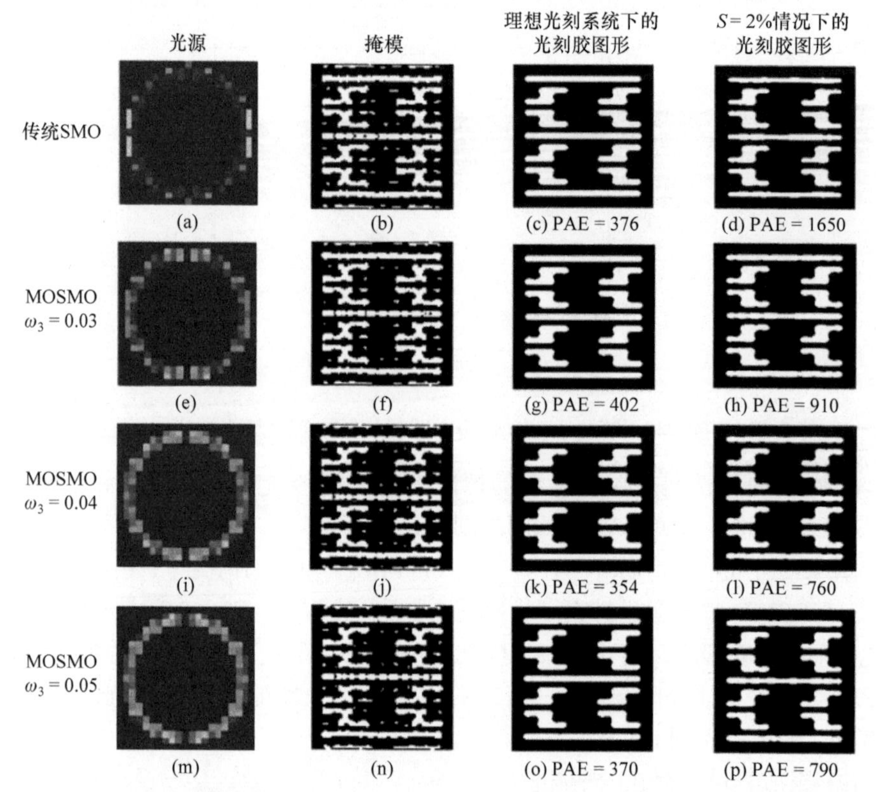

图 4.14　杂散光单独存在的情况下传统 SMO 技术和不同ω_3下 MOSMO 技术的仿真结果

相比传统 SMO 技术，通过引入目标函数中的F_{Flare}，MOSMO 技术明显地提

高 $S=2\%$ 时的光刻图形保真度。在 $S=2\%$ 时，非理想光刻系统下光刻胶图形的 PAE 随着 ω_3 的增大呈减小趋势。图 4.14(m)中的光源具有较大的光瞳填充率，用于补偿杂散光带来的影响。

杂散光单独存在的情况下，采用传统 SMO 技术和不同 ω_3 下 MOSMO 技术优化后的 PAE 随杂散光变化的曲线如图 4.15 所示。

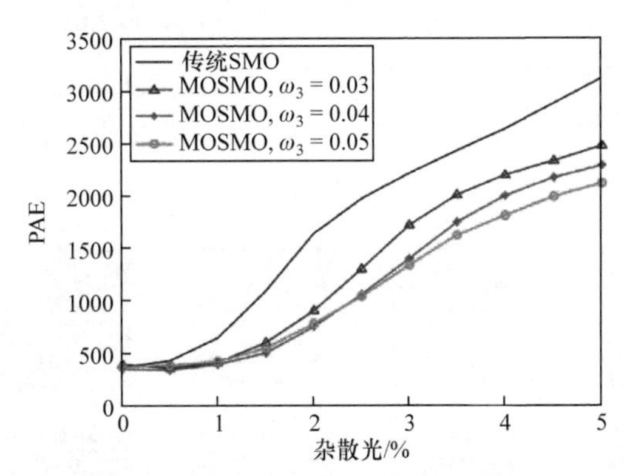

图 4.15　采用传统 SMO 技术和不同 ω_3 下 MOSMO 技术优化后的 PAE 随杂散光变化的曲线

结果表明，MOSMO 技术可以有效地降低光刻胶图形的 PAE 对杂散光的敏感度，而且此敏感度随着 ω_3 的增大而减小。仿真结果证明，F_{Flare} 能够有效降低杂散光对光刻成像性能的影响。

杂散光单独存在的情况下，采用传统 SMO 技术和不同 ω_3 下 MOSMO 技术优化后的 PW 对比图如图 4.16 所示。

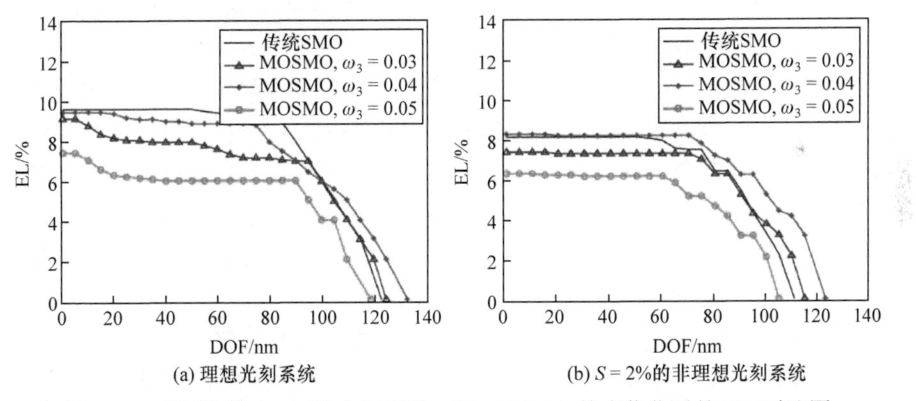

图 4.16　采用传统 SMO 技术和不同 ω_3 下 MOSMO 技术优化后的 PW 对比图

仿真结果表明，在 $\omega_3=0.03$ 和 $\omega_3=0.04$ 的情况下，MOSMO 技术能够在 DOF 方面有效地扩大 PW，补偿杂散光对 PW 的影响；$\omega_3=0.05$ 时，MOSMO 技术的 PW 明显小于传统 SMO 技术。

仿真表明，目标函数中的 F_{Flare} 补偿杂散光对光刻成像性能影响方面具有重要作用，并且合理的 ω_3 能够有效地提高 PAE 对杂散光的稳定性，扩大光刻 PW。

(3) 光源非均匀性和杂散光同时存在的情况。

下面对光源非均匀性和杂散光同时存在的情况下，仿真论证 MOSMO 技术的有效性。权重因子的取值为 $\omega_2 = 0.1$ 和 $\omega_3 = 0.05$。光源非均匀性和杂散光同时存在的情况下，传统 SMO 技术和 MOSMO 技术的仿真结果如图 4.17 所示。从上到下依次对应传统 SMO 技术和 MOSMO 技术；从左到右依次对应光源、掩模、理想光刻系统下的光刻胶图形、$\sigma_J = 0.05$ 时的光刻胶图形和 $S = 2\%$ 时的光刻胶图形。

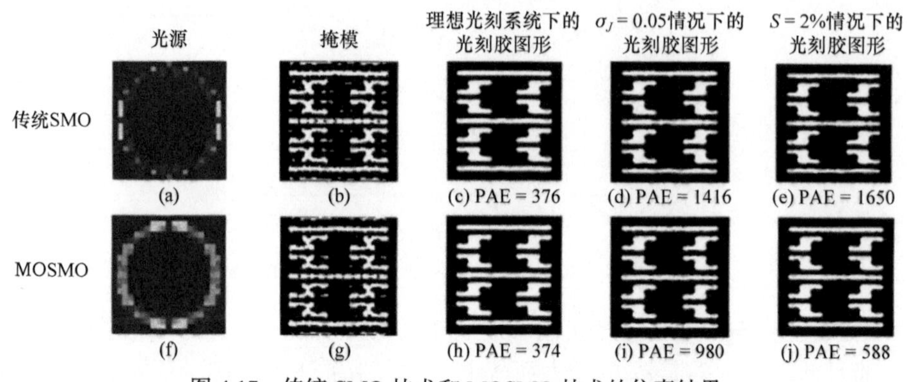

图 4.17　传统 SMO 技术和 MOSMO 技术的仿真结果

通过图 4.17(f)和图 4.17(g)可以看出，MOSMO 技术优化后的光源和掩模具备图 4.11 和图 4.14 中优化后光源和掩模的特征。因此，相比传统 SMO 技术，MOSMO 技术可以有效地补偿光源非均匀性和杂散光带来的影响，提高光刻图形保真度，如图 4.17(i)和图 4.17(j)所示。

光源非均匀性和杂散光同时存在的情况下，采用传统 SMO 技术和 MOSMO 技术优化后的成像轮廓如图 4.18 所示。其中，黑线对应目标图形轮廓，深灰线对应传统 SMO 技术优化后的成像轮廓，浅灰线对应 MOSMO 技术优化后的成像轮廓。从上到下依次对应 $\sigma_J = 0.05$ 和 $S = 2\%$ 的非理想光刻系统；从左到右依次对应放大后的中心区域、整个成像区域和放大后的线端区域。为了评价优化后图形轮廓的 EPE，选取目标图形的中心区域和线端区域，分别对应图 4.18 中的中心和边缘虚线框。

图 4.18 中的第一列和第三列分别给出了这两个区域的放大图，其中黑线对应目标图形轮廓，深灰线和浅灰线分别对应传统 SMO 技术和 MOSMO 技术优化后的成像轮廓。仿真结果表明，针对 $\sigma_J = 0.05$ 和 $S = 2\%$ 两种非理想光刻系统，采用 MOSMO 技术在中心区域和线端区域获得的 EPE = 0nm，采用传统 SMO 技术获得的 EPE = 5.6nm。因此，较传统 SMO 技术，MOSMO 技术在一定程度上具有更加优越的 EPE 性能。

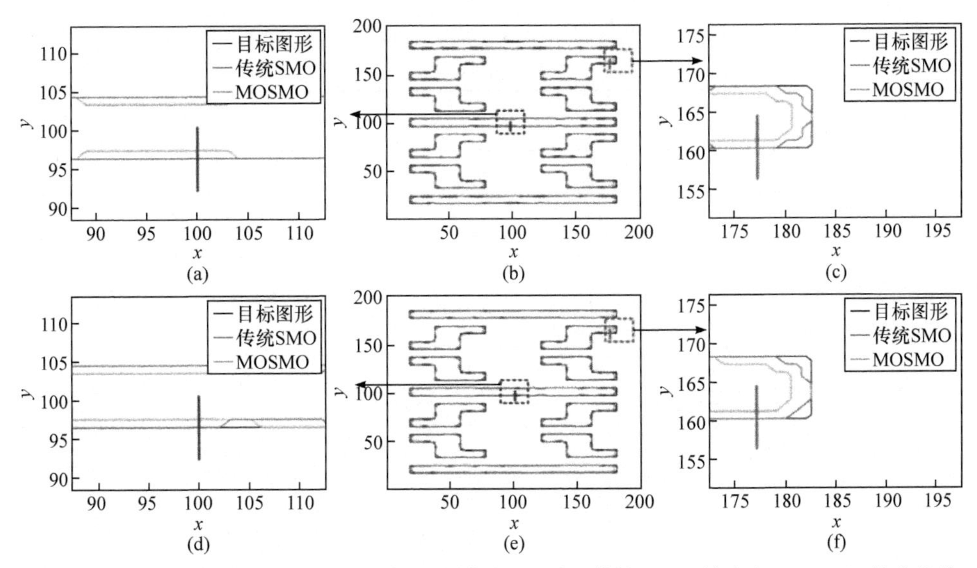

图 4.18　光源非均匀性和杂散光同时存在的情况下，采用传统 SMO 技术和 MOSMO 技术优化后的成像轮廓对比图

光源非均匀性和杂散光同时存在的情况下，采用传统 SMO 技术和 MOSMO 技术优化后的 PAE 随光源非均匀性和杂散光变化的曲线如图 4.19 所示。

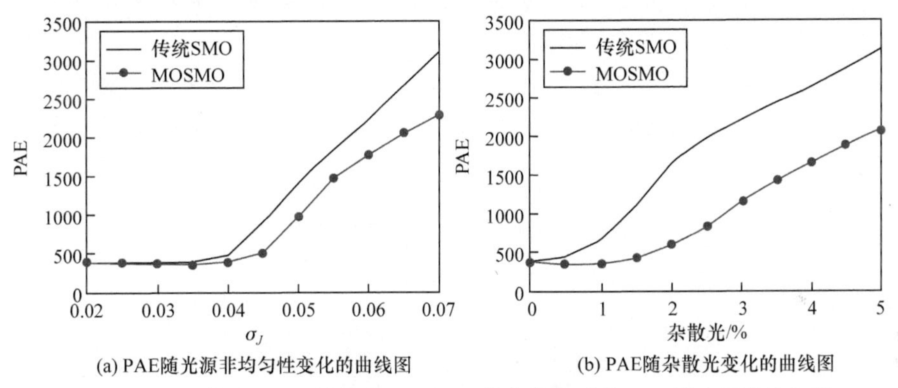

(a) PAE随光源非均匀性变化的曲线图　　(b) PAE随杂散光变化的曲线图

图 4.19　采用传统 SMO 技术和 MOSMO 技术优化后的 PAE 随光源非均匀性和杂散光变化的曲线图

可以看出，较传统 SMO 技术的情况，MOSMO 技术可以同时降低优化后 PAE 对光源非均匀性和杂散光的敏感度。为了近似地评估 PAE 对 σ_J 和 S 的敏感度，定义对数敏感度 $S_{\log}^{\tau}=\dfrac{\partial \log \mathrm{PAE}}{\partial \tau}$，其中 $\tau=\sigma_J$ 或 S。

如表4.2所示，相比传统SMO技术，MOSMO技术能够有效地降低 $S_{\log}^{\sigma_J}$ 和 $S_{\log}^{S}$，降幅可达 14%和 17%。

表 4.2　采用传统 SMO 技术和 MOSMO 技术优化后的 PAE 对光源非均匀性和杂散光的对数敏感度

技术	$S_{\log}^{\sigma_J}$	$S_{\log}^{S}$
传统 SMO	51	48
MOSMO	44	40

光源非均匀性和杂散光同时存在的情况下，采用传统 SMO 技术和 MOSMO 技术优化后的 PW 对比图如图 4.20 所示。

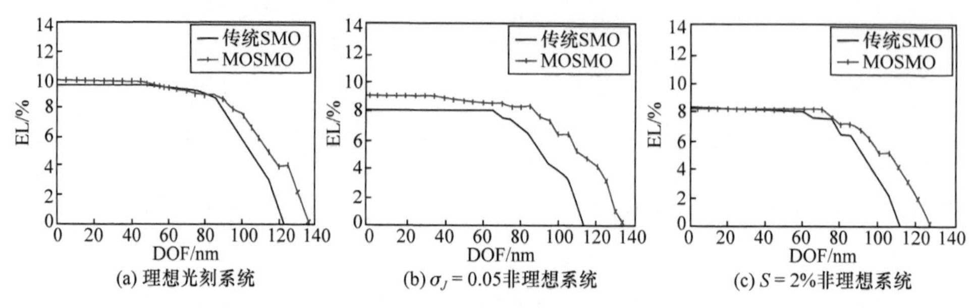

图 4.20　采用传统 SMO 技术和 MOSMO 技术优化后的 PW 对比图

仿真结果表明，MOSMO 技术优化后的光源和掩模在三种光刻系统中的 PW 都明显优于传统 SMO 技术的情况。

针对传统 SMO 技术和 MOSMO 技术优化后的 PW，EL = 5%时 DOF 值(缩写为 DOF@5%EL)的柱状图如图 4.21 所示。其中，左柱对应理想光刻系统，中柱和右柱分别对应 $\sigma_J = 0.05$ 和 $S = 2\%$ 的非理想光刻系统。

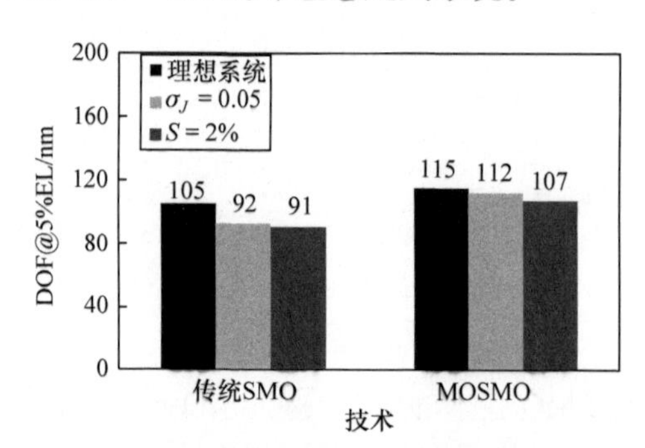

图 4.21　EL = 5%时 DOF 值的柱状图

可以看出，MOSMO 技术能够有效地扩大光刻 PW，在光源非均匀性参数 $\sigma_J = 0.05$ 的情况下 DOF@5%EL 可提高 22%；在杂散光 S=2%的情况下 DOF@5%EL 可提高 18%。

2. 低像差敏感度的光源-掩模优化

1) LASSMO 技术的数学模型

实际光刻系统是非零误差系统，例如存在物镜系统波像差或偏振像差。另外，光学系统还存在热像差[15]、掩模的形貌误差和折射率误差[16]等随机误差。在实际工程中，上述随机误差是无法消除的。根据 Abbe 二次衍射成像理论，上述误差对成像性能的影响，最终可归结为对光瞳相位、强度、偏振态的影响。这些随机误差将导致波前畸变、产生随机像差，影响光刻成像质量。

针对该随机像差，本节介绍一种 LASSMO 技术，降低光刻成像对像差的敏感程度，提升光刻工艺稳定性。LASSMO 技术的目标是寻找最优的光源和掩模，既能够提高光刻图形保真度，又能够降低光刻成像对像差的敏感度。

本节的 SMO 模型采用薄掩模近似，即掩模衍射近场分布为掩模图形的透过率分布，由式(2.62)计算光刻成像，由式(2.11)获得含波像差的光瞳函数。波像差 W 可以用 Zernike 多项式展开为

$$W = \sum_{i} c_i \varGamma_i(\rho,\theta) \tag{4.20}$$

其中，(ρ,θ) 为出瞳平面的极坐标；c_i 和 $\varGamma_i(\rho,\theta)$ 为第 i 项 Zernike 系数和 Zernike 多项式。

这样可以用一组 Zernike 系数 c_i 表示波像差 W。通常情况下，37 项 Zernike 多项式已经足够精确地拟合波面变化，因此如无特殊说明，本节仿真均使用 37 项 Zernike 多项式和 Zernike 系数描述波面形状，Zernike 系数 c_i 的单位均为波长 λ。

考虑像差对光刻成像的影响，需要使用 PAE 的数学期望 $F_W = \varepsilon_W(\| \tilde{Z}(x,y) - Z(x,y,W) \|_2^2)$ 作为主要的评价函数。此外，为了降低光刻成像对像差的敏感程度，在目标函数中添加像差敏感度罚函数，构建新的多目标函数。添加像差敏感度罚函数能降低光刻成像对像差的敏感度，实现低像差敏感度的 SMO 技术，提高光刻成像的稳定性。

像差敏感度定义为光刻空间像对波像差 Zernike 系数的梯度，即

$$Y_i = \varepsilon_W \left[\sum_{m,n} (\partial I_{mn} / \partial c_i)^2 \right] \tag{4.21}$$

可由式(2.62)和式(2.11)计算式(4.21)中的 $\sum_{m,n} (\partial I_{mn} / \partial c_i)^2$ 项，近似表示为

$$\sum_{mn} \left(\frac{\partial I_{mn}}{\partial c_i} \right)^2 \approx \sum_{mn} \frac{2}{Q_{\text{sum}}} \sum_{x_s} \sum_{y_s} J^{x_s y_s} \sum_{p=x,y,z} \left| \sum_{rs} [C_{\text{Re}}^i \operatorname{Re}(\varPsi_p) + C_{\text{Im}}^i \operatorname{Im}(\varPsi_p)] \right|^2 \tag{4.22}$$

其中

$$C_{\text{Re}}^{i}=-\text{Re}\{F^{-1}[\sin(2\pi W)\cdot 2\pi\Gamma_{i}]\}-\text{Im}\{F^{-1}[\cos(2\pi W)\cdot 2\pi\Gamma_{i}]\} \tag{4.23}$$

$$C_{\text{Im}}^{i}=-\text{Im}\{F^{-1}[\sin(2\pi W)\cdot 2\pi\Gamma_{i}]\}+\text{Re}\{F^{-1}[\cos(2\pi W)\cdot 2\pi\Gamma_{i}]\} \tag{4.24}$$

令 $T_p=F^{-1}[V'\odot B^{x_s y_s}\odot F(M)\odot E_i]$ 和 $\Theta=F^{-1}[\exp(\text{j}2\pi W)]$，则

$$\Psi_{p,mn,rs}=\left(\sum_{r=1}^{N}\sum_{s=1}^{N}T_{p,m-r,n-s}^{x_s y_s}\cdot\Theta_{rs}\right)\cdot(T_{p,m-r,n-s}^{x_s y_s})^{*} \tag{4.25}$$

其中，F 和 F^{-1} 为傅里叶变换和傅里叶逆变换；V' 为坐标旋转矩阵；E_i 为电场偏振态。

将 PAE 的数学期望 F_W 和式(4.21)加权求和，构造 LASSMO 技术的多目标函数为

$$D=F+\sum_{i}\omega_i Y_i \tag{4.26}$$

其中，ω_i 为第 i 项 Zernike 系数的权重因子。

使用式(4.26)所示的多目标函数对光源图形 Q 和掩模图形 M 进行优化。此时，LASSMO 优化问题的数学模型可表示为

$$(\hat{Q},\hat{M})=\underset{Q,M}{\arg\min}\,D(Q,M) \tag{4.27}$$

利用式(2.121)和式(2.67)对光源 Q 和掩模 M 进行参数转换。此时，可将式(4.27)中的优化问题转化为对光源参数 Ω_S 和掩模参数 Ω_M 的优化，即

$$(\hat{\Omega}_S,\hat{\Omega}_M)=\underset{\Omega_S,\Omega_M}{\arg\min}\,D(\Omega_S,\Omega_M) \tag{4.28}$$

LASSMO 技术的算法优化流程如表 4.3 所示。

表 4.3 LASSMO 技术的算法优化流程

光源优化步骤
1. 输入：设定初始光源参数 $\Omega_Q^{(0)}$，使初始光源图形为内相干因子 0.82、外相干因子 0.97 的环形照明；设定初始掩模参数 $\Omega_M^{(0)}$，使初始掩模透过率分布为目标图形。光源优化步长 $S_Q=0.7$，最大迭代次数 $l_{\text{SO}}=20$，初始迭代次数 $k=0$ 2. 更新光源参数 Ω_Q，每次迭代过程中掩模参数 Ω_M 保持不变： while $k<l_{\text{SO}}$ $k=k+1$； 随机生成 37 项 Zernike 系数 $c_1^{\alpha_1},\cdots,c_i^{\alpha_i},\cdots,c_{37}^{\alpha_{37}}$； 利用式(4.35)计算目标函数对光源参数的梯度矩阵 $\nabla_Q D^{(k-1)}$； 更新光源参数 $\Omega_Q^{(k)}=\Omega_Q^{(k-1)}-S_Q\dfrac{\nabla_Q D^{(k-1)}}{\left\Vert\nabla_Q D^{(k-1)}\right\Vert_2}$； end 3. 把当前光源参数 $\Omega_Q^{(20)}$ 和掩模参数 $\Omega_M^{(20)}$ (由于不进行掩模优化，所以 $\Omega_M^{(20)}=\Omega_M^{(0)}$)输入 SISMO 技术的优化步骤

续表

SISMO 技术的优化步骤
1. 输入：光源优化步长 $S_Q=0.7$，掩模优化步长 $S_M=10$，最大迭代次数 $l_{\text{SMO}}=130$，当前迭代次数 $k=20$
2. 更新光源参数 Ω_Q 和掩模参数 Ω_M：
while　$k<l_{\text{SMO}}+20$
$k=k+1$；
随机生成 37 项 Zernike 系数 $c_1^{\alpha_1},\cdots,c_i^{\alpha_i},\cdots,c_{37}^{\alpha_{37}}$；
利用式(4.35)、式(4.36)计算目标函数对光源参数的梯度矩阵 $\nabla_Q D^{(k-1)}$，以及对掩模参数的梯度矩阵 $\nabla_M D^{(k-1)}$；
更新光源参数和掩模参数 $\Omega_Q^{(k)}=\Omega_Q^{(k-1)}-S_Q\dfrac{\nabla_Q D^{(k-1)}}{\left\|\nabla_Q D^{(k-1)}\right\|_2}$；$\Omega_M^{(k)}=\Omega_M^{(k-1)}-S_M\dfrac{\nabla_M D^{(k-1)}}{\left\|\nabla_M D^{(k-1)}\right\|_2}$；
end
3. 把当前光源参数 $\Omega_Q^{(150)}$ 和掩模参数 $\Omega_M^{(150)}$ 输入掩模优化步骤
掩模优化步骤
1. 输入：掩模优化步长 $S_M=10$，最大迭代次数 $l_{\text{MO}}=100$，当前迭代次数 $k=150$
2. 更新掩模参数 Ω_M，每次迭代过程中光源参数 Ω_J 保持不变：
while　$k<l_{\text{MO}}+150$
$k=k+1$；
随机生成 37 项 Zernike 系数 $c_1^{\alpha_1},\cdots,c_i^{\alpha_i},\cdots,c_{37}^{\alpha_{37}}$；
利用式(4.36)计算目标函数对掩模参数的梯度矩阵 $\nabla_M D^{(k-1)}$；
更新掩模参数 $\Omega_M^{(k)}=\Omega_M^{(k-1)}-S_M\dfrac{\nabla_M D^{(k-1)}}{\left\|\nabla_M D^{(k-1)}\right\|_2}$；
end
3. 把当前光源参数 $\Omega_Q^{(250)}$(由于不进行光源优化，所以 $\Omega_Q^{(250)}=\Omega_Q^{(150)}$)和掩模参数 $\Omega_M^{(250)}$ 转化为光源图形和掩模图形，并作为最终的优化结果输出

2) LASSMO 技术的优化方法

根据式(4.28)所示的目标函数，PAE 的数学期望 F 和像差敏感度 Y 对优化参数的梯度值差别较大，并且这种差别依赖训练采样点的取值，导致 LASSMO 技术优化过程中目标函数发散或震荡。为了解决这个问题，本节采用式(4.16)所示的归一化 SGD 算法提高收敛效率。此外，为了充分利用光源和掩模之间的耦合关系，有效调控循环次数等优化过程中的变量，本章使用 HSMO 技术的优化框架[17]。

由式(4.26)可知，目标函数 D 的梯度可以表示为

$$\nabla D=\nabla F+\sum_i \omega_i \nabla Y_i \tag{4.29}$$

为了简便，后续推导省略期望算子 $\varepsilon(\cdot)$。F 对光源参数和掩模参数的梯度矩阵[18]可以式(2.130)和式(2.93)。因此，本节只需要求出像差敏感度 Y_i 的梯度。

定义

$$X_p^i=\text{Re}[(T_p^{x_s y_s}\otimes\Theta)\odot(C_{\text{Re}}^i\otimes T_p^{x_s y_s})^*]+\text{Im}[(T_p^{x_s y_s}\otimes\Theta)\odot(C_{\text{Im}}^i\otimes T_p^{x_s y_s})^*] \tag{4.30}$$

$$H_{\mathrm{Re},p}=F^{-1}\left\{\left[\frac{2\pi C}{n_w R}\times V^{x_s y_s}\odot U\odot F(C_{\mathrm{Re}})\odot E_i\right]_p\right\} \tag{4.31}$$

$$H_{\mathrm{Im},p}=F^{-1}\left\{\left[\frac{2\pi C}{n_w R}\times V^{x_s y_s}\odot U\odot F(C_{\mathrm{Im}})\odot E_i\right]_p\right\} \tag{4.32}$$

其中，F 和 F^{-1} 为傅里叶变换和傅里叶逆变换；$C_{\mathrm{Re}}=\dfrac{\partial\mathrm{Re}(H_{Rs})}{\partial C}$；$C_{\mathrm{Im}}=\dfrac{\partial\mathrm{Im}(H_{Rs})}{\partial C}$。

像差敏感度 Y_i 对光源参数和掩模参数的梯度矩阵为

$$\nabla_Q Y_i=\sum_{mn}\frac{-\sin\Omega_S}{Q_{\mathrm{sum}}}\sum_{p=x,y,z}\left|X_p^i\right|^2 \tag{4.33}$$

$$\begin{aligned}\nabla_M Y_i=&\sum_{mn}\frac{-2\sin\Omega_M}{Q_{\mathrm{sum}}}\odot\sum_{x_s y_s}Q^{x_s y_s}\\&\odot\sum_{p=x,y,z}[\mathrm{Re}(\{[X_p^i\odot(C_{\mathrm{Re}}\otimes T_p^{x_s y_s})^*]\otimes H^\circ\}\odot B)\\&+\mathrm{Re}(B^*\odot\{[X_p^i\odot(T_p^{x_s y_s}\otimes\Theta)]\otimes H_{\mathrm{Re}}^{*\circ}\})\\&+\mathrm{Im}(\{[X_p^i\odot(C_{\mathrm{Im}}\otimes T_p^{x_s y_s})^*]\otimes H^\circ\}\odot B)\\&+\mathrm{Im}(B^*\odot\{[X_p^i\odot(T_p^{x_s y_s}\otimes\Theta)]\otimes H_{\mathrm{Im}}^{*\circ}\})]\end{aligned} \tag{4.34}$$

将式(4.33)和式(4.34)代入式(4.29)，可得目标函数 D 对光源参数和掩模参数的梯度矩阵，即

$$\begin{aligned}\nabla_Q D=&\frac{a\sin\Omega_S}{Q_{\mathrm{sum}}}\odot 1_{N\times1}^T\left[\sum_{p=x,y,z}\left|E_p^{\mathrm{wafer}}\right|^2\odot(\tilde{Z}-Z)\odot Z\odot(1-Z)\right]1_{N\times1}\\&+\sum_i\omega_i\sum_{mn}\frac{-\sin\Omega_S}{Q_{\mathrm{sum}}}\sum_{p=x,y,z}\left|X_p^i\right|^2\end{aligned} \tag{4.35}$$

$$\begin{aligned}\nabla_M D=&\frac{2a\sin\Omega_M}{Q_{\mathrm{sum}}}\odot\sum_{x_s}\sum_{y_s}\left\{Q^{x_s y_s}\sum_{p=x,y,z}\mathrm{Re}[B^{x_s y_s *}\odot H_p^{x_s y_s *o}\otimes(E_p^{\mathrm{wafer}}\odot\Lambda)]\right\}\\&+\sum_i\omega_i\sum_{mn}\frac{-2\sin\Omega_M}{Q_{\mathrm{sum}}}\odot\sum_{x_s y_s}Q^{x_s y_s}\\&\odot\sum_{p=x,y,z}\left[\mathrm{Re}\left(\left\{\left[X_p^i\odot(C_{\mathrm{Re}}\otimes T_p^{x_s y_s})^*\right]\otimes H^\circ\right\}\odot B\right)\right.\\&+\mathrm{Re}\left(B^*\odot\left\{\left[X_p^i\odot\left(T_p^{x_s y_s}\otimes\Theta\right)\right]\otimes H_{\mathrm{Re}}^{*\circ}\right\}\right)\\&+\mathrm{Im}\left(\left\{\left[X_p^i\odot(C_{\mathrm{Im}}\otimes T_p^{x_s y_s})^*\right]\otimes H^\circ\right\}\odot B\right)\\&\left.+\mathrm{Im}\left(B^*\odot\left\{\left[X_p^i\odot(T_p^{x_s y_s}\otimes\Theta)\right]\otimes H_{\mathrm{Im}}^{*\circ}\right\}\right)\right]\end{aligned} \tag{4.36}$$

3) 数值计算与分析

仿真用到的两种测试目标图形如图 4.22 所示。光刻技术节点为 28nm，图中灰线表示 PW 的测量位置。仿真采用 NA = 1.2 的 DUV 浸没式光刻物镜，浸没液体折射率为 1.44，缩小倍率为 4 倍。目标图形的矩阵维度为 201×201，其在硅片一侧的像素尺寸为 5.625nm×5.625nm。由于测试目标图形均为二维复杂图形，因此均采用 TE 偏振照明模式。

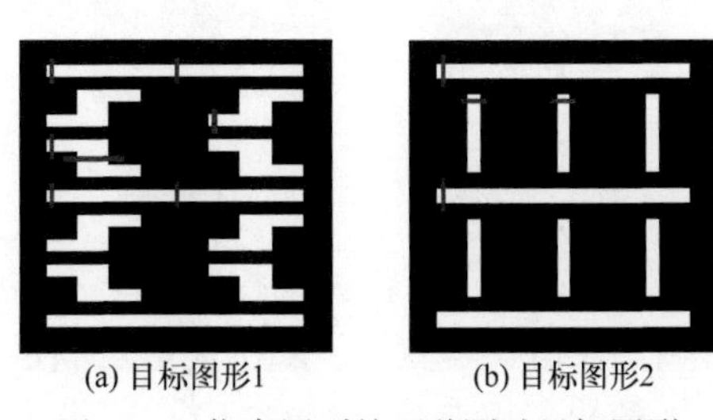

(a) 目标图形1　(b) 目标图形2

图 4.22　仿真用到的两种测试目标图形

值得注意的是，权重 $\omega = 0$ 的 LASSMO 技术仍然在目标函数中考虑像差对光刻成像的影响。为了方便理解，本节以存在彗差和球差为例，讨论不同权重因子 ω 情况下，LASSMO 技术降低像差敏感度的效果。需要说明的是，根据实际系统的像差情况及其控制需求，均可用 LASSMO 技术降低单个像差或多个像差的敏感度，进一步提高成像质量。

(1) 含有彗差的 LASSMO 技术。

Zernike 多项式和几何像差之间存在对应关系[19,20]，其中第 7 项和第 8 项 Zernike 多项式代表 x 方向和 y 方向的彗差。以 y 方向彗差，即第 8 项 Zernike 多项式单独存在的情况为例，论证 y 方向彗差对光刻成像的影响，并用 LASSMO 技术降低光刻成像对 y 方向彗差的敏感性。

y 方向彗差为 $W = c_8 \Gamma_8(\rho,\theta)$，其中 c_8 是第八项 Zernike 多项式的系数因子，决定 y 方向彗差的大小。在 LASSMO 技术优化过程中，引起彗差的影响因素不同，c_8 是一个随机变量。目标函数可以简化为 $D = F + \omega_8 Y_8$，ω_8 为像差敏感度罚函数 Y_8 的权重系数。

首先用目标图形 1 论证 y 方向彗差对光刻成像的影响。如图 4.23 所示，从左到右分别为光源优化结果、掩模优化结果、无像差系统中的光刻胶成像、选 $c_8 = 0.1$ 时的光刻胶成像。图 4.23(a)和图 4.23(b)中的光源和掩模是零像差 SMO 技术优化的结果。如图 4.23(c)所示，无像差系统的 SMO 技术获得 PAE 很低的高保真光刻胶成像(PAE = 416)。如图 4.23(d)所示，零像差 SMO 技术优化的光源与掩模，用于存在像差的光刻系统时，如 $c_8 = 0.1$ 的情况，光刻成像的 PAE 很大，保真度较低(PAE = 2324)。由上述对比结果可知，像差显著影响 SMO 之后的光刻图形保真度，因此有必要使用 LASSMO 技术，降低光刻系统像差对光刻成像的影响。

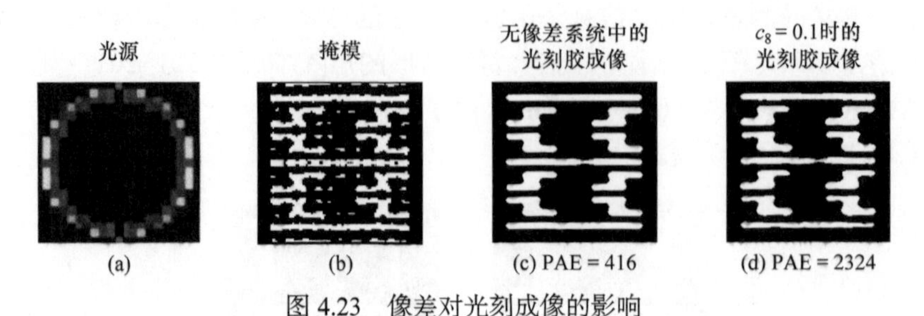

图 4.23　像差对光刻成像的影响

针对图 4.22(a)中的目标图形 1，下面讨论权重因子 ω_8 的取值对 LASSMO 技术优化结果和效果的影响。在仿真实验中，随机变量 c_8 满足期望为 0，标准差为 0.03 的高斯分布。图 4.24 给出了仅考虑 c_8 的情况下，不同 ω_8 对应的 LASSMO 技术仿真结果。从上到下权重因子逐渐增大，依次对应 $\omega_8 = 0$、$\omega_8 = 0.1$、$\omega_8 = 0.2$ 和 $\omega_8 = 0.3$ 时的 LASSMO 技术；从左到右依次对应优化得到的光源图形、掩模图形和 $\omega_8 = 0.1$ 时的光刻胶成像。对比图 4.24(c)、图 4.24(f)、图 4.24(i)和图 4.24(l)可知，随着权重因子 ω_8 的逐渐增大，极端像差对应的光刻成像质量有明显提升(随

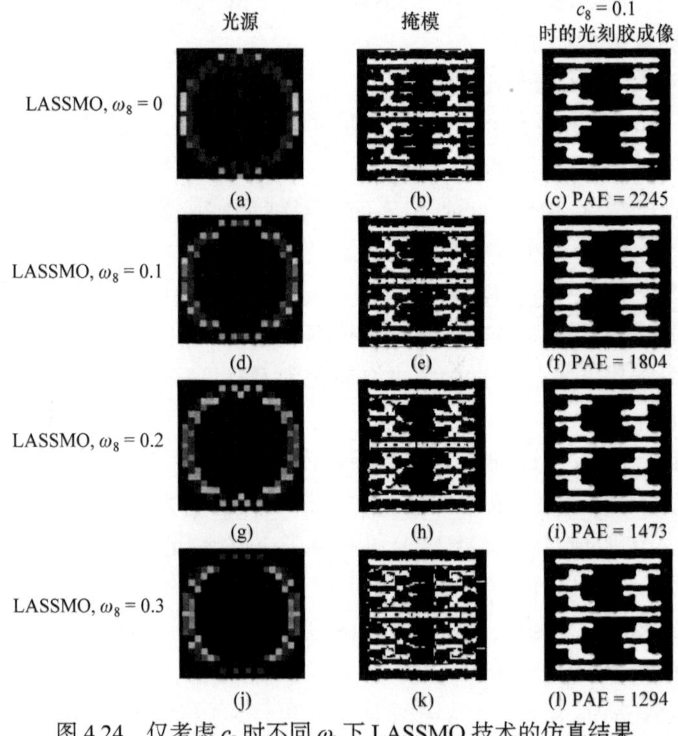

图 4.24　仅考虑 c_8 时不同 ω_8 下 LASSMO 技术的仿真结果

机变量 c_8 的标准差 $\sigma = 0.03$，当 $c_8 > 3\sigma$ 时，其在统计学意义上属于极端像差)。如图 4.24(c)和图 4.24(l)所示，$c_8 = 0.1$ 时，$\omega_8 = 0$ 和 $\omega_8 = 0.3$ 对应的 LASSMO 技术获得的光刻成像 PAE 分别为 2245 和 1294，后者比前者 PAE 降低 42.4%。结果表明，在 LASSMO 技术采纳较大权重因子 ω_8，能降低随机像差对光刻成像 PAE 的影响，提高光刻成像保真度。忽视系统误差的 SMO 技术优化掩模和光源，不匹配含误差的光刻系统所需。这再次证明，LASSMO 技术对实际含误差系统掩模和光源优化的先进性和有效性。

为了进一步说明像差敏感度罚函数的作用，图 4.25 给出了不同 ω_8 的 LASSMO 技术对应的 PAE 随 c_8 变化的曲线。图中，斜率从大到小的顺序依次为 $\omega_8 = 0$、$\omega_8 = 0.1$、$\omega_8 = 0.2$ 和 $\omega_8 = 0.3$ 的 LASSMO 技术。PAE 随 c_8 变化的曲线斜率代表光刻成像的 PAE 对像差的敏感程度。上述结果说明随着权重因子 ω_8 的增大，光刻成像 PAE 对像差的敏感程度逐渐减小，进一步体现了像差敏感度项罚函数的作用，以及 LASSMO 技术的有效性。LASSMO 技术有利于提升光刻成像的稳定性，对于实际光刻工艺有重要的意义。

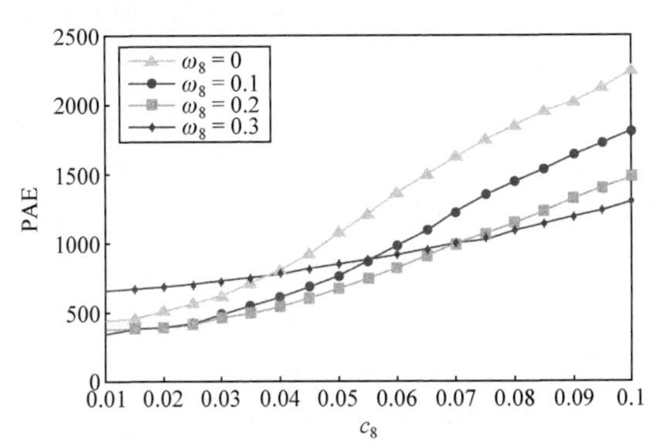

图 4.25 仅考虑 c_8 的情况下，采用不同 ω_8 的 LASSMO 技术对应的 PAE 随 c_8 变化的曲线图

尽管较大的权重因子 ω_8 能够获得高稳定的光刻成像，但是在小像差情况下，过大的权重因子 ω_8 会导致光刻成像性能恶化，这会影响光刻 PW。图 4.26 所示为 $c_8 = 0.03$ 的光刻系统中，采用不同 ω_8 的 LASSMO 技术的 PW 对比图。

$\omega_8 = 0.3$ 时曲线对应的 PW 最小，最大的 EL 仅为 4.2%，在 EL = 5%处的 DOF 值为 0nm，完全无法满足实际光刻的需求。由此可见，过大的权重因子会导致 PW 的缩小，不适用于实际光刻工艺。从 PW 的对比结果可知，当权重因子 $\omega_8 < 0.2$ 时，LASSMO 技术仍然能够得到可接受的 PW。

综合考虑像差敏感度和 PW 两项评价指标，权重因子 ω_8 在[0.1,0.2]取值，LASSMO 技术能够取得较好的效果。上述权重因子的取值范围由随机像差的类型、Zernike 系数的取值，以及掩模图形等多种因素共同确定。对于不同的 Zernike

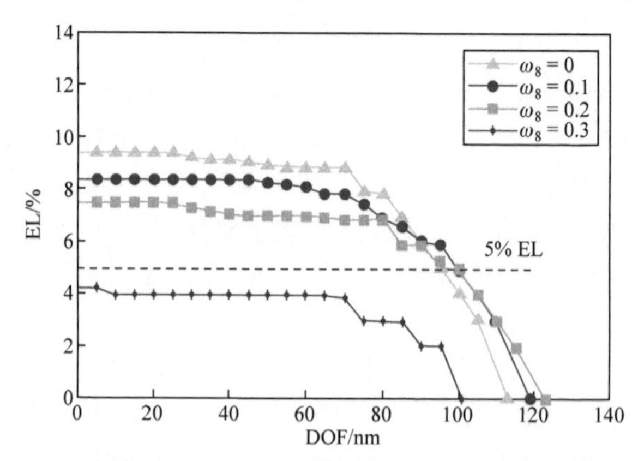

图 4.26　$c_8 = 0.03$ 的光刻系统中，采用不同 ω_8 的 LASSMO 技术 PW 对比图

项和掩模图形，像差敏感度项权重因子的最优范围是不同的。

仿真结果表明，在选取合适的像差敏感度权重因子的情况下，LASSMO 技术能够有效降低光刻成像对随机像差的敏感度，并获得较大的 PW。

为了论证 LASSMO 技术的普适性，下面对图 4.22(b)中的测试目标图形 2 进行仿真研究。这里同时考虑 x 方向彗差和 y 方向彗差，即第 7 项 Zernike 多项式和第 8 项 Zernike 多项式共同存在的情况。W 可以表示为 $W = c_7\Gamma_7(\rho,\theta) + c_8\Gamma_8(\rho,\theta)$，其中 Zernike 系数 c_7 和 c_8 是两个互相独立的随机变量，c_7 和 c_8 均满足期望为 0，标准差为 0.05 的高斯分布。同理，目标函数可以表示为 $D = F + \omega_7 Y_7 + \omega_8 Y_8$，其中 ω_7 和 ω_8 分别为像差敏感度罚函数 Y_7 和 Y_8 的权重系数。

如图 4.27 所示，在 Zernike 系数 c_7 和 c_8 共同存在的情况下，不同权重因子(即 ω_7 和 ω_8)对应的 LASSMO 仿真结果。第一行对应 $\omega_7 = \omega_8 = 0$，第二行对应 $\omega_7 = \omega_8 = 0.1$；从左到右依次对应优化得到的光源图形、掩模图形、$c_7 = c_8 = 0.1$ 时的光刻胶成像。

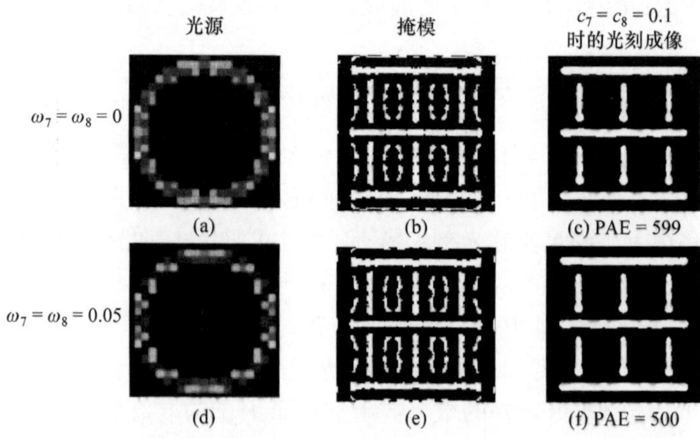

图 4.27　不同权重因子(ω_7 和 ω_8)对应的 LASSMO 技术的仿真结果

对比图 4.27(c)和图 4.27(f)，像差 $c_7 = c_8 = 0.1$ 时，$\omega_7 = \omega_8 = 0.05$ 相比 ω_7 和 ω_8 均为 0 的 LASSMO 技术，光刻成像质量有明显提升，PAE 从 599 降到 500，降低 16.7%。上述结果表明，LASSMO 技术能够有效降低像差对光刻成像的影响。

如图 4.28 所示，两项 Zernike 系数 c_7 和 c_8 共同存在的情况下，不同权重因子的 LASSMO 技术对应的 PAE 随 Zernike 系数 c_7 和 c_8 变化的曲线图。

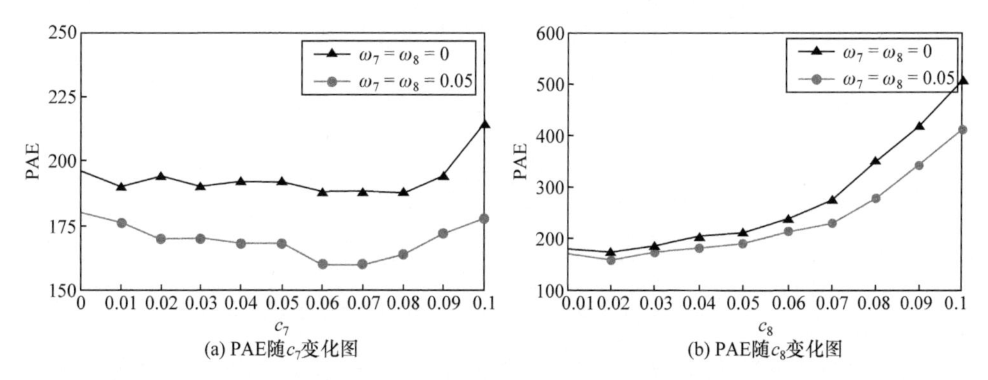

图 4.28　采用不同权重因子(ω_7 和 ω_8)的 LASSMO 技术对应的 PAE 随 Zernike 系数 c_7 和 c_8 变化的曲线图

在图 4.28(a)和图 4.28(b)中，$\omega_7 = \omega_8 = 0.05$ 曲线的整体斜率均小于 $\omega_7 = \omega_8 = 0$ 曲线。这说明，$\omega_7 = \omega_8 = 0.05$ 的 LASSMO 技术能够降低光刻成像对随机像差的敏感度。同时，在图 4.28(a)和 4.28(b)中，$\omega_7 = \omega_8 = 0.05$ 曲线均位于 $\omega_7 = \omega_8 = 0$ 曲线下方，说明在像差存在的情况下，$\omega_7 = \omega_8 = 0.05$ 的 LASSMO 技术可以提升光刻成像质量。因此，对于目标图形 2，选取合适权重因子的 LASSMO 技术能够有效降低随机像差对光刻成像的影响，提高光刻成像质量和稳定性。

如图 4.29 所示，在 $c_7 = c_8 = 0.05$ 的光刻系统中，采用不同权重因子的 LASSMO 技术的 PW 对比图。

在图 4.29 中，$\omega_7 = \omega_8 = 0.05$ 曲线对应的 PW 远大于 $\omega_7 = \omega_8 = 0$ 曲线，特别是 EL = 5%处的 DOF 值，$\omega_7 = \omega_8 = 0$ 曲线为 0nm，$\omega_7 = \omega_8 = 0.05$ 曲线将近 80nm。上述结果证明，相比 $\omega_7 = \omega_8 = 0$ 的 LASSMO 技术，$\omega_7 = \omega_8 = 0.05$ 的 LASSMO 技术能够降低像差对光刻成像的影响，并扩大 PW。此外，目标图形 2 的仿真结果证明 LASSMO 技术对不同掩模图形的普适性。

(2) 含有彗差和球差的 LASSMO 技术。

下面讨论彗差和球差共同存在的情况下，不同权重因子的 LASSMO 技术的优化效果。考虑第 8 项 Zernike 多项式(表征 y 方向的彗差)和第 9 项 Zrenike 多项式(表征初级球差)，W 可以表示为 $W = c_8\Gamma_8(\rho,\theta) + c_9\Gamma_9(\rho,\theta)$，其中 Zernike 系数 c_8

和 c_9 是两个互相独立的随机变量，c_8 满足期望为 0，标准差为 0.05 的高斯分布，c_9 满足期望为 0，标准差为 0.1 的高斯分布。多目标函数为 $D = F + \omega_8 Y_8 + \omega_9 Y_9$，其中 ω_8 和 ω_9 分别为像差敏感度罚函数 Y_8 和 Y_9 的权重系数。

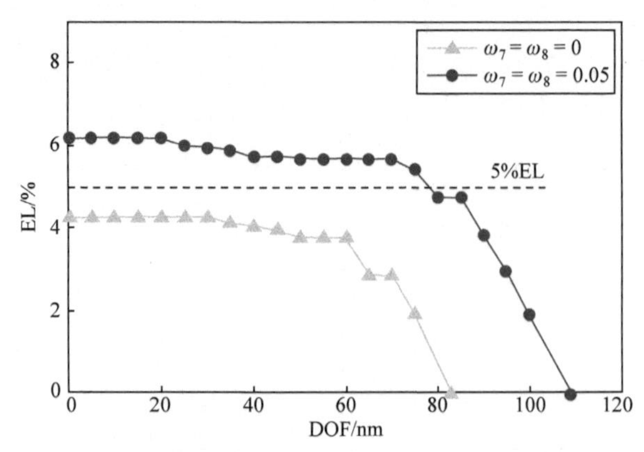

图 4.29　采用不同权重因子(ω_7 和 ω_8)的 LASSMO 技术的 PW 对比图

如图 4.30 所示，针对目标图形 1，在 Zernike 系数 c_8 和 c_9 共同存在的情况下，不同权重因子(即 ω_8 和 ω_9)对应的 LASSMO 仿真结果。从上到下权重因子逐渐增大，依次对应 $\omega_8 = \omega_9 = 0$、$\omega_8 = \omega_9 = 0.05$ 和 $\omega_8 = \omega_9 = 0.1$ 时的 LASSMO 技术；从左到右依次对应优化得到的光源图形、掩模图形和 $c_8 = c_9 = 0.1$ 时的光刻胶成像。

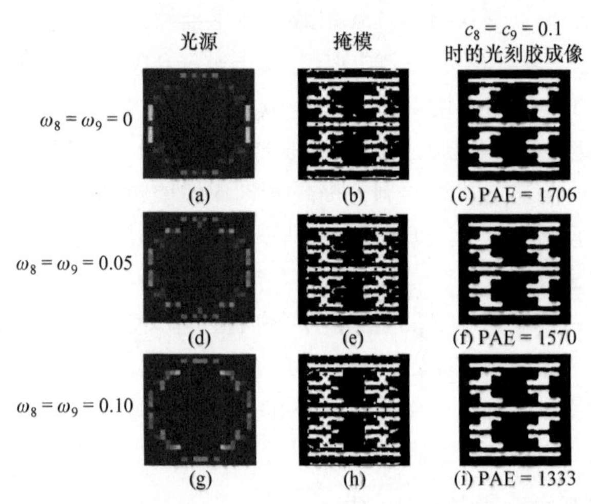

图 4.30　采用不同权重因子(ω_8 和 ω_9)LASSMO 技术的仿真结果对比图

对比图 4.30(c)、图 4.30(f)和图 4.30(i)可知，在像差为 $c_8 = c_9 = 0.1$ 时，随着权重因子 ω_8 和 ω_9 的逐渐增大，LASSMO 技术的光刻成像质量有明显的提升。在 $c_8 = c_9 = 0.1$ 时，$\omega_8 = \omega_9 = 0.1$ 相比 $\omega_8 = \omega_9 = 0$ 的 LASSMO 技术，光刻成像 PAE 由 1706

降低到1333，降低了21.9%。上述结果说明，采用较大权重因子 ω_8 和 ω_9 的LASSMO技术能够降低随机像差对光刻成像 PAE 的影响，提高光刻成像的稳定性。

两项 Zernike 系数 c_8 和 c_9 共同存在的情况下，采用不同权重因子的 LASSMO 技术对应的 PAE 随 Zernike 系数 c_8 和 c_9 变化的曲线图如图 4.31 所示。

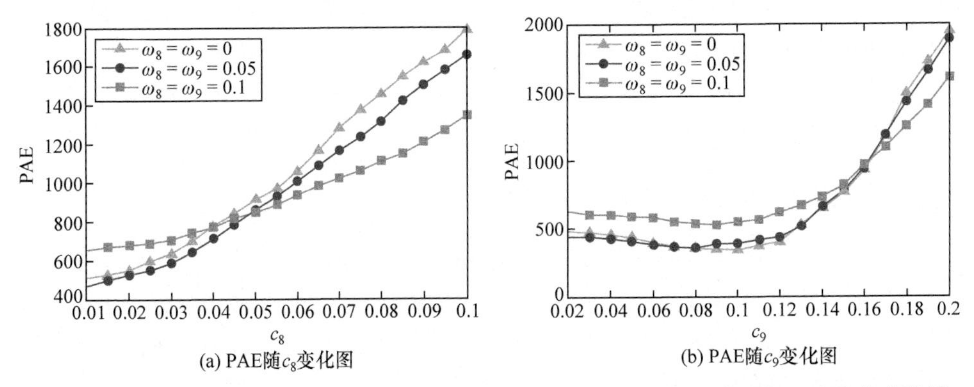

图 4.31　采用不同权重因子(ω_8 和 ω_9)的 LASSMO 技术对应的 PAE 随 c_8 和 c_9 变化的曲线图

仿真结果说明，在 LASSMO 技术中，随着权重因子的增大，光刻成像对随机像差的敏感度降低。在选取较大权重因子 ω_8 和 ω_9 的情况下，LASSMO 技术能够同时降低彗差 c_8 和球差 c_9 对光刻成像的影响，提高光刻成像稳定性。

在 $c_8=0$ 和 $c_9=0.05$ 的光刻系统中，采用不同权重因子(ω_8 和 ω_9)的 LASSMO 技术对应的 PW 如图 4.32 所示。

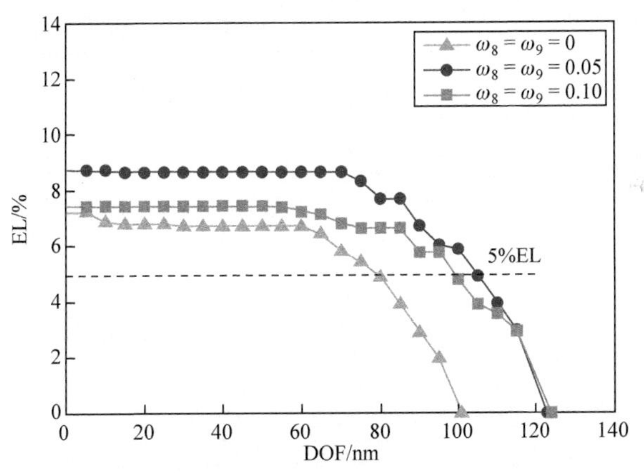

图 4.32　采用不同权重因子(ω_8 和 ω_9)的 LASSMO 技术对应的 PW

在图 4.32 中，$\omega_8=\omega_9=0.05$ 曲线和 $\omega_8=\omega_9=0.1$ 曲线对应的 PW 均大于 $\omega_8=\omega_9=0$ 曲线，说明在目标函数中添加球差敏感度能够增大 PW。在 EL = 5%处的

DOF 值，$\omega_8=\omega_9=0$ 曲线、$\omega_8=\omega_9=0.05$ 曲线和 $\omega_8=\omega_9=0.1$ 曲线分别为 80nm、105nm 和 98nm，说明像差敏感度的权重因子过大，反而会导致 PW 缩小。

因此，综合考虑像差敏感度和 PW 两项评价指标，当权重因子 ω_8 和 ω_9 在区间[0.05,0.1]取值时，LASSMO 技术能够取得较好的优化效果。与仅考虑 c_8 的情况相比，权重因子 ω_8 的最佳取值范围从[0.1,0.2]变化到[0.05,0.1]。因此，对于不同类型和不同分布的随机像差，像差敏感度罚函数权重因子的最佳取值范围不同。

仿真结果表明，选取合适的像差敏感度项罚函数权重因子的 LASSMO 技术，能够同时降低光刻成像对像差的敏感程度，扩大 PW。

4.2.2 全视场多目标光源-掩模优化技术

DUV 光刻机的曝光视场为 26mm×5.5mm，视场内各点的像差(波像差或偏振像差)不同，导致各视场点光刻成像不均匀，影响成像性能并降低全视场 PW。本节阐述全视场 MOSMO 技术，提高全视场光刻成像的均匀性和一致性，实现全视场的高性能光刻成像。

1. 全视场的波像差与偏振像差

4.1.1 节介绍波像差与偏振像差的定义与表征，不同视场点对应的像差不同。图 4.33 为 NA = 1.2 的光刻投影物镜系统[21]。

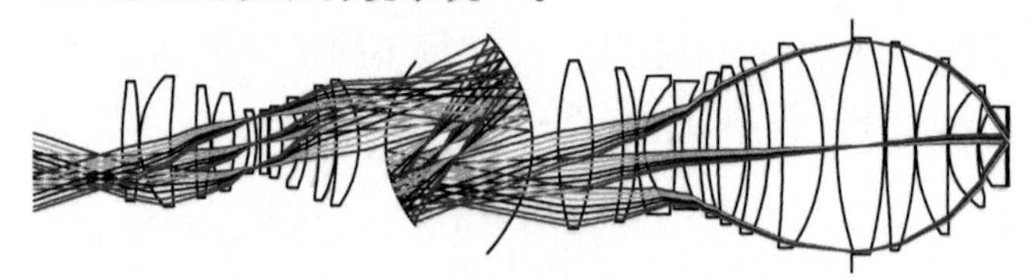

图 4.33　NA = 1.2 的光刻投影物镜系统

如图 4.34 所示，光刻投影物镜像面上的离轴矩形视场为 26mm×5.5mm。考虑光学系统的对称性，本节取像方视场右半平面 9 个视场点的像差信息，如图 4.34(b)所示。

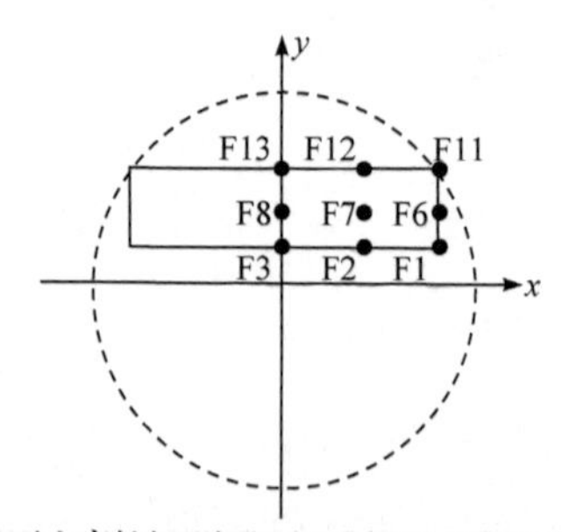

(a) 像面上离轴矩形视场和9个视场点位置示意图

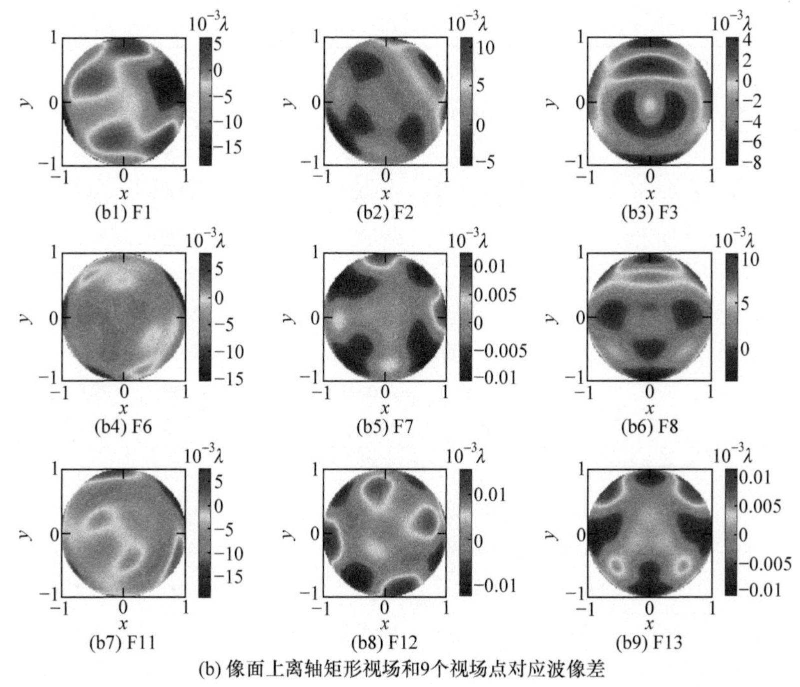

(b) 像面上离轴矩形视场和9个视场点对应波像差

图 4.34　像面上离轴矩形视场和 9 个视场点位置示意图及其对应波像差

光刻物镜的波像差数据源于光学设计软件 CODE V。各视场点波像差的 Zernike 系数如表 4.4 所示。

表 4.4　各视场点波像差的 Zernike 系数

系数	F1	F2	F3	F6	F7	F8	F11	F12	F13
Z1	−0.0025	0.0005	−0.001	0.0001	−0.0025	0.0017	−0.0017	0.0014	−0.0023
Z2	−0.0029	0.0015	0	0.0009	0.001	0	−0.0015	0.0005	0
Z3	−0.0012	0.001	0.0024	0.0008	0.0012	0.0019	−0.0009	0.0006	0.0015
Z4	−0.0009	0.001	0.001	0.001	−0.0005	0.0015	−0.0005	−0.0001	−0.0004
Z5	−0.0069	−0.0001	0.0031	−0.0025	−0.0001	0.0002	−0.0013	0.0006	−0.0012
Z6	−0.0051	−0.0001	0	−0.0034	0.0012	0	−0.0032	−0.0005	0
Z7	0.0052	−0.0003	0	−0.002	0.0009	0	0.0006	−0.0021	0
Z8	0.0015	−0.0003	−0.0028	−0.0006	0.0012	−0.0007	0.0009	−0.0038	0.0015
Z9	−0.0001	0.0011	−0.0008	−0.0015	0.0028	0.0005	0.0025	0.0007	0.0029
Z10	−0.0019	0.0001	0	−0.0004	0.0006	0	0.0004	−0.0047	0
Z11	−0.004	0.0001	0.0006	−0.0027	−0.0005	−0.0002	−0.0017	0.001	0.0006
Z12	0.0018	−0.0008	0.0041	−0.0003	0.0001	0.0028	−0.0015	0.0007	0.0006
Z13	0.0024	−0.0019	0	0.0011	−0.0002	0	−0.003	−0.0005	0

续表

系数	F1	F2	F3	F6	F7	F8	F11	F12	F13
Z14	0.0023	−0.0001	0	−0.001	0.0001	0	−0.0004	−0.0007	0
Z15	0.0003	−0.0001	0.0011	0.0001	0.0002	0	0.0003	−0.0017	0.0002
Z16	−0.0004	0.0005	−0.0002	0.0002	−0.0001	0.0007	0.0005	0.0006	0.0001
Z17	−0.001	0.0041	−0.001	−0.0006	0.0102	−0.0043	0.0041	0.0083	−0.0111
Z18	−0.0043	−0.0031	0	0.0011	0.0035	0	−0.0023	0.0097	0
Z19	0.0005	0.0008	0	−0.0007	0.0029	0	0.0007	−0.0015	0
Z20	−0.0001	−0.0021	0.0001	0.0009	−0.0019	0.0016	−0.0027	0.0007	0.003
Z21	−0.001	0.0002	−0.0025	−0.0014	−0.0001	−0.0011	−0.0018	−0.0004	−0.0008
Z22	0.0002	0.0011	0	−0.0007	0.0011	0	−0.0037	0.0022	0
Z23	−0.0027	0.0006	0	−0.0001	−0.0009	0	−0.0023	0.0021	0
Z24	−0.0015	0.0004	0.0025	0.0008	−0.001	0.0011	−0.0011	0.0027	−0.0017
Z25	0.0013	0.0018	0.0021	0.0008	0.0018	0.0017	−0.0013	0.0011	0.0018
Z26	−0.0003	0.0011	0	0.0035	0.0006	0	−0.0017	−0.0004	0
Z27	0.0037	0.0001	−0.0001	−0.0018	0.0012	−0.0007	0	0.0004	−0.0009
Z28	0.0004	−0.0012	0.0003	0	−0.0043	0.0013	−0.0004	−0.0039	0.0047
Z29	0.0024	0.0009	0	0.0001	−0.0014	0	0.0001	−0.0046	0
Z30	0.0026	−0.0003	0	−0.0005	−0.0031	0	−0.0016	0.0049	0
Z31	0.0036	0.0015	−0.0001	−0.0028	0.0018	−0.0015	0.0027	−0.0003	−0.0041
Z32	−0.0007	0.0007	−0.0001	−0.0003	−0.0002	−0.0021	0.0002	0.0007	−0.0015
Z33	0.0002	0.0024	0	0.0007	0.0019	0	0.0029	−0.0006	0
Z34	0.0006	−0.0014	0	−0.0011	−0.0007	0	−0.0017	0.0004	0
Z35	−0.0002	−0.001	−0.0022	−0.0001	−0.0008	−0.0018	−0.0009	0.0003	−0.0013
Z36	0.0022	0.0009	−0.0008	0.0016	0.0019	0.0007	0.0004	0.0029	0.0019
Z37	0.001	−0.0003	0.0007	0.0023	−0.0005	−0.0003	0.0017	−0.0002	−0.0006

各视场点波像差的 RMS 值和 PV 值如表 4.5 所示。中心视场点 F3 对应的波像差较小，边缘视场点 F11 对应的波像差较大。

表 4.5 各视场点波像差的 RMS 值和 PV 值

项目	F1	F2	F3	F6	F7	F8	F11	F12	F13
RMS	0.005	0.002	0.003	0.003	0.004	0.002	0.004	0.004	0.004
PV	0.033	0.02	0.016	0.035	0.03	0.017	0.043	0.035	0.027

联合运用光学设计软件 CODE V 与 PolAnalyst 偏振像差获取分析软件[22,23]，可以获取表征光学系统偏振像差的琼斯光瞳。光刻物镜的 9 个代表性视场点的偏

振像差用琼斯光瞳表征，如图 4.35～图 4.43 所示。其中，$\mathrm{Re}(J_{xx})$、$\mathrm{Im}(J_{xx})$、$\mathrm{Re}(J_{xy})$、$\mathrm{Im}(J_{xy})$、$\mathrm{Re}(J_{yx})$、$\mathrm{Im}(J_{yx})$、$\mathrm{Re}(J_{yy})$、$\mathrm{Im}(J_{yy})$分别表示式(4.4)中琼斯光瞳各元素的实部和虚部。图 4.35～图 4.43 表明，中心视场点 F3 对应的偏振像差最小，边缘视场点 F11 对应的偏振像差最大。

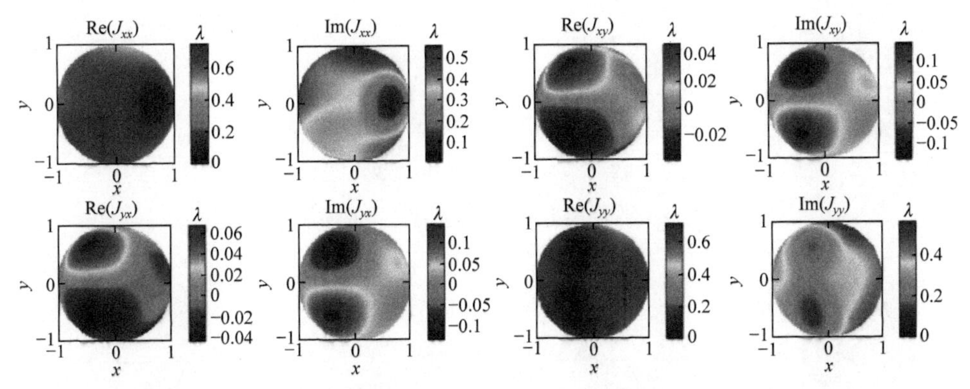

图 4.35　像面上 F1 视场点对应的偏振像差

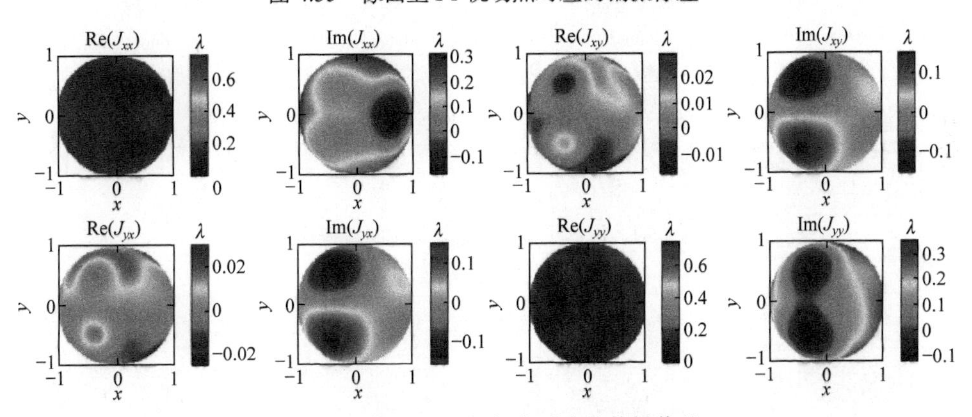

图 4.36　像面上 F2 视场点对应的偏振像差

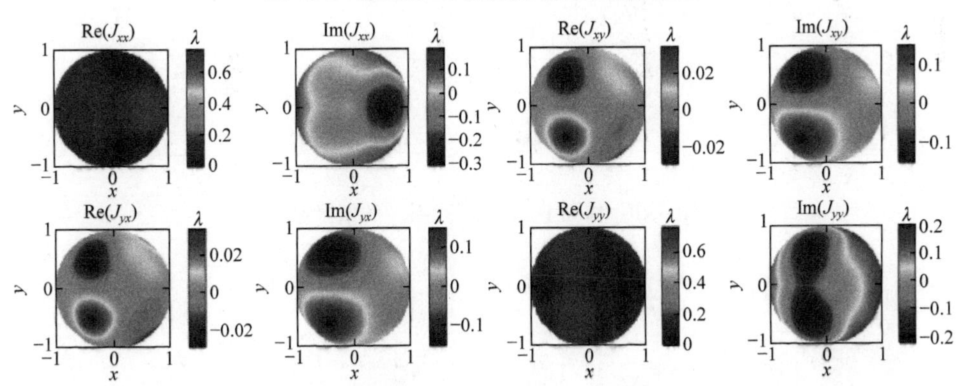

图 4.37　像面上 F3 视场点对应的偏振像差

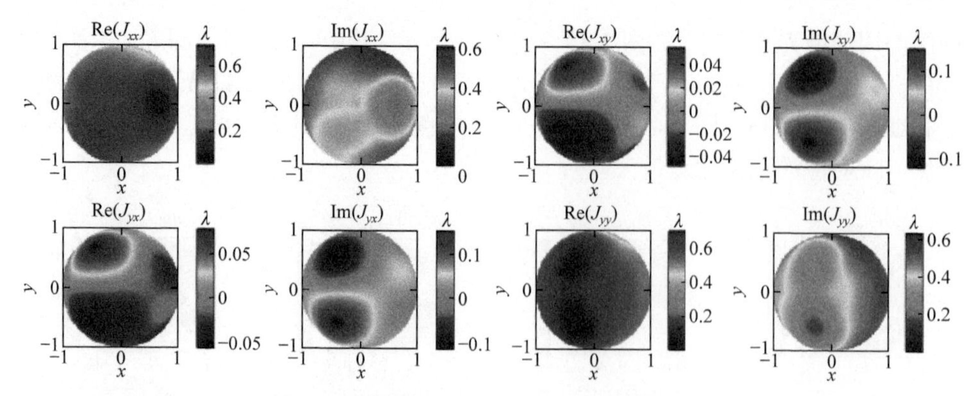

图 4.38　像面上 F6 视场点对应的偏振像差

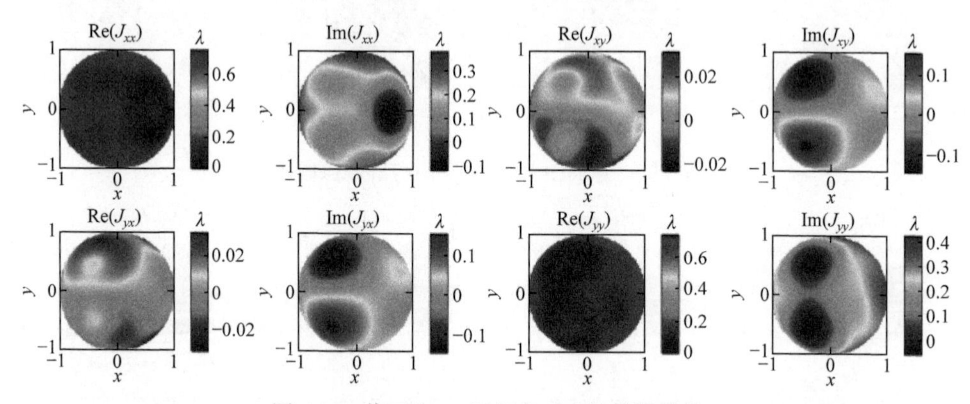

图 4.39　像面上 F7 视场点对应的偏振像差

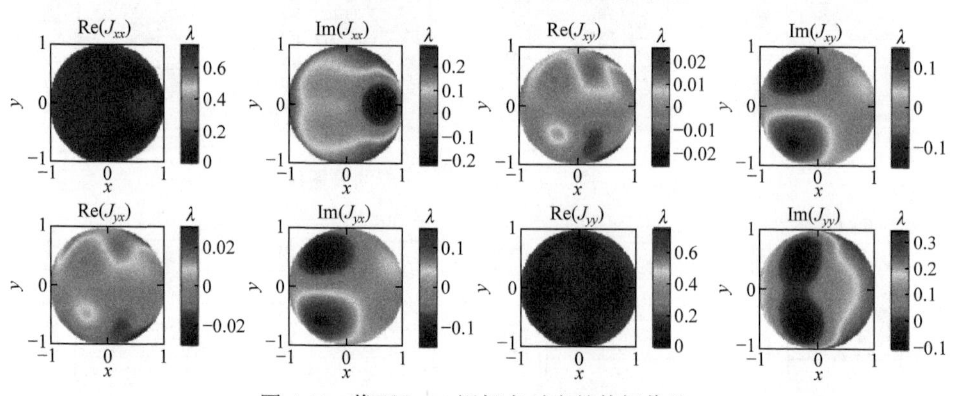

图 4.40　像面上 F8 视场点对应的偏振像差

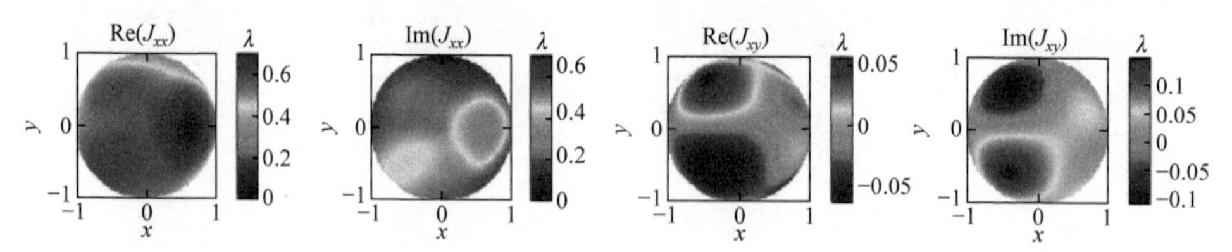

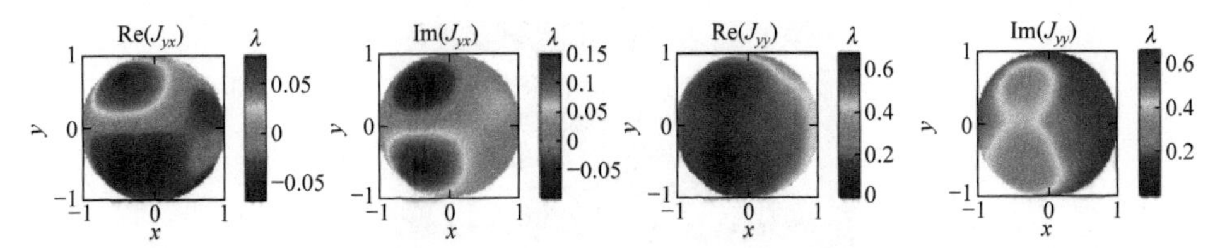

图 4.41　像面上 F11 视场点对应的偏振像差

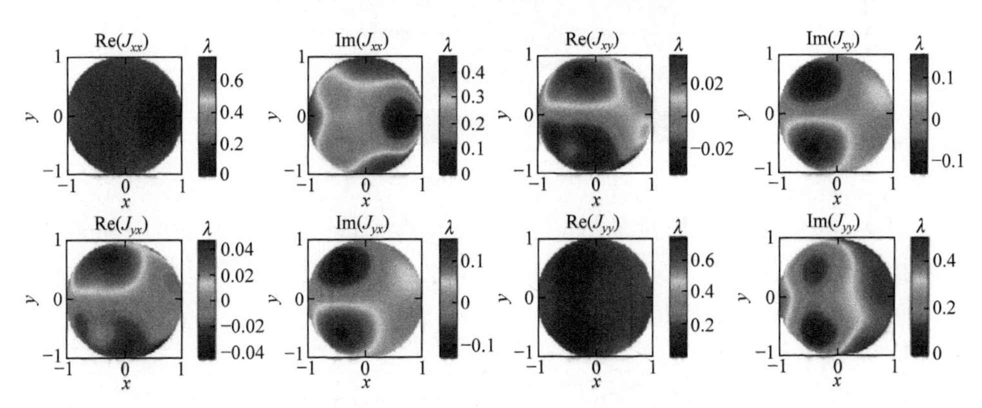

图 4.42　像面上 F12 视场点对应的偏振像差

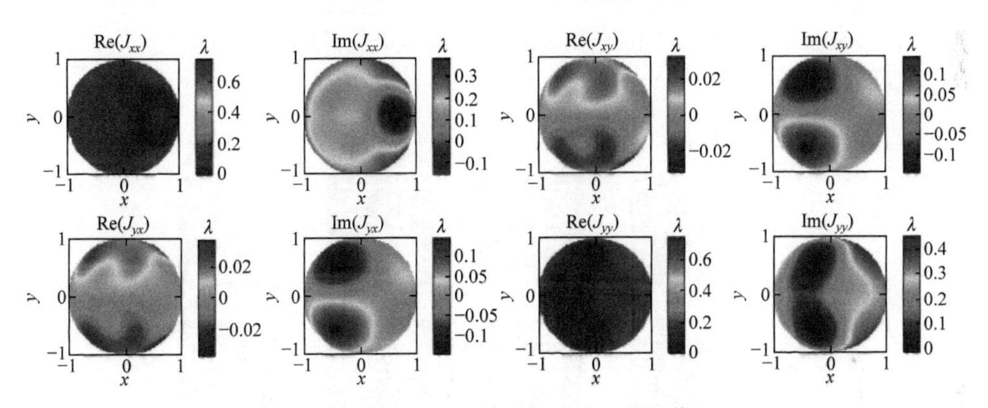

图 4.43　像面上 F13 视场点对应的偏振像差

2. 不同视场点对应像差对 SMO 技术的影响

下面分析不同视场点对应的不同像差对 SMO 技术的影响，介绍计入中心视场点(F3 视场点)对应像差的 SMO 技术，以及计入边缘视场点(F11 视场点)对应像差的 SMO 技术。为了表述简便，我们将两种 SMO 技术分别简写为 F3-SMO 和 F11-SMO。

仿真采用的测试掩模图形如图 4.44 所示。图中，短线表示 PW 的测量位置。

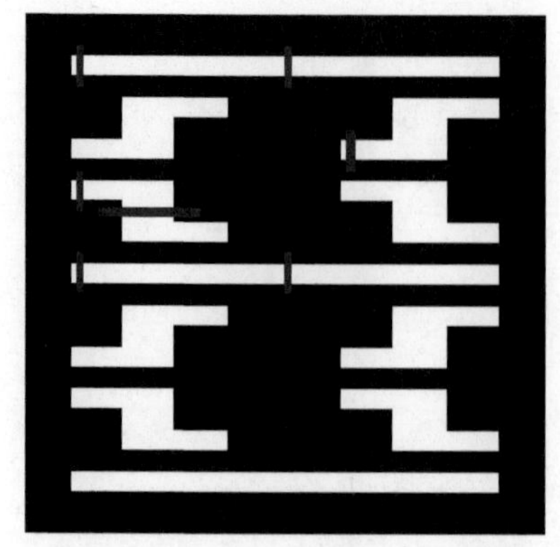

图 4.44　仿真使用的测试目标图形

图 4.44 中的测试区域在像方的边长为 201(像素)×5.625nm = 1130.625nm，远小于物镜像方视场尺寸(26mm×5.5mm)。因此，同一测试掩模图形上的多个物点视为同一视场点，对应相同的像差。

1) 含波像差的情况

光刻系统含波像差时，F3-SMO 技术和 F11-SMO 技术各自优化的光源与掩模如图 4.45(a)和图 4.45(b)、图 4.45(e)和图 4.45(f)所示。这两组光源与掩模在中心视场点 F3 和边缘视场点 F11 的光刻胶成像如图 4.45(c)和图 4.45(d)、图 4.45(g)和图 4.45(h)所示。

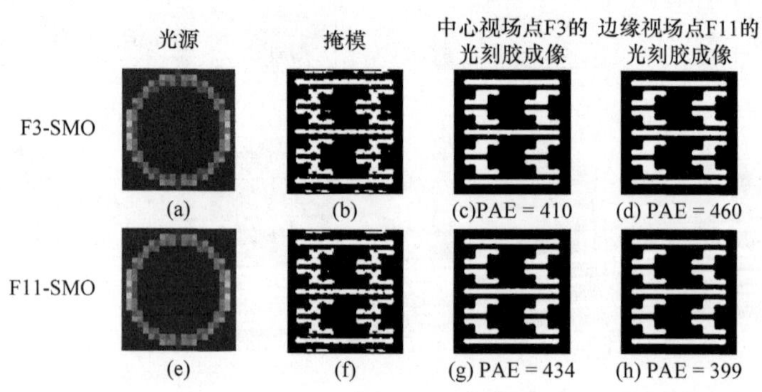

图 4.45　考虑波像差的情况下两种 SMO 技术的优化结果及在中心视场点 F3 和边缘视场点 F11 的光刻胶成像

F3-SMO 技术和 F11-SMO 技术将获得不同的光源和掩模。F3-SMO 技术仅在 F3 视场点处获得高保真成像(PAE = 410)，无法在 F11 视场点获得高保真成像(PAE = 460)，F11-SMO 技术亦然。

仿真结果表明，F3-SMO 技术和 F11-SMO 技术都只能保证单视场点的光刻成像质量，无法满足全视场的高保真光刻成像。

2) 含偏振像差的情况

光刻系统含偏振像差时，F3-SMO 技术和 F11-SMO 技术各自优化的光源与掩模如图 4.46(a)和图 4.46(b)、图 4.46(e)和图 4.46(f)所示。这两组光源与掩模在中心视场点 F3 和边缘视场点 F11 的光刻胶成像如图 4.46(c)和图 4.46(d)、图 4.46(g)和图 4.46(h)所示。

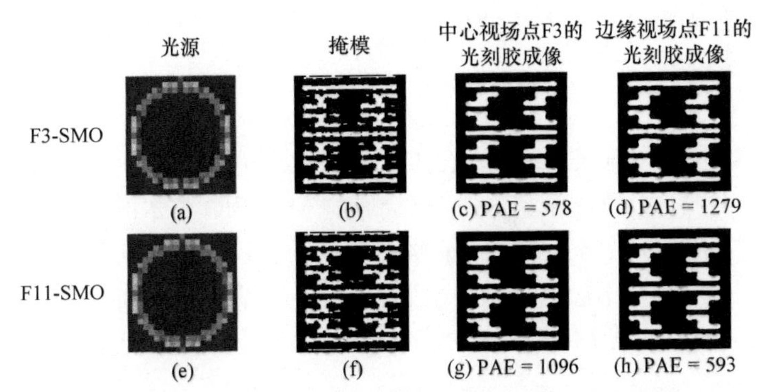

图 4.46　考虑偏振像差的情况下两种 SMO 技术的优化结果及在中心视场点 F3 和边缘视场点 F11 的光刻胶成像

F3-SMO 技术仅在 F3 视场点处获得高保真成像(PAE = 578)，无法在 F11 视场点获得高保真成像(PAE = 1279)，F11-SMO 技术亦然。

仿真结果说明，仅计入单视场点偏振像差的 SMO 技术，无法满足全视场的高保真光刻成像。因此，有必要建立全视场 MOSMO 技术。

3. 全视场多目标光源-掩模优化

1) MOSMO 技术的数学模型

考虑单视场点像差的 SMO 技术，无法同时满足全视场光刻成像质量的要求。为了解决上述问题，本节介绍一种 MOSMO 技术，以降低不同视场点像差对光刻成像的影响，并提高全视场光刻成像性能的均匀性。

首先，多目标函数由各视场点 PAE 的数学期望 F_m 加权和构成，即

$$F_{\mathrm{MOSMO}} = \sum_m \omega_m F_m \tag{4.37}$$

其中，ω_m 为第 m 个视场点的权重因子。

由于在计算第 m 个视场点 PAE 数学期望 F_m 的过程中，已经考虑第 m 个视场点对应的波像差或偏振像差，因此多目标函数 F_{MOSMO} 包含多个视场点的像差信息。

根据式(4.37)中的多目标函数，构造计入多个视场点对应像差的 MOSMO 技术优化模型。同样，应用式(2.121)和式(2.67)，将存在约束的优化问题变换为无约束优化问题。此时，MOSMO 优化问题的数学模型可以表述为

$$(\hat{\Omega}_S, \hat{\Omega}_M) = \underset{\Omega_S, \Omega_M}{\arg\min} F_{\text{MOSMO}}(\Omega_S, \Omega_M) \tag{4.38}$$

其中，Ω_S 和 Ω_M 为光源参数和掩模参数；$\hat{\Omega}_S$ 和 $\hat{\Omega}_M$ 为 Ω_S 和 Ω_M 的最优值。

2) 全视场多目标 SMO 的优化方法

使用 SD 算法和 HSMO 优化框架，实现 MOSMO 技术的优化。多目标函数 F_{MOSMO} 对光源参数和掩模参数的梯度为

$$\nabla F_{\text{MOSMO}} = \sum_m \omega_m \nabla F_m \tag{4.39}$$

其中，梯度 ∇F_m 的具体表达式见式(2.130)和式(2.93)。

式(4.37)表明，权重因子 ω_m 的选取会影响 MOSMO 技术的优化效果。这里介绍两种视场权重选择策略：第一种策略是各视场点权重相等；第二种策略是在优化流程中，根据上一次迭代的各视场成像情况，自适应地更新权重。

采用第一种策略的 MOSMO 技术称为 Mean-MOSMO 技术。其目标函数的具体表达式为

$$F_{\text{Mean-MOSMO}} = \frac{1}{9}\sum_m F_m \tag{4.40}$$

采用第二种策略的 MOSMO 技术称为 Adaptive-MOSMO 技术。在其优化流程中，各视场点的权重因子在每次迭代中，都会根据前一次迭代后各视场点的成像情况，自适应地更新。自适应权重策略能够保证 PAE 较大的视场点，总是对应较大的权重。在迭代优化的流程中，有助于平衡各视场点的 PAE。Adaptive-MOSMO 技术的优化流程如表 4.6 所示。

表 4.6　Adaptive-MOSMO 技术的优化流程

光源优化步骤
1. 输入：设定初始光源参数 $\Omega_Q^{(0)}$，使初始光源图形为内相干因子 0.82、外相干因子 0.97 的环形照明；设定初始掩模参数 $\Omega_M^{(0)}$，使初始掩模透过率分布为目标图形。光源优化步长 $S_Q = 0.7$，最大迭代次数 $l_{\text{SO}} = 20$，初始迭代次数 $k = 0$
2. 对所有 9 个代表性的视场点，使用式(2.72)计算第 m 个视场点对应的 PAE_m，设置第 m 个视场点的初始权重为 $\omega_m = \dfrac{\text{PAE}_m}{\sum_m \text{PAE}_m}$，设置初始目标函数为 $F_{\text{Adaptive-MOSMO}} = \sum_m \omega_m F_m$
3. 更新光源参数 Ω_J，每次迭代过程中掩模参数 Ω_M 保持不变： while　$k < l_{\text{SO}}$ $k = k + 1$； 利用式(4-17)计算目标函数对光源参数的梯度矩阵 $\nabla_Q F_{\text{Adaptive-MOSMO}}^{(k-1)}$； 更新光源参数 $\Omega_Q^{(k)} = \Omega_Q^{(k-1)} - S_Q \nabla_Q F_{\text{Adaptive-MOSMO}}^{(k-1)}$，并把当前光源参数转化为光源图形；

续表

对所有 9 个代表性的视场点，使用式(2.72)计算当前第 m 个视场点对应的 PAE_m，更新第 m 个视场点的权重为

$\omega_m = \dfrac{\mathrm{PAE}_m}{\sum_m \mathrm{PAE}_m}$，更新目标函数为 $F_{\text{Adaptive-MOSMO}} = \sum_m \omega_m F_m$ ；

end

4. 把当前光源参数 $\Omega_Q^{(20)}$ 和掩模参数 $\Omega_M^{(20)}$ (由于不进行掩模优化，所以 $\Omega_M^{(20)} = \Omega_M^{(0)}$)输入 SISMO 技术的优化步骤

SISMO 技术的优化步骤

1. 输入：光源优化步长 $S_Q = 0.7$ ，掩模优化步长 $S_M = 10$ ，最大迭代次数 $l_{\text{SMO}} = 50$ ，当前迭代次数 $k = 20$

2. 更新光源参数 Ω_Q 和掩模参数 Ω_M ：

while　$k < l_{\text{SMO}} + 20$

$k = k + 1$ ；

利用式(4.39)计算目标函数对光源参数的梯度矩阵 $\nabla_Q F_{\text{Adaptive-MOSMO}}^{(k-1)}$,以及对掩模参数的梯度矩阵 $\nabla_M F_{\text{Adaptive-MOSMO}}^{(k-1)}$ ；

更新光源参数和掩模参数：

$\Omega_Q^{(k)} = \Omega_Q^{(k-1)} - S_Q \nabla_Q F_{\text{Adaptive-MOSMO}}^{(k-1)}$ ，$\Omega_M^{(k)} = \Omega_M^{(k-1)} - S_M \nabla_M F_{\text{Adaptive-MOSMO}}^{(k-1)}$ ，并把当前光源参数和掩模参数转化为光源图形和掩模图形；

对所有 9 个代表性的视场点，使用式(2.72)计算当前第 m 个视场点对应的 PAE_m，更新第 m 个视场点的权重为

$\omega_m = \dfrac{\mathrm{PAE}_m}{\sum_m \mathrm{PAE}_m}$，更新目标函数为 $F_{\text{Adaptive-MOSMO}} = \sum_m \omega_m F_m$ ；

end

3. 把当前光源参数 $\Omega_Q^{(70)}$ 和掩模参数 $\Omega_M^{(70)}$ 输入掩模优化步骤

掩模优化步骤

1. 输入：掩模优化步长 $S_M = 10$ ，最大迭代次数 $l_{\text{MO}} = 30$ ，当前迭代次数 $k = 70$

2. 更新掩模参数 Ω_M ，每次迭代过程中光源参数 Ω_Q 保持不变：

while　$k < l_{\text{MO}} + 70$

$k = k + 1$;

利用式(4.39)计算目标函数对掩模参数的梯度矩阵 $\nabla_M F_{\text{Adaptive-MOSMO}}^{(k-1)}$ ；

更新掩模参数：$\Omega_M^{(k)} = \Omega_M^{(k-1)} - S_M \nabla_M F_{\text{Adaptive-MOSMO}}^{(k-1)}$ ，并把当前掩模参数转化为掩模图形；

对所有 9 个代表性的视场点，使用式(2.72)计算当前第 m 个视场点对应的 PAE_m，更新第 m 个视场点的权重为

$\omega_m = \dfrac{\mathrm{PAE}_m}{\sum_m \mathrm{PAE}_m}$，更新目标函数为 $F_{\text{Adaptive-MOSMO}} = \sum_m \omega_m F_m$ ；

end

3. 把当前光源参数 $\Omega_Q^{(100)}$ (由于不进行光源优化，所以 $\Omega_Q^{(100)} = \Omega_Q^{(70)}$)、掩模参数 $\Omega_M^{(100)}$ 转化为光源图形和掩模图形，并作为最终的优化结果输出

3) 数值计算与分析

下面使用图 4.44 中的掩模图形，对光刻物镜各视场点对应的波像差和偏振像差验证 Mean-MOSMO 技术和 Adaptive-MOSMO 技术的有效性。

(1) 含有波像差的 MOSMO 技术。

在考虑波像差的情况下，三种 SMO 技术(F11-SMO 技术、Mean-MOSMO

技术和 Adaptive-MOSMO 技术)优化得到的光源图形和掩模图形如图 4.47(a)和图 4.47(b)、图 4.47(e)和图 4.47(f)、图 4.47(i)和图 4.47(j)所示。这三组光源与掩模在中心视场点 F3 和边缘视场点 F11 的光刻胶成像如图 4.47(c)和图 4.47(d)、图 4.47(g)和图 4.47(h)、图 4.47(k)和图 4.47(l)所示。

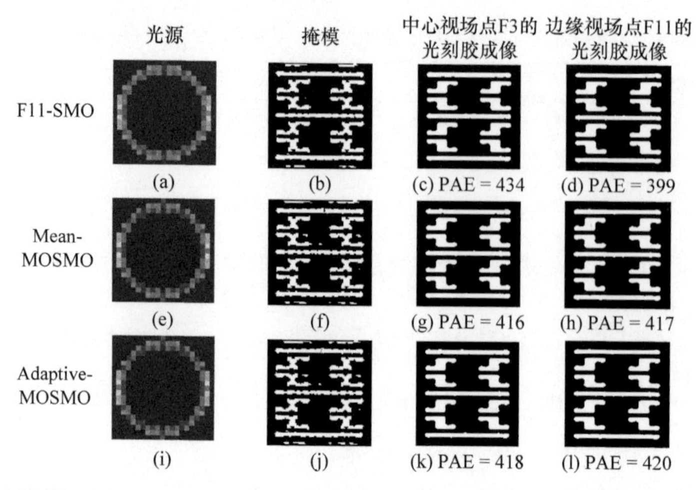

图 4.47　F11-SMO、Mean-MOSMO 和 Adaptive-MOSMO 的优化结果及在中心视场点 F3 和边缘视场点 F11 的光刻胶成像

相比 F11-SMO 技术，两种 MOSMO 技术对应的中心视场点和边缘视场点的 PAE 之差仅为 1 和 2。因此，MOSMO 技术能够有效平衡中心视场点和边缘视场点的光刻成像质量。

考虑波像差的情况下，F11-SMO、Mean-MOSMO 和 Adaptive-MOSMO 在各视场点处的光刻成像 PAE 分布如图 4.48 所示。

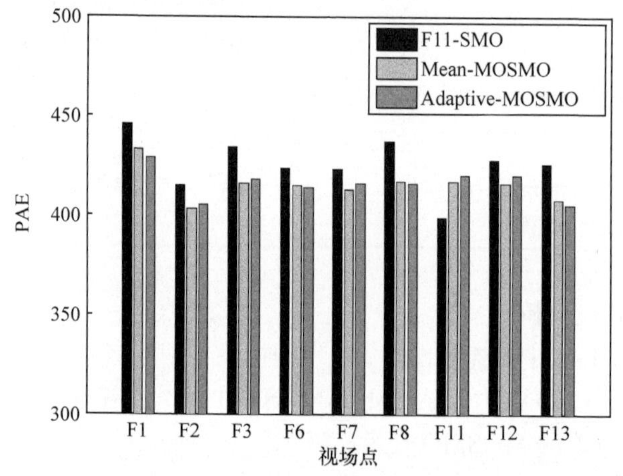

图 4.48　三种 SMO 技术在各视场点处的光刻成像 PAE 分布

相比 F11-SMO 技术,两种 MOSMO 技术的 PAE 分布更加均匀,说明 MOSMO 技术能够提升全视场光刻成像的均匀性和一致性，实现全视场高保真光刻成像。

考虑波像差的情况下，三种 SMO 技术对应的各视场点 PAE 分布的统计量如表 4.7 所示。其中，PV 值表示样本最大值和最小值之差。

表 4.7　考虑波像差的情况下，三种 SMO 技术对应的各视场点 PAE 分布的统计量

技术	平均值	标准差	PV 值
F11-SMO	426	13.5	47
Mean-MOSMO	415	8.1	30
Adaptive-MOSMO	416	7.5	24

表 4.7 表明，两种 MOSMO 技术 PAE 分布的平均值均小于 F11-SMO 技术。这说明，MOSMO 技术能够从整体上提升全视场光刻成像质量。此外，两种 MOSMO 技术对应的 PAE 分布的标准差和 PV 值也小于 F11-SMO 技术。在统计学中，较小的标准差和 PV 值代表样本分布比较集中，离散程度比较低。这说明，MOSMO 技术能够降低 PAE 分布的离散程度，提高全视场光刻成像的一致性。特别是，Adaptive-MOSMO 技术对应的 PAE 分布的标准差和 PV 值均小于 Mean-MOSMO 技术。这主要是由于在 Adaptive-MOSMO 的每次迭代中，PAE 较大的视场点总是对应较大的权重因子，在优化过程中能够充分抑制较大的 PAE。因此，相比采用平均权重策略的 Mean-MOSMO 技术，自适应更新权重的 Adaptive-MOSMO 技术能够进一步提高全视场光刻成像的一致性。仿真结果说明，MOSMO 技术可以降低不同视场点波像差对图形保真度的影响，平衡全视场光刻成像质量。

(2) 含有偏振像差的 MOSMO 技术。

在考虑偏振像差的情况下，三种 SMO 技术(F11-SMO、Mean-MOSMO 和 Adaptive-MOSMO 技术)优化得到的光源和掩模如图 4.49(a)和图 4.49(b)、图 4.49(e)和图 4.49(f)、图 4.49(i)和图 4.49(j)所示。这三组光源与掩模在中心视场点 F3 和边缘视场点 F11 的光刻胶成像，如图 4.49(c)和图 4.49(d)、图 4.49(g)和图 4.49(h)、图 4.49(k)和图 4.49(l)所示。

如图 4.49(c)和图 4.49(d)所示，F11-SMO 技术在中心视场点(F3)和边缘视场点(F11)的光刻胶成像 PAE 分别为 1096 和 593。如图 4.49(g)和图 4.49(h)所示，Mean-MOSMO 技术在中心视场点(F3)和边缘视场点(F11)的光刻胶成像 PAE 分别为 707 和 834。如图 4.49(k)和图 4.49(l)所示，Adaptive-MOSMO 技术在中心视场点(F3)和边缘视场点(F11)的光刻胶成像 PAE 分别为 671 和 807。结果表明，Mean-MOSMO 与 Adaptive-MOSMO 技术可以减小中心视场点和边缘视场点的成像质量差异。Mean-MOSMO 技术和 Adaptive-MOSMO 技术对应的中心视场点与边缘视

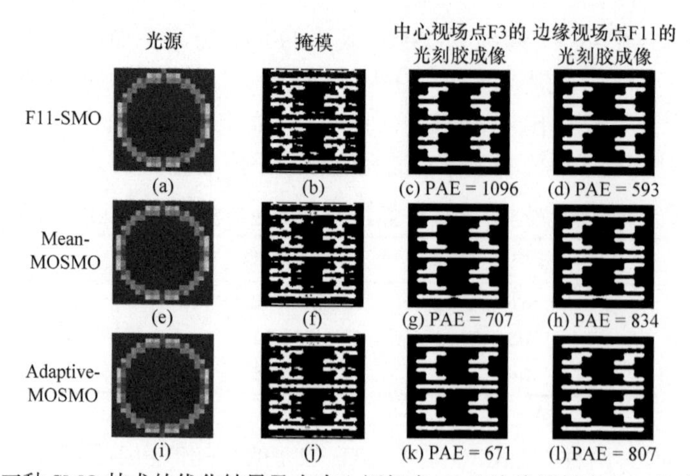

图 4.49　三种 SMO 技术的优化结果及在中心视场点 F3 和边缘视场点 F11 的光刻胶成像

场点的 PAE 之比分别为 0.85 和 0.83，远小于 F11-SMO 技术对应的 1.85。由此可见，在考虑偏振像差的情况下，MOSMO 技术能够有效平衡中心视场点和边缘视场点的光刻成像质量。

在考虑偏振像差的情况下，F11-SMO、Mean-MOSMO 和 Adaptive-MOSMO 三种 SMO 技术在各视场点处的光刻成像 PAE 分布如图 4.50 所示。尽管 F11-SMO 技术在 F11 视场点处能够取得最小的 PAE，然而对于大多数视场点(除 F1、F6 和 F11 外)，两种 MOSMO 技术的光刻成像 PAE 均小于 F11-SMO 技术。此外，相比 F11-SMO 技术，两种 MOSMO 技术的全视场光刻 PAE 分布更加均匀，表明 MOSMO 技术能够提升全视场光刻成像的均匀性。

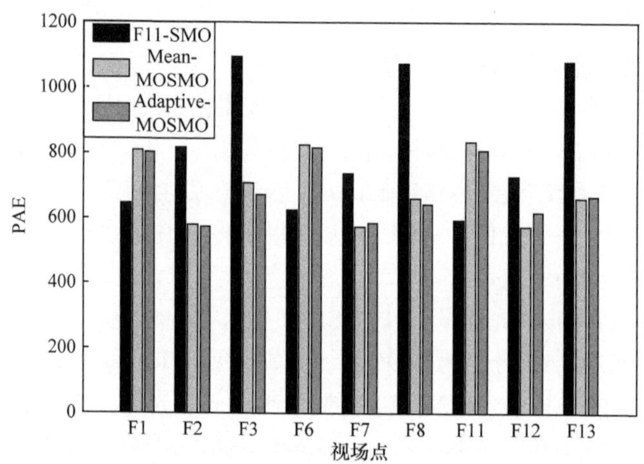

图 4.50　三种 SMO 技术在各视场点处的光刻成像 PAE 分布

上述三种 SMO 技术对应的各视场点 PAE 分布的平均值、标准差和 PV 值如表 4.8 所示。

表 4.8　三种 SMO 技术对应的各视场点 PAE 分布的平均值、标准差和 PV 值

技术	平均值	标准差	PV 值
F11-SMO	822	195	503
Mean-MOSMO	690	103	263
Adaptive-MOSMO	687	91	243

相比只计入单视场点偏振像差的 F11-SMO 技术，Mean-MOSMO 技术和 Adaptive-MOSMO 技术对应的 PAE 分布的平均值分别降低 16.1%和 16.4%，标准差分别降低 47.2%和 54.3%，PV 值分别降低 47.7%和 51.7%。两种 MOSMO 技术对应的 PAE 分布的平均值均小于 F11-SMO，说明 MOSMO 技术能够整体提升全视场光刻成像质量。在表 4.8 中，两种 MOSMO 技术对应的标准差和 PV 值远小于仅计入单视场点像差的 F11-SMO 技术，说明 MOSMO 技术能够提高各视场点 PAE 分布的均匀性，有助于提高全视场光刻成像的一致性。特别是，Adaptive-MOSMO 技术对应的 PAE 分布的标准差和 PV 值均小于 Mean-MOSMO 技术。这是由于在 Adaptive-MOSMO 技术的每次迭代中，PAE 较大的视场点总是对应着较大的权重因子，在优化过程中能够充分抑制各视场点中最大的 PAE。相比采用平均权重策略的 Mean-MOSMO 技术，自适应更新权重的 Adaptive-MOSMO 技术更能进一步提高全视场光刻成像的一致性。

结果表明，MOSMO 技术可以有效降低不同视场点偏振像差对图形保真度的影响，平衡全视场的光刻成像质量。

F11-SMO、Mean-MOSMO 和 Adaptive-MOSMO 三种技术在全视场的 PW 如图 4.51～图 4.53 所示。光刻胶阈值 t_r 表示曝光量，与曝光剂量等价。图 4.51～图 4.53 的每条闭合曲线都代表一个视场点的 PW，而中心的粗线闭合区域代表所有视场点 PW 的交叠区域，即全视场 PW。

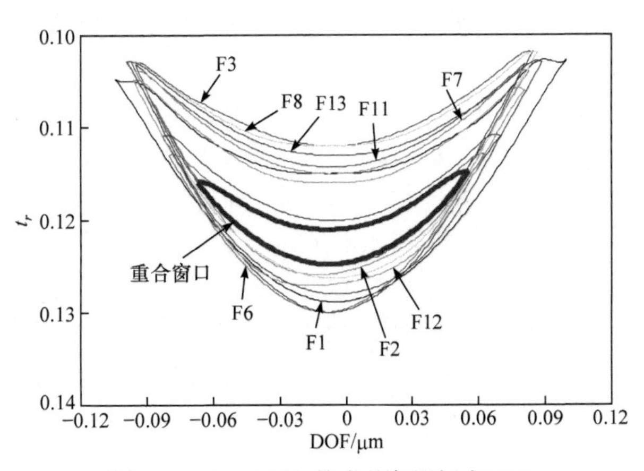

图 4.51　F11-SMO 技术的各视场点 PW

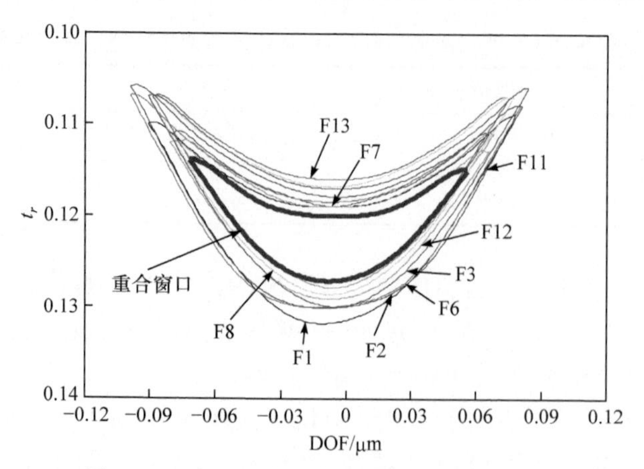

图 4.52　Mean-MOSMO 技术的各视场点 PW

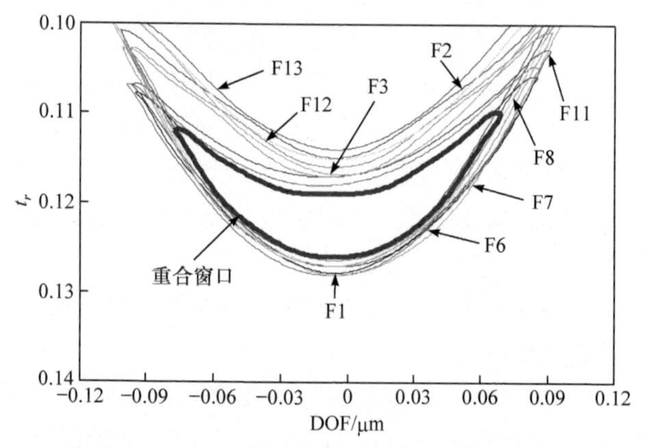

图 4.53　Adaptive-MOSMO 技术的各视场点 PW

图 4.51 中粗线的包围区域面积最小，即 F11-SMO 技术对应的全视场 PW 远小于两种 MOSMO 技术，说明 MOSMO 技术能够扩大全视场 PW，提高光刻工艺稳定性。

F11-SMO、Mean-MOSMO 和 Adaptive-MOSMO 技术的全视场 PW 如图 4.54 所示。图 4.54 中的三条曲线是根据图 4.51～图 4.53 中的粗线围成的区域形状绘制的，对应同样的 PW 数据，只是采用了不同的表现形式。

由此可知，两种 MOSMO 技术对应的全视场 PW 明显大于 F11-SMO 技术。F11-SMO 技术对应的全视场 PW 在 EL=5%处的 DOF 为 0nm，Mean-MOSMO 和 Adaptive-MOSMO 技术在 EL=5%处的 DOF 分别为 73nm 和 84nm。这说明 MOSMO 技术，特别是 Adaptive-MOSMO 技术能够有效扩大全视场 PW。

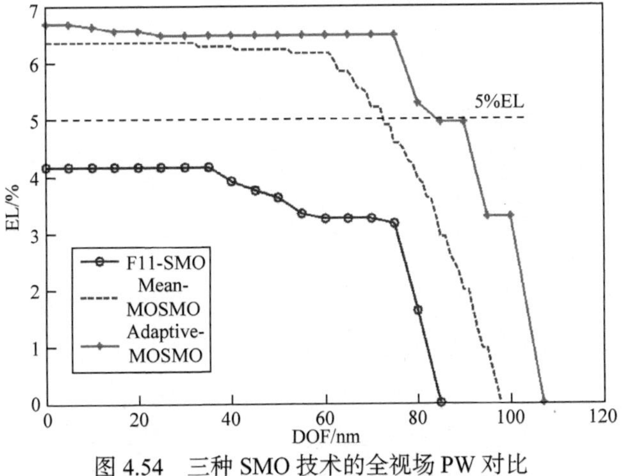

图 4.54　三种 SMO 技术的全视场 PW 对比

4.3　高稳定-高保真光瞳优化技术

光刻系统存在波像差或偏振像差，以及厚掩模效应和热效应引起的类像差等，仅利用修正掩模和光源很难同时补偿上述各类像差。因此，本节阐述高稳定-高保真光瞳优化技术，补偿投影物镜像差(波像差或偏振像差)和类像差[24-28]。

像差补偿光瞳是安装在投影物镜光瞳(附近)的光学元件，能够同时操纵透过投影物镜的光的透射率和相位，生成主动补偿波面，提高光刻成像性能。

光刻机企业(ASML)在物镜出瞳处引入可调控的 FlexWave 自适应补偿器(图 4.55)，补偿热像差、厚掩模效应引起的成像误差，以及其他光刻工艺误差带来的类像差[29]。

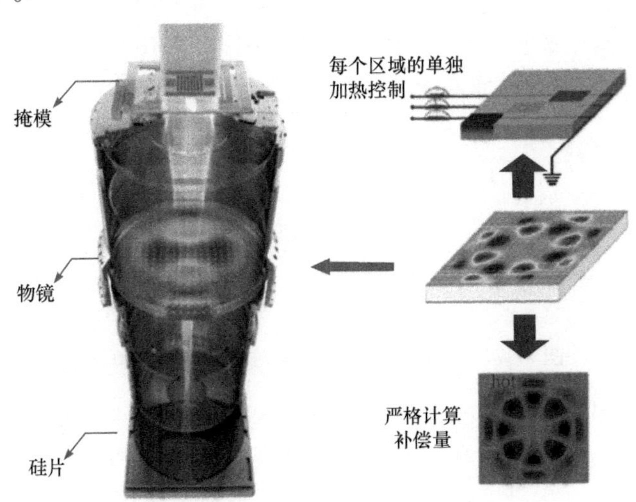

图 4.55　FlexWave 自适应补偿器

Nikon 开发了位于投影物镜光瞳面上的可变形反射镜[30](图 4.56)，可以根据待补偿热像差的需求，调整可变形反射镜面型，精准控制主动波面的生成。

(a) 可变形反射镜的位置

(b) 可变形反射镜面型变化

(c) 像差变化

图 4.56　可变形反射镜

本节针对光刻系统全视场内波像差分布的不均匀性，阐述一种多目标光瞳优化(multi-objective pupil wavefront optimization，MOPWO)技术。MOPWO 技术可以补偿光刻物镜的波像差，有效提高全视场光刻成像质量和均匀性，显著扩大全视场光刻 PW。针对光刻物镜的偏振像差和厚掩模衍射引起的类偏振像差，下面介绍补偿全视场偏振像差的多目标矢量光瞳优化(multi-objective vectorial pupil optimization，MOVPO)技术。MOVPO 技术突破了 PWO 技术不能补偿偏振像差的缺陷，可以有效补偿厚掩模偏振效应和投影物镜偏振像差，进一步提升高分辨光刻成像质量，实现高稳定计算光刻。

4.3.1　多目标标量光瞳优化技术

1. 单视场点标量光瞳优化

如图 4.57 所示，光波通过厚掩模后，其在物镜光瞳处的波前会产生畸变 W_{3D}。PWO 技术在物镜光瞳处引入一个附加波前 W 来抵消 W_{3D}，使最终的实际光瞳波前 W_{Act} 具有优越的光刻成像性能。

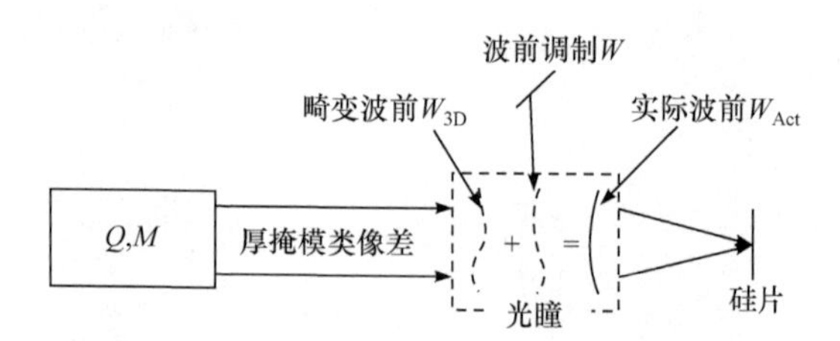

图 4.57　采用 PWO 技术补偿波面畸变的示意图

1) PWO 技术的数学模型

该 PWO 技术利用数学优化算法寻找最优的光瞳波前，使目标函数 F_{PWO} 最小，即

$$F_{PWO} = d(Z_{3D}, \tilde{Z}) \tag{4.41}$$

其中，Z_{3D} 为厚掩模情况下获得的光刻胶图形。

PWO 技术对光瞳波前的 Zernike 系数进行优化，通过对优化后的 Zernike 系数拟合对应的光瞳波前 $\hat{W}$。因此，PWO 技术的数学模型可以表示为

$$\hat{z}_i = \arg\min_{z_i} d(Z_{\text{3D}}, \tilde{Z}) \tag{4.42}$$

2) PWO 的优化方法

(1) 目标函数对 Zernike 系数的梯度。

为了简化目标函数对 Zernike 系数梯度的推导过程，可以将式(2.62)中的空间像表达式变形为

$$I = \frac{1}{Q_{\text{sum}}} \sum_{x_s} \sum_{y_s} \left(Q_{\text{Ideal}}(x_s, y_s) \sum_{p=x,y,z} \left| T_p^{x_s y_s} \otimes \Theta \right|^2 \right) \tag{4.43}$$

其中

$$T_p^{x_s y_s} = F^{-1} \left\{ \left[\frac{2\pi}{n_w R} \times C \times V(x_s, y_s) \odot U \odot F(M_{\text{near}}(x_s, y_s)) \odot E_i(x_s, y_s) \right]_p \right\} \tag{4.44}$$

$$\Theta = F^{-1}[\exp(\mathrm{j}2\pi W)] \tag{4.45}$$

其中，$M_{\text{near}}(x_s, y_s)$ 为对应于光源 (x_s, y_s) 照射下的厚掩模衍射近场分布。

采用 PROLITH 软件中的 FDTD 直接获得厚掩模的衍射远场 $F(M_{\text{near}}(x_s, y_s))$。此时，目标函数 F_{PWO} 可以表示为

$$F_{\text{PWO}} = d\left(\text{sig}\left[\frac{1}{Q_{\text{sum}}} \sum_{x_s} \sum_{y_s} \left(Q_{\text{Ideal}}(x_s, y_s) \sum_{p=x,y,z} \left\| T_p^{x_s y_s} \otimes \Theta \right\|_2^2 \right) \right], \tilde{Z} \right) \tag{4.46}$$

目标函数 F_{PWO} 对 Zernike 系数的梯度公式为

$$\begin{aligned} \nabla F_{\text{PWO}}(z_i) = & \frac{8a\pi}{Q_{\text{sum}}} \sum_{x_s} \sum_{y_s} Q_{\text{Ideal}}(x_s, y_s) \sum_{p=x,y,z} 1_{N\times1}^{\mathrm{T}} \Big[\text{Re}(\Lambda_p^{x_s y_s}) \\ & \odot \Big(\text{Re}\big\{ F^{-1}[\Gamma_i \odot \sin(2\pi W)] \big\} + \text{Im}\big\{ F^{-1}[\Gamma_i \odot \cos(2\pi W)] \big\} \Big) \Big] 1_{N\times1} \\ & - \frac{8a\pi}{J_{\text{sum}}} \sum_{x_s} \sum_{y_s} J_{\text{Ideal}}(x_s, y_s) \sum_{p=x,y,z} 1_{N\times1}^{\mathrm{T}} \Big[\text{Im}(\Lambda_p^{x_s y_s}) \\ & \odot \Big(\text{Re}\big\{ F^{-1}[\Gamma_i \odot \cos(2\pi W)] \big\} - \text{Im}\big\{ F^{-1}[\Gamma_i \odot \sin(2\pi W)] \big\} \Big) \Big] 1_{N\times1} \end{aligned} \tag{4.47}$$

其中

$$\Lambda_p^{x_s y_s} = T_p^{x_s y_s *\circ} \otimes [(\tilde{Z} - Z_{\text{3D}}) \odot Z_{\text{3D}} \odot (1 - Z_{\text{3D}}) \odot (T_p^{x_s y_s} \otimes \Theta)] \tag{4.48}$$

(2) PWO 技术的流程。

PWO 技术采用 FR 共轭梯度(Fletcher-Reeves conjugate gradient, FR-CG)算法，优化光瞳波前所有 Zernike 系数，补偿厚掩模类像差(thick mask induced aberration, TMIA)，进一步提高光刻成像性能。图 4.58 所示为基于 FR-CG 算法的 PWO 技术的流程图。其中，k 为当前迭代次数，s_z 为 Zernike 系数的优化步长，l_{pwo} 为最大循环次数，$P^{(0)}$ 为初始的优化方向，ε 为无穷小常数。

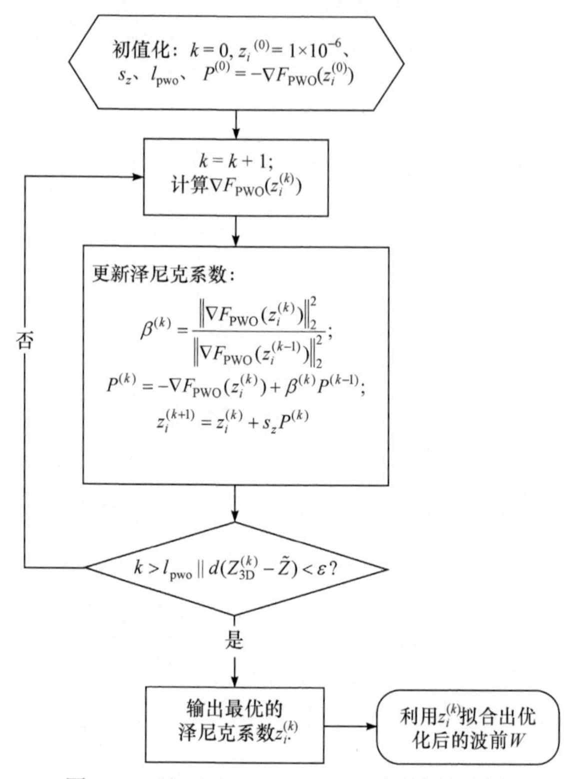

图 4.58　基于 FR-CG 的 PWO 技术的流程图

(3) PWO 技术的规则化。

本节引入拉普拉斯规则化方法，提高优化后光瞳波前的平滑度[31,32]。基于拉普拉斯规则化的罚函数可表示为

$$R_{\text{Laplacian}}=\int_{\Omega}\left(\frac{\partial W}{\partial f}\right)^2+\left(\frac{\partial W}{\partial g}\right)^2\mathrm{d}x \tag{4.49}$$

其中，Ω 表示光瞳面。

此时，PWO 技术的目标函数变为

$$F'_{\text{PWO}}=F_{\text{PWO}}+\omega_L R_{\text{Laplacian}} \tag{4.50}$$

其中，ω_L 为光瞳波前罚函数的权重因子。

由于矩阵的一阶微分算符可表示为

$$D=\begin{bmatrix}1 & -1 & & & 0\\ & 1 & -1 & & \\ & & \ddots & \ddots & \\ & & & 1 & -1\\ 0 & & & -1 & 1\end{bmatrix} \tag{4.51}$$

式(4.44)中的光瞳波前罚函数可以变形为

$$R_{\text{Laplacian}}=\left\|DW\right\|_2^2+\left\|WD^{\mathrm{T}}\right\|_2^2 \tag{4.52}$$

因此，$R_{\text{Laplacian}}$ 对 Zernike 系数 z_i 的梯度公式为

$$\nabla R_{\text{Laplacian}}(z_i)=1_{N\times1}^{\mathrm{T}}\left[2\times(DW)\odot(D\Gamma_i)+2\times(WD^{\mathrm{T}})\odot(\Gamma_i D^{\mathrm{T}})\right]1_{N\times1} \tag{4.53}$$

3) 数值计算与分析

采用图 4.59 所示的两种测试掩模图形进行仿真实验，其中短线标识 PW 的测量位置。针对 28nm 技术节点(CD = 45nm)，图 4.59(a)中线条图形的尺寸为 6020nm×6020nm，其掩模像素大小为 20nm×20nm。图 4.59(b)中复杂图形的尺寸为 4500nm×4500nm，其掩模像素大小为 22.5nm×22.5nm。针对这两种目标图形，采用环形照明作为初始光源，其部分相干因子的内外径分别为 0.8 和 0.95。浸没式光刻系统中 $\lambda=193\text{nm}$、$\text{NA}=1.35$ 和 $n_w=1.44$。对图 4.59(a)的线条图形采用 Y 偏振光，对图 4.59(b)的复杂图形采用 TE 偏振光。厚掩模中，厚度为 55nm、折射率为 $1.48+1.76\text{i}$ 的 Cr 层和厚度为 18nm、折射率为 $1.97+1.2\text{i}$ 的 CrO 层。

选择 PAE、CDE、PS、DOF、ΔBF 和 PW 几个重要的指标作为评价依据。其中，ΔBF 定义为 PW 中的最佳焦平面(best focus，BF)与焦平面为 0 处的距离。

(a) 线条图形

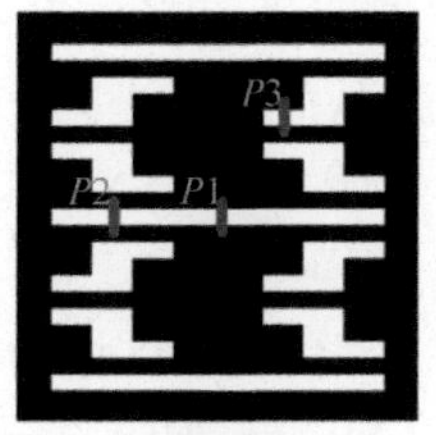

(b) 复杂图形

图 4.59　仿真实验中的两个目标图形

在线条图形情况下，SMO 技术和光源-掩模-光瞳优化(source-mask-pupil wavefront optimization，SMPWO)技术的仿真结果如图 4.60 所示。由于线条图形的轴对称性，此处只需优化偶像差即可[33]。从左到右依次为光源、掩模、光瞳波

前和光刻胶图形。从上到下依次为 SMO 技术和 SMPWO 技术优化结果。

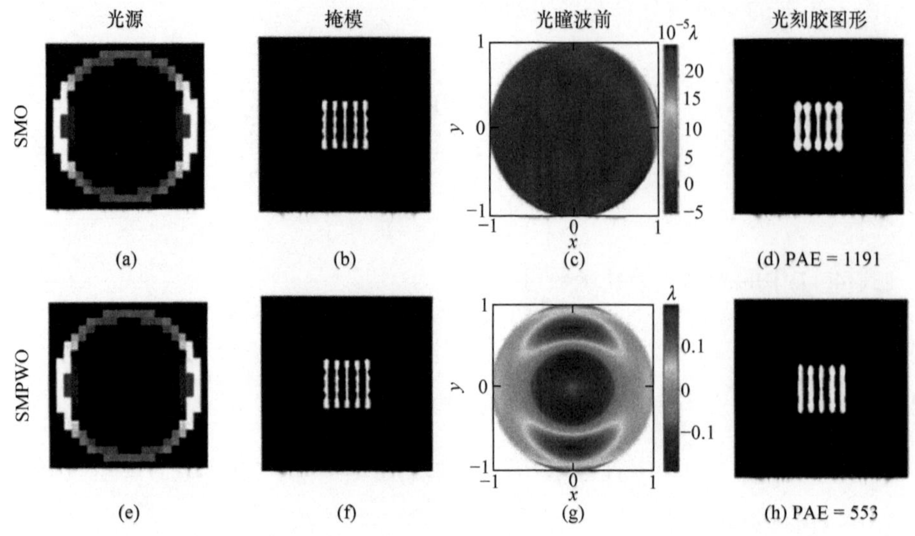

图 4.60　针对线条图形的 SMO 技术和 SMPWO 技术的仿真结果对比图

图 4.60(a)、图 4.60(b)、图 4.60(e)和图 4.60(f)是采用矢量 SMO 技术优化后的光源和掩模。图 4.60(c)为初始光瞳波前。图 4.60(d)为在严格厚掩模模型情况下，采用优化后的光源和掩模，以及初始光瞳波前获得的光刻胶图形。由图 4.60(d)可见，TMIA 效应严重影响 SMO 技术优化后的图形保真度。为了补偿 TMIA 效应带来的影响，本节阐述 SMPWO 技术，即在 SMO 技术优化之后，考虑 TMIA 效应的 PWO。图 4.60(g)为 SMPWO 技术优化后的光瞳波前。图 4.60(h)为采用优化后的光源、掩模和光瞳波前获得的光刻胶图形。对比图 4.60(d)和 4.60(h)可知，SMPWO 技术增加了光瞳优化自由度，能够有效地补偿 TMIA 效应；PAE 由 1191 降至 553，进一步提高了光刻图形保真度。

TMIA 效应能够明显引起焦平面的平移和焦面-曝光量矩阵(focus-exposure matrix，FEM)倾斜，从而降低光刻 PW。下面论证 SMPWO 技术在提高 PW 上的优越性。在线条图形情况下，SMO 技术和 SMPWO 技术优化后的 PW 对比图如图 4.61 所示。

图 4.61 中的 *P*1 线包络的区域为 *P*1 测量位置处的 FEM，*P*2 线包络的区域为 *P*2 测量位置处的 FEM，Overlap 线包络的区域为两个测量位置重叠的 FEM，PW 线围成的椭圆区域为 EL = 5%时的重叠 PW。图 4.61(a)为 SMO 技术优化后的 PW，在 *P*1 和 *P*2 两个测量面处，TMIA 效应引起了不同的 FEM 倾斜和最佳焦平面偏移，从而使光刻 PW 明显缩小。图 4.61(b)为 SMPWO 技术优化后的 PW。相比图 4.61(a)中 SMO 技术的 PW，SMPWO 技术优化后的 PW 明显扩大。

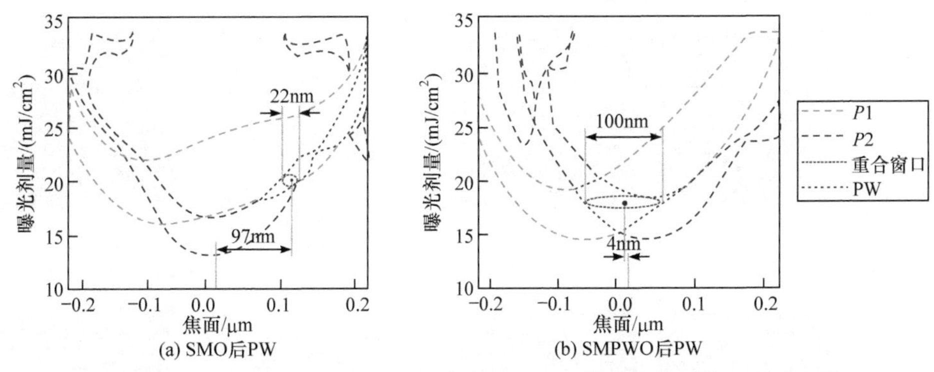

(a) SMO后PW (b) SMPWO后PW

图 4.61 线条图形情况下 SMO 技术和 SMPWO 技术优化后的 PW 对比图

针对线条图形情况，SMO 技术和 SMPWO 技术优化后的成像性能评价指标如表 4.9 所示。在线条图形情况下，相比 SMO 技术，SMPWO 技术不但能明显减小理想曝光量和焦平面处光刻胶图形的 PAE、CDE 和 PS，而且能够减小 ΔBF、增大 DOF。

表 4.9 线条图形情况下 SMO 技术和 SMPWO 技术优化后的成像性能评价指标

评价指标	PAE	CDE/nm	PS/nm	ΔBF/nm	DOF/nm
SMO	1191	14.4	2.7	97	22
SMPWO	553	5.7	2.5	4	100

为了论证 SMPWO 技术对 28nm 节点(CD = 45nm)以下光刻的有效性，在 CD = 40nm 和 35nm 的线条图形情况下，SMO 技术和 SMPWO 技术的仿真结果如图 4.62 所示。从左到右依次为光源、掩模、光瞳波前和光刻胶图形。从上到下依次为 CD = 40nm 情况下 SMO 技术的优化结果、CD = 40nm 情况下 SMPWO 技术的优化结果、CD = 35nm 情况下 SMO 技术的优化结果、CD = 35nm 情况下 SMPWO 技术的优化结果。

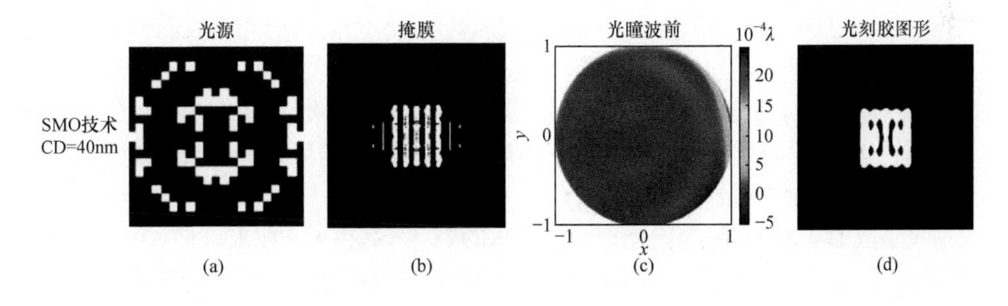

(a) (b) (c) (d)

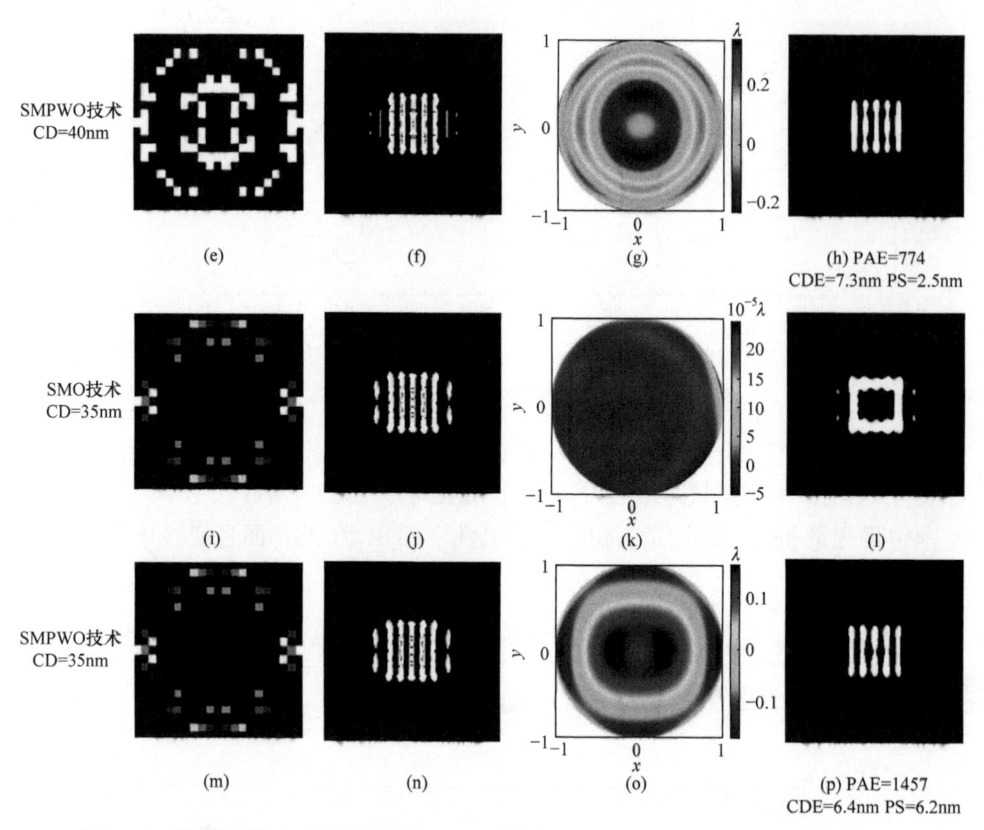

图 4.62　针对不同 CD 的线条图形，SMO 技术和 SMPWO 技术的仿真结果对比图

如图 4.62(d)和图 4.62(l)所示，由于 TMIA 效应的影响，SMO 技术优化后的光刻胶图形在理想曝光量和焦平面处已经不可分辨。图 4.62 中的第二行是针对 CD = 40nm 的线条图形，SMPWO 技术的优化结果。其中，光刻胶图形的 PAE 为 774、CDE = 7.3nm、PS = 2.5nm。图 4.62 中的第四行是针对 CD = 35nm 的线条图形，SMPWO 技术的优化结果。其中，光刻胶图形的 PAE = 1457、CDE = 6.4nm、PS = 6.2nm。对比 SMO 技术，采用 SMPWO 技术优化后的光刻胶图形的成像性能得到明显改善。

针对 CD = 40nm 和 35nm 的线条图形，SMO 技术和 SMPWO 技术优化后的 PW 对比图如图 4.63 所示。从上到下分别为 CD = 40nm 和 CD = 35nm 的情况。从左到右分别为 SMO 技术和 SMPWO 技术优化后的 PW。

针对 CD = 40nm 的线条图形，相比 SMO 技术，SMPWO 技术可使 ΔBF 从 90nm 减小到 23nm，使 DOF 从 11nm 增大到 22nm；针对 CD = 35nm 的线条图形，相比 SMO 技术，SMPWO 技术可使 ΔBF 从 146nm 减小到 19nm，使 EL = 2%时的 DOF 从 4nm 增大到 10nm。

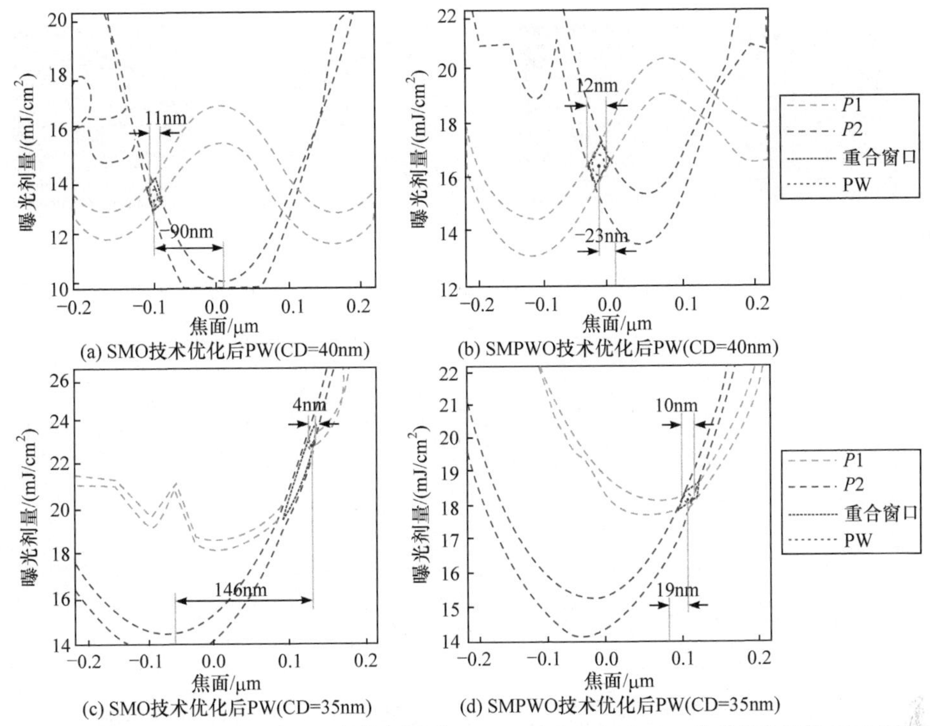

图 4.63　针对 CD = 40nm 和 35nm 的线条图形，SMO 技术和 SMPWO 技术优化后的 PW 对比图

仿真表明，针对 28nm 以下技术节点的掩模图形，本节介绍的 SMPWO 技术仍能够有效地补偿 TMIA 对光刻性能的影响。

为了论证 SMPWO 技术的普适性，采用图 4.59(b)中的复杂图形进行仿真论证。针对复杂图形的 SMO 技术和 SMPWO 技术的仿真结果如图 4.64 所示。从上到下依次为 SMO 技术和 SMPWO 技术优化结果。从左到右依次为光源、掩模、光瞳波前和光刻胶图形。与线条图形不同，此处同时优化光瞳波前的 37 项 Zernike 系数来补偿复杂图形中的 TMIA 效应。

对比图 4.64(d)和图 4.64(h)，相比 SMO 技术，SMPWO 技术能够使 PAE 从 1533 减小到 958，有效提高光刻图形保真度。在复杂图形情况下，SMO 技术和 SMPWO 技术优化后的 PW 对比图如图 4.65 所示。

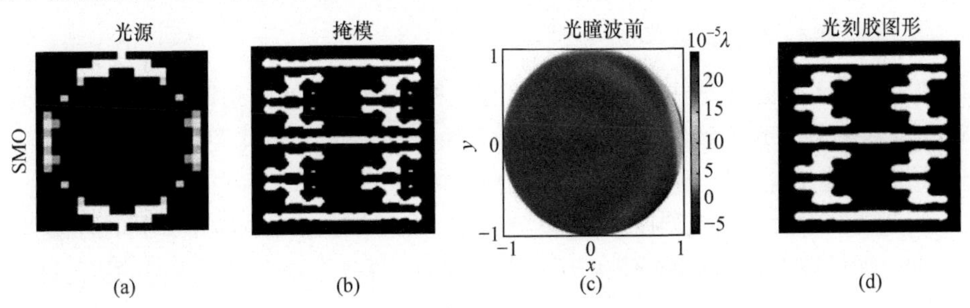

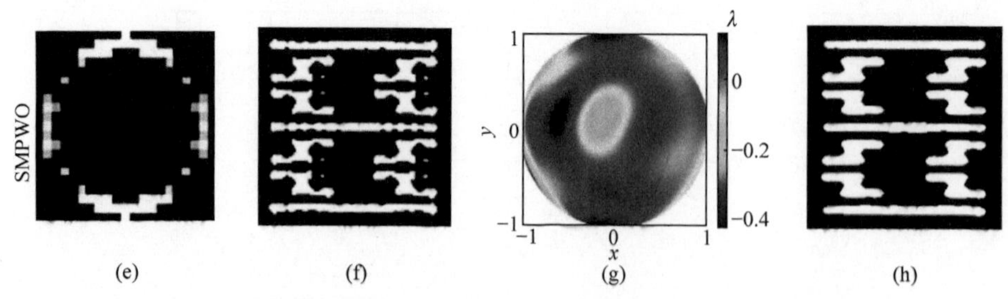

图 4.64 复杂图形情况下 SMO 技术和 SMPWO 技术的仿真结果对比图

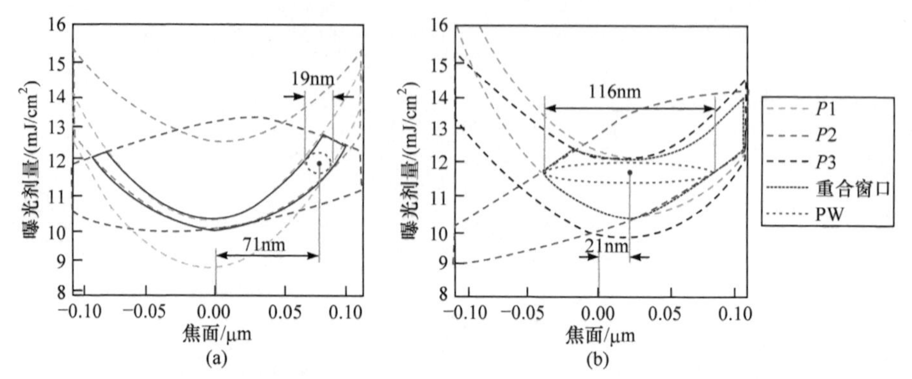

图 4.65 复杂图形情况下 SMO 技术和 SMPWO 技术优化后的 PW 对比图

由此可见，相比 SMO 技术，SMPWO 技术可以显著扩大 PW。

表 4.10 为针对复杂图形的 SMO 技术和 SMPWO 技术优化后的成像性能评价指标。由此可见，SMPWO 技术可以显著提高光刻成像性能。

表 4.10 复杂图形情况下 SMO 技术和 SMPWO 技术优化后的成像性能评价指标

评价指标	PAE	CDE/nm	PS/nm	ΔBF/nm	DOF/nm
SMO	1533	6.6	5.8	71	19
SMPWO	958	4.9	4.2	21	116

仿真说明，SMPWO 技术能够补偿 TMIA 效应，提高光刻图形保真度，减小 ΔBF 和扩大 PW。

2. 全视场标量光瞳优化

PWO 技术通过生成主动波面，可以有效补偿厚掩模效应引起的类像差。但是，PWO 技术未考虑光刻物镜的波像差及其在曝光视场内的不均匀性，导致各视场点光刻成像性能不均匀，极大地降低全视场 PW。

因此，针对大视场光刻投影物镜，本节介绍一种 MOSMO 技术，同时补偿光刻物镜的全视场波像差和厚掩模效应引起的类像差，提高全视场光刻成像的均匀性[34]。

1) PWO 技术中波像差对光刻成像的影响

本节分析波像差对光刻成像的影响，采用图 4.66 所示的测试目标图形，图中短线表示 PW 的测量位置。光刻技术节点为 28nm(CD = 45nm)，目标图形矩阵维度为 200×200(像素)，在硅片一侧的像素尺寸为 5.625nm×5.625nm。

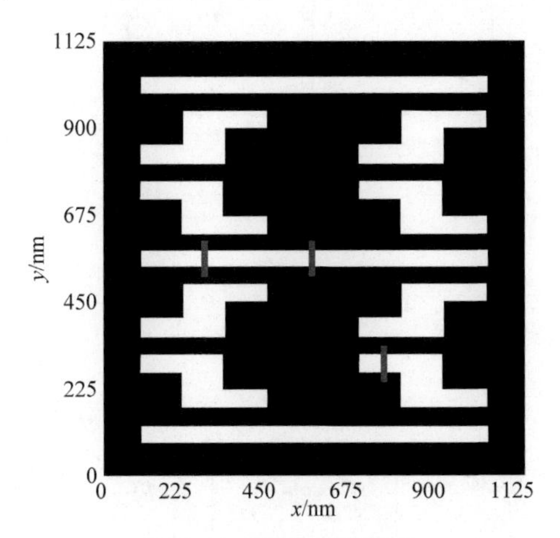

图 4.66　测试目标图形

无像差 PWO 技术中的光源图形、掩模图形及优化结果如图 4.67 所示。

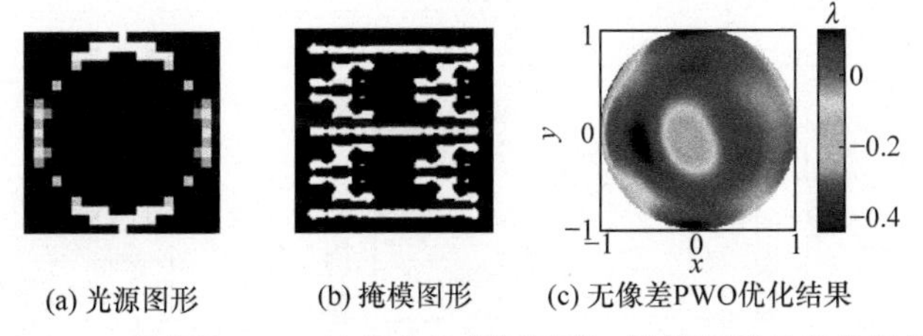

图 4.67　无像差 PWO 技术中的光源图形、掩模图形及优化结果

采用作者团队设计的 NA = 1.35 的 DUV 浸没式光刻投影物镜像差数据[35]。其光路结构如图 4.68 所示。该光刻物镜的像方离轴视场、9 个代表性视场点的位置分布，以及对应波像差，如图 4.69 所示。像方视场的尺寸为 26mm×5.5mm。

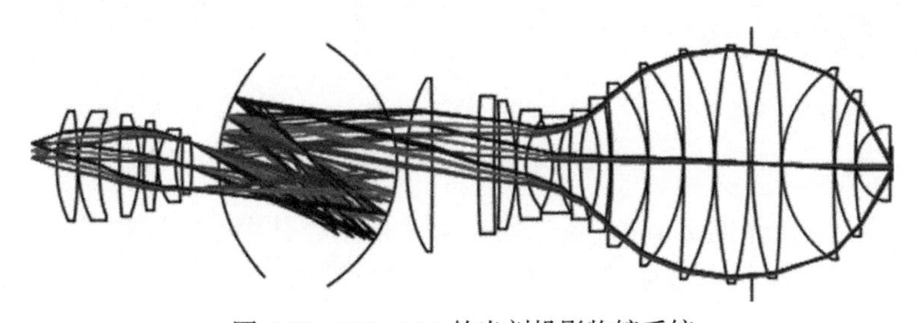

图 4.68　NA=1.35 的光刻投影物镜系统

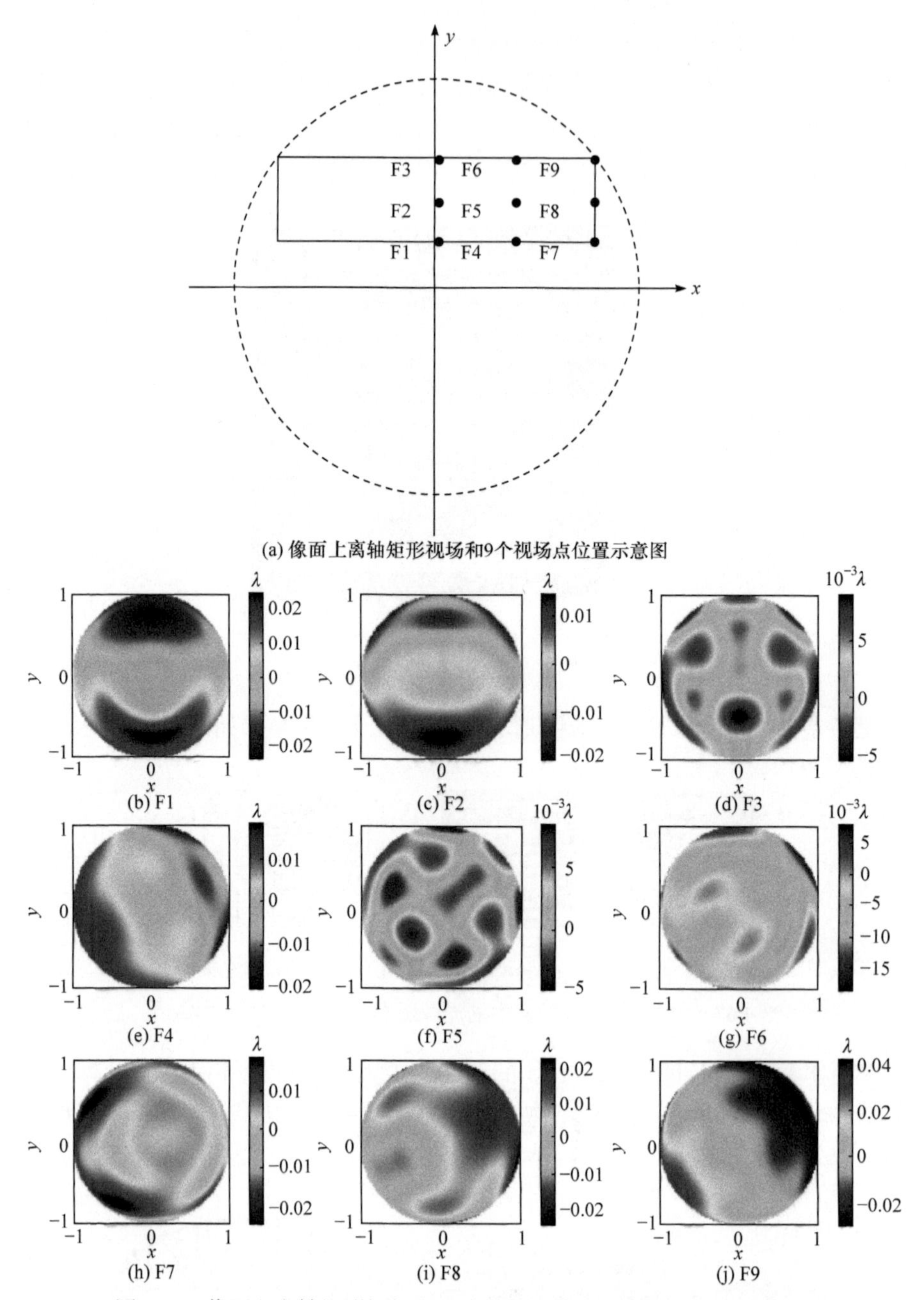

图 4.69 像面上离轴矩形视场和 9 个视场点位置示意图及对应波像差

各视场点波像差的 Zernike 系数如表 4.11 所示，其中 Z1～Z37 表示波像差的 Zernike 系数。各视场点波像差的 RMS 值和 PV 值如表 4.12 所示。

表 4.11　各视场点波像差的 Zernike 系数

项目	F1	F2	F3	F4	F5	F6	F7	F8	F9
Z1	−0.0022	−0.0005	0.0025	0.0018	0.0023	−0.0017	0.0002	0.0015	−0.001
Z2	0	0	0	−0.0124	0.0001	−0.0015	−0.0044	0.0117	−0.0234
Z3	−0.0236	−0.014	−0.0011	−0.0063	0	−0.0009	−0.0012	0.0054	−0.0155
Z4	0.0017	−0.0015	0.0011	0.0001	0.0011	−0.0005	0.0014	−0.0003	0.0012
Z5	0.0018	−0.0013	0.0016	−0.0003	−0.0001	−0.0013	−0.0005	0.0007	0.0012
Z6	0	0	0	−0.0004	−0.0015	−0.0032	−0.0003	0.0005	0.0015
Z7	0	0	0	−0.0023	0	0.0006	−0.0034	−0.0032	0
Z8	0.0034	−0.0015	0	−0.0013	0	0.0009	−0.0011	−0.0015	0.0004
Z9	−0.0012	−0.0014	−0.0001	−0.0007	0	0.0025	−0.0011	−0.0025	0.0029
Z10	0	0	0	0.0007	−0.0003	0.0004	0.0008	0.0011	0.0001
Z11	0.0009	−0.0028	−0.0008	0.0032	0.0004	−0.0017	0.0009	0.0041	−0.0009
Z12	−0.0016	−0.0003	0.0015	0.0005	−0.0001	−0.0015	0.003	0.0045	0.0005
Z13	0	0	0	0.0006	−0.0014	−0.003	0.0015	0.0048	−0.001
Z14	0	0	0	0.0014	−0.0021	−0.0004	0.0057	0.0059	−0.0015
Z15	0.0073	0.0036	−0.0026	0.0005	−0.002	0.0003	0.0011	0.0027	−0.0005
Z16	−0.0007	0.0006	0.0008	0.001	0.001	0.0005	−0.0033	−0.0017	0.0024
Z17	0.0001	0.0005	0.002	−0.0006	−0.0019	0.0041	−0.0024	0.0007	−0.0027
Z18	0	0	0	0.002	0.0003	−0.0023	−0.0033	−0.005	0.0026
Z19	0	0	0	0.0014	−0.0038	0.0007	−0.0055	−0.0027	−0.0014
Z20	−0.0011	−0.0053	−0.0063	0.0069	0.0049	−0.0027	−0.0047	−0.009	0.0059
Z21	0.0024	0.0017	−0.0011	−0.0003	0.0002	−0.0018	0.002	0.0009	0.0003
Z22	0	0	0	−0.0004	0.0015	−0.0037	0.0009	0.0004	−0.0022
Z23	0	0	0	−0.0016	0.0008	−0.0023	0.0032	0.0008	−0.0015
Z24	−0.0071	−0.0045	0.0011	−0.001	0.0007	−0.0011	0.0004	0.0003	−0.0003
Z25	0.0023	−0.0001	−0.0016	−0.0009	−0.0013	−0.0013	−0.0025	−0.0016	0.0029
Z26	0	0	0	−0.0001	−0.0021	−0.0017	0.001	0.0004	0.0005
Z27	−0.0002	−0.0001	0.0023	0.0001	−0.0014	0	0.0027	−0.0009	0.0003
Z28	0.0007	0.0004	0.0019	−0.0002	−0.0018	−0.0004	−0.0009	0.0002	−0.0018
Z29	0	0	0	0.0007	0.0003	0.0001	−0.0009	−0.0022	0.0017
Z30	0	0	0	−0.0003	0.0027	−0.0016	−0.0046	−0.0012	−0.0023
Z31	−0.0016	0.0012	0.0042	−0.0021	−0.0034	0.0027	−0.0038	−0.0037	0.0098
Z32	−0.0003	0.0019	0.0003	−0.0007	0.0001	0.0002	0.002	0.001	0.0008
Z33	0	0	0	−0.001	0.0003	0.0029	0.0009	0.0004	−0.0015
Z34	0	0	0	−0.0007	0.0005	−0.0017	−0.0023	−0.0015	0.0023
Z35	−0.0031	−0.0016	0.0008	−0.0006	0.0004	−0.0009	−0.001	−0.0007	0.0024
Z36	−0.0018	0	−0.0001	0.0001	0.0001	0.0004	−0.0026	−0.0012	0.0019
Z37	−0.0010	0	0	0.0005	0.0003	0.0017	−0.0021	−0.0013	0.0008

表 4.12　各视场点波像差的 RMS 值和 PV 值

指标	F1	F2	F3	F4	F5	F6	F7	F8	F9
RMS	0.012	0.008	0.004	0.008	0.003	0.006	0.007	0.009	0.015
PV	0.049	0.036	0.015	0.039	0.015	0.027	0.045	0.048	0.072

如图 4.70 所示，相比在无像差时的光刻成像，F1 视场点的光刻成像质量明显恶化，PAE 增加了 62.1%。这是因为光刻成像受到 F1 视场点波像差的影响，而无像差 PWO 技术并未考虑波像差对光刻成像的影响，无法补偿投影物镜自身的波像差。

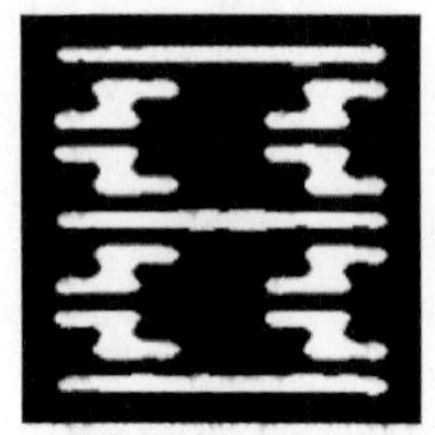

(a) 无像差时的光刻胶成像
(PAE = 958)

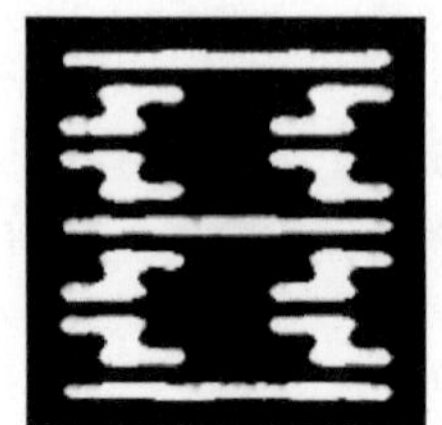

(b) F1视场点的光刻胶成像
(PAE = 1553)

图 4.70　无像差与有像差两种情况的光刻胶成像对比

2) 全视场 MOPWO 技术的数学模型

为了同时补偿光刻物镜多个视场点的波像差，本节阐述全视场 MOPWO 技术。该技术可以降低投影物镜不同视场点的波像差对光刻成像的影响，并提高全视场光刻成像性能的均匀性。

全视场 MOPWO 技术的多目标函数 F_{MOPWO} 为

$$F_{\text{MOPWO}}=\sum_{m}\omega_m F_m^{\text{PWO}} \tag{4.54}$$

其中，F_m^{PWO} 为各个视场点的子目标函数，$F_m^{\text{PWO}}=d(Z_m^{\text{3D}},\tilde{Z})$；$\omega_m$ 为第 m 个视场点的权重因子。

由于在计算第 m 个视场点目标函数 F_m^{PWO} 的过程中已经考虑了第 m 个视场点的波像差 $W_{\text{abe},m}$，因此目标函数 F_{MOPWO} 中包含投影物镜多个视场点的波像差信息。

在 MOPWO 技术中，需要找到最优的 Zernike 系数 $\hat{c}_i$，使式(4.54)中的多目标函数降至最低。因此，MOPWO 数学优化模型表示为

$$\hat{c}_i=\arg\min_{c_i} F_{\text{MOPWO}}(c_i) \tag{4.55}$$

可以使用 CG 方法求解式(4.55)所示的 MOPWO 问题。在 CG 方法中，需要使用目标函数 F_{MOPWO} 对 Zernike 系数 c_i 的梯度。根据式(4.54)，梯度 $\nabla F_{\text{MOPWO}}(c_i)$

可表示为

$$\nabla F_{\text{MOPWO}}(c_i) = \sum_m \omega_m \nabla F_m^{\text{PWO}}(c_i) \tag{4.56}$$

3) 全视场 MOPWO 技术的优化方法

这里同样采用等权重策略和自适应更新权重策略等两种视场权重选择策略。

采用等权重策略的 MOPWO 技术被称为 Mean-MOPWO 技术，其多目标函数的具体表达式为

$$F_{\text{Mean-MOPWO}} = \frac{1}{9}\sum_m F_m^{\text{PWO}} \tag{4.57}$$

对于 Mean-MOPWO 技术，其具体优化流程与 4.3.1 节介绍的类似，只需将目标函数 F_{PWO} 替换为 $F_{\text{Mean-MOPWO}}$ 即可。

采用自适应更新权重策略的 MOPWO 技术称为 Adaptive-MOPWO 技术。各视场点的权重因子在每次迭代中，都会根据前一次迭代后各视场点的成像情况自适应更新。Adaptive-MOPWO 技术的优化流程如表 4.13 所示。

表 4.13 Adaptive-MOPWO 技术的优化流程

1. 输入仿真中光刻系统的参数，以及投影物镜的波像差数据
2. 初始化迭代次数 $k=0$，主动光瞳分布函数 W_{pupil} 的各 Zernike 系数 c_i 的初始值 $c_i^{(0)}=0.000001$，光瞳优化步长 $S_c=0.0001$，最大迭代次数 $l_{\text{PWO}}=37$，初始 $P^{(0)}=-\nabla F_m^{\text{PWO}}(c_i^{(0)})$
3. 针对所有 9 个代表性的视场点，使用式(2.72)计算第 m 个视场点对应的 PAE_m，设置第 m 个视场点的初始权重为 $\omega_m=\dfrac{\text{PAE}_m}{\sum_m \text{PAE}_m}$，设置初始目标函数为 $F_{\text{Adaptive-MOPWO}}=\sum_m \omega_m F_m^{\text{PWO}}$
4. 更新 Zernike 系数 c_i

while $k<l_{\text{PWO}}$

$k=k+1$；

利用式(4.56)计算并存储目标函数 $F_{\text{Adaptive-MOPWO}}$ 对当前 Zernike 系数 $c_i^{(k)}$ 的梯度 $\nabla F_{\text{Adaptive-MOPWO}}(c_i^{(k)})$；

计算 $\beta^{(k)}=\dfrac{\left\|\nabla F_{\text{Adaptive-MOPWO}}(c_i^{(k)})\right\|_2^2}{\left\|\nabla F_{\text{Adaptive-MOPWO}}(c_i^{(k-1)})\right\|_2^2}$；

更新 $P^{(k)}=-\nabla F_m^{\text{PWO}}(c_i^{(k)})+\beta^{(k)}P^{(k-1)}$；

更新 Zernike 系数 $c_i^{(k)}$：$c_i^{(k)}=c_i^{(k-1)}+S_c P^{(k)}$，并使用式(4.20)更新 W_{pupil}。对所有 9 个代表性的视场点，使用式(2.72)计算当前第 m 个视场点对应的 PAE_m，更新第 m 个视场点的权重为 $\omega_m=\dfrac{\text{PAE}_m}{\sum_m \text{PAE}_m}$，更新目标函数为

$F_{\text{Adaptive-MOPWO}}=\sum_m \omega_m F_m^{\text{PWO}}$；

end

5. 将当前主动光瞳分布函数 W_{pupil} 作为优化结果输出

4) 数值计算与分析

本节采用图 4.66 所示的掩模图形进行仿真研究，验证 MOPWO 技术的正确性和有效性。采用如图 4.68 所示的 NA=1.35 的 DUV 浸没式光刻投影物镜，其浸没液体折射率为 1.44，缩小倍率为 4 倍，照明模式选择 TE 偏振。表 4.11 和表 4.12 为该投影物镜各视场点的波像差数据。仿真实验仍然服从 4.2.2 节的假设，即同一测试掩模图形上的多个物点视为同一视场点，对应相同的像差。

四种 PWO 技术(F1-PWO、F9-PWO、Mean-MOPWO 和 Adaptive-MOPWO)的优化结果如图 4.71 所示。由于我们设计的 NA = 1.35 的光刻投影物镜系统全视场像差很小，仍然可以分辨 PWO 技术获得的四个光瞳的差异性。

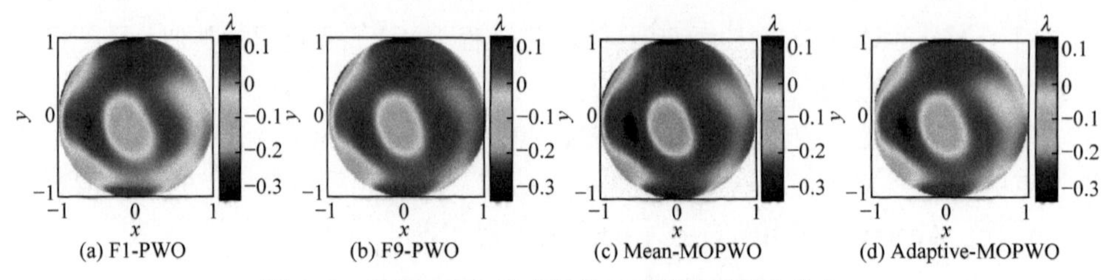

图 4.71 四种 PWO 技术优化得到的光瞳相位分布

图 4.72 进一步给出了上述四种 PWO 技术优化得到的 Zernike 系数。这四种方法获得的 Zernike 系数值的差异清晰地表明不同 PWO 技术获得的不同光瞳相位分布。

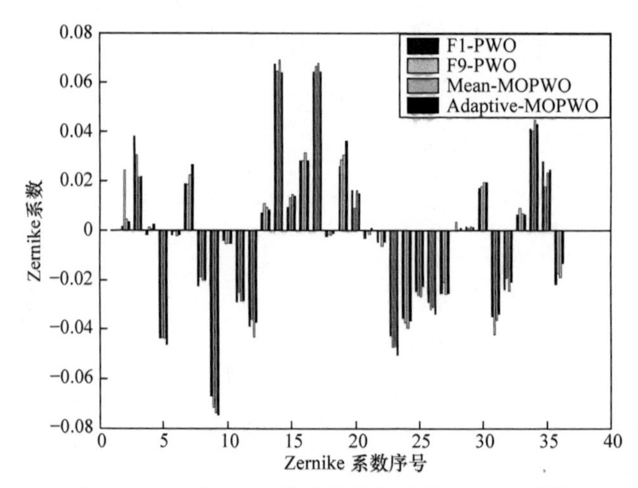

图 4.72 四种 PWO 技术优化得到的 Zernike 系数

然而，实际光刻系统只能生成一个主动波面来补偿投影物镜各视场点的波像差。因此，必须在图 4.71 中选出最佳的光瞳相位分布，反馈给 FlexWave 补偿器，并生成主动波面，补偿投影物镜的全视场波像差。

不同 PWO 技术优化得到的四种光瞳相位分布在各视场点的光刻成像 PAE 如图 4.73 所示。与仅计入单视场点波像差的 F1-PWO 和 F9-PWO 技术相比，Mean-MOPWO 和 Adaptive-MOPWO 技术的 PAE 分布更加均匀，说明 MOPWO 技术能够提升全视场光刻成像的均匀性和一致性。

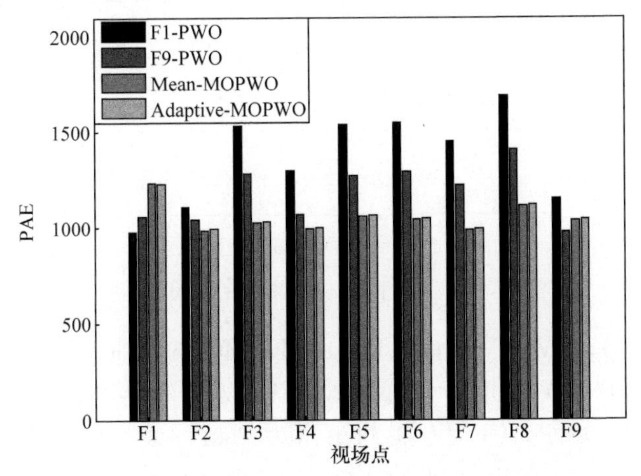

图 4.73　四种 PWO 技术在各视场点的光刻成像 PAE

四种 PWO 技术对应的各视场点 PAE 分布的统计量如表 4.14 所示。

表 4.14　四种 PWO 技术对应的各视场点 PAE 分布的统计量

项目	平均值	标准差	PV 值
F1-PWO	1366	242	712
F9-PWO	1181	145	426
Mean-MOPWO	1055	79	250
Adaptive-MOPWO	1059	74	234

数据显示，Mean-MOPWO 和 Adaptive-MOPWO 技术的平均值、标准差、PV 值均低于 F1-PWO 和 F9-PWO 技术。相比 F9-PWO 技术，Mean-MOPWO 和 Adaptive-MOPWO 技术对应的 PAE 分布的平均值，分别降低 10.7%和 10.3%；标准差分别降低 45.5%和 49.0%；PV 值分别降低 41.3%和 45.1%。两种 MOPWO 技术对应的标准差和 PV 值均小于仅计入单视场点波像差的 F9-PWO 技术，说明 MOPWO 技术能够提高全视场光刻成像的均匀性。特别是，Adaptive-MOPWO 技术，其 PAE 分布的离散程度小于 Mean-MOPWO 技术，进一步平衡了全视场光刻成像质量。

仿真结果说明，MOPWO 技术可以有效降低不同视场点波像差对光刻成像性能的影响，提升全视场光刻成像的一致性。

图 4.74 给出了四种 PWO 技术的全视场 PW 对比情况。

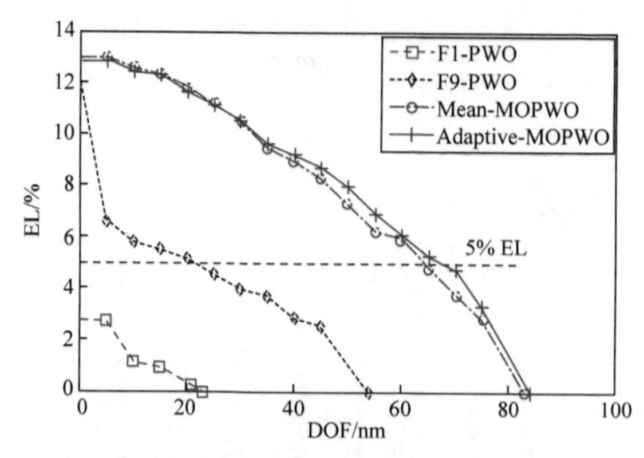

图 4.74　四种 PWO 技术的全视场 PW

由此可知，Mean-MOPWO 曲线和 Adaptive-MOPWO 曲线对应的 PW 明显大于 F1-PWO 曲线和 F9-PWO 曲线。定量来看，F1-PWO 和 F9-PWO 技术对应的全视场 PW 在 EL = 5%处的 DOF 仅为 0nm 和 22nm，而 Mean-MOPWO 技术和 Adaptive-MOPWO 技术在 EL = 5%处的 DOF 分别为 64nm 和 68nm。仿真结果的对比说明，本章所建立的 MOSMO 技术能够有效扩大全视场 PW，提升光刻成像的稳定性。

4.3.2　多目标矢量光瞳优化技术

如 4.3.1 节所述，光瞳优化是补偿光刻系统中厚掩模效应的重要技术。然而，大 NA 的光刻系统中不仅存在波像差，还存在偏振像差。此外，厚掩模效应也会引起类偏振像差。偏振像差是成像系统出瞳面上光波偏振态的变化，标量光瞳无法补偿偏振像差中偏振态的改变，需要使用矢量光瞳(琼斯光瞳)补偿偏振像差。针对此问题，本节阐述一种矢量光瞳优化(vectorial pupil optimization，VPO)技术，补偿投影物镜的偏振像差和厚掩模类偏振像差，进一步提升光刻成像性能。此外，为了同时补偿光刻物镜多个视场点的偏振像差，本节阐述一种全视场 MOVPO 技术来降低投影物镜不同视场点的偏振像差对光刻成像的影响，提高全视场光刻成像质量的均匀性。

1. 单视场点矢量光瞳优化技术

1) VPO 技术的数学模型

VPO 技术同时考虑投影物镜的偏振像差、厚掩模效应引起的类偏振像差。此时，式(2.61)中的光刻空间成像可表示为

$$I_{\mathrm{VPO}} = \frac{1}{Q_{\mathrm{sum}}} \times \sum_{x_s} \sum_{y_s} \left\{ Q(x_s, y_s) \sum_{p=x,y,z} \left| F^{-1}[V' \odot J_{\mathrm{VP}} \odot \mathrm{PA} \odot F(M_{\mathrm{near}}(x_s, y_s)) \odot E_i] \right|^2 \right\} \tag{4.58}$$

其中，J_{VP} 为矢量光瞳分布函数；PA 为投影物镜的偏振像差。

每个光源点对应的硅片平面电场分布 $E^{x_s y_s}$ 可以改写为

$$E^{x_s y_s}=F^{-1}(V'\odot J_{\mathrm{VP}}\odot E_{\mathrm{pupil}}^{x_s y_s}) \tag{4.59}$$

其中，$E_{\mathrm{pupil}}^{x_s y_s}=\mathrm{PA}\odot\mathcal{F}(M_{\mathrm{near}}(x_s,y_s))\odot E_i$。

在 VPO 技术的优化过程中，$E_{\mathrm{pupil}}^{x_s y_s}$ 是一个固定不变的量。此时，光刻空间成像 I_{VPO} 可以简写为

$$I_{\mathrm{VPO}}=\frac{1}{Q_{\mathrm{sum}}}\sum_{x_s}\sum_{y_s}\left[Q(x_s,y_s)\times\left(\left|E_x^{x_s y_s}\right|^2+\left|E_y^{x_s y_s}\right|^2+\left|E_z^{x_s y_s}\right|^2\right)\right] \tag{4.60}$$

其中，$E_x^{x_s y_s}$、$E_y^{x_s y_s}$ 和 $E_z^{x_s y_s}$ 为硅片平面处电场分布 $E^{x_s y_s}$ 的 x、y 和 z 分量。

根据式(2.63)，此时的光刻胶成像 Z_{VPO} 可以表示为

$$Z_{\mathrm{VPO}}=\frac{1}{1+\exp(-a(I_{\mathrm{VPO}}-t_r))} \tag{4.61}$$

VPO 技术采用光刻成像的 PAE 作为目标函数，即

$$F_{\mathrm{VPO}}=\left\|Z_{\mathrm{VPO}}-\tilde{Z}\right\|_2^2 \tag{4.62}$$

为了对矢量光瞳进行优化，需要合理表示矢量光瞳 J_{VP}。首先，将矢量光瞳的分布函数 J_{VP} 写成琼斯光瞳的形式，即

$$J_{\mathrm{VP}}=\begin{bmatrix}J_{xx} & J_{xy}\\ J_{yx} & J_{yy}\end{bmatrix}=\begin{bmatrix}J_{xx\_\mathrm{real}}+\mathrm{i}J_{xx\_\mathrm{imag}} & J_{xy\_\mathrm{real}}+\mathrm{i}J_{xy\_\mathrm{imag}}\\ J_{yx\_\mathrm{real}}+\mathrm{i}J_{yx\_\mathrm{imag}} & J_{yy\_\mathrm{real}}+\mathrm{i}J_{yy\_\mathrm{imag}}\end{bmatrix} \tag{4.63}$$

然后，对琼斯光瞳的各子光瞳 J_{xx_real}、J_{xx_imag}、J_{xy_real}、J_{xy_imag}、J_{yx_real}、J_{yx_imag}、J_{yy_real} 和 J_{yy_imag} 进行 Zernike 展开，即

$$\begin{aligned}
&J_{xx_\mathrm{real}}(\rho,\theta)=1+\sum_i c_i^{xx_\mathrm{real}}\Gamma_i(\rho,\theta),\quad J_{xx_\mathrm{imag}}(\rho,\theta)=\sum_i c_i^{xx_\mathrm{imag}}\Gamma_i(\rho,\theta),\\
&J_{xy_\mathrm{real}}(\rho,\theta)=\sum_i c_i^{xy_\mathrm{real}}\Gamma_i(\rho,\theta),\quad J_{xy_\mathrm{imag}}(\rho,\theta)=\sum_i c_i^{xy_\mathrm{imag}}\Gamma_i(\rho,\theta),\\
&J_{yx_\mathrm{real}}(\rho,\theta)=\sum_i c_i^{yx_\mathrm{real}}\Gamma_i(\rho,\theta),\quad J_{yx_\mathrm{imag}}(\rho,\theta)=\sum_i c_i^{yx_\mathrm{imag}}\Gamma_i(\rho,\theta),\\
&J_{yy_\mathrm{real}}(\rho,\theta)=1+\sum_i c_i^{yy_\mathrm{real}}\Gamma_i(\rho,\theta),\quad J_{yy_\mathrm{imag}}(\rho,\theta)=\sum_i c_i^{yy_\mathrm{imag}}\Gamma_i(\rho,\theta)
\end{aligned} \tag{4.64}$$

其中，$c_i^{xx\_\mathrm{real}}$、$c_i^{xx\_\mathrm{imag}}$、$c_i^{xy\_\mathrm{real}}$、$c_i^{xy\_\mathrm{imag}}$、$c_i^{yx\_\mathrm{real}}$、$c_i^{yx\_\mathrm{imag}}$、$c_i^{yy\_\mathrm{real}}$ 和 $c_i^{yy\_\mathrm{imag}}$ 为琼斯光瞳各子光瞳 J_{xx_real}、J_{xx_imag}、J_{xy_real}、J_{xy_imag}、J_{yx_real}、J_{yx_imag}、J_{yy_real} 和 J_{yy_imag} 对应的第 i 项 Zernike 系数。

为了简便，我们将 $c_i^{xx\_\mathrm{real}}$、$c_i^{xx\_\mathrm{imag}}$、$c_i^{xy\_\mathrm{real}}$、$c_i^{xy\_\mathrm{imag}}$、$c_i^{yx\_\mathrm{real}}$、$c_i^{yx\_\mathrm{imag}}$、$c_i^{yy\_\mathrm{real}}$、$c_i^{yy\_\mathrm{imag}}$ 合并简写为 $c_i^{xx/xy/yx/yy\_\mathrm{real/imag}}$，将 J_{xx_real}、J_{xx_imag}、J_{xy_real}、

J_{xy_imag}、J_{yx_real}、J_{yx_imag}、J_{yy_real}和J_{yy_imag}合并简写为$J_{xx/xy/yx/yy_\text{real/imag}}$。即用 8 组 Zernike 系数$c_i^{xx/xy/yx/yy_\text{real/imag}}$表征了矢量光瞳分布函数$J_{\text{VP}}$。

注意，式(4.64)中子光瞳J_{xx_real}和J_{yy_real}的 Zernike 展开式比其他各子光瞳的 Zernike 展开式多了个 1。这是因为在 VPO 优化过程中，矢量光瞳分布函数J_{VP}的初始值非常接近于单位矩阵$\begin{bmatrix} 1 & 0 \\ 0 & 1 \end{bmatrix}$。仿真经验表明，将$J_{\text{VP}}$的优化初始值设置为单位矩阵，有利于优化效果的收敛。在 VPO 过程中，J_{VP}的值往往在单位矩阵附近振荡，其对角线实部子光瞳J_{xx_real}和J_{yy_real}的元素值远大于其他 6 项子光瞳。因此，为了较容易地设定初值，并保持各子光瞳 Zernike 系数处于同一数量级，在子光瞳J_{xx_real}和J_{yy_real}的 Zernike 展开式中添加 1。

根据式(4.62)中的目标函数和式(4.64)对矢量光瞳分布函数J_{VP}进行 Zernike 表征，式(4.65)构造了 VPO 优化问题的数学模型，即

$$\hat{c}_i^{xx/xy/yx/yy\_\text{real/imag}} = \underset{c_i^{xx/xy/yx/yy\_\text{real/imag}}}{\arg\min} F_{\text{VPO}}(c_i^{xx/xy/yx/yy\_\text{real/imag}}) \tag{4.65}$$

其中，$\hat{c}_i^{xx/xy/yx/yy_\text{real/imag}}$为$c_i^{xx/xy/yx/yy_\text{real/imag}}$的最优值。

2) VPO 技术的优化流程

本节使用 CG 方法求解式(4.65)所示的 VPO 优化问题。在 CG 方法中，需要使用目标函数F_{VPO}的梯度信息。目标函数F_{VPO}对各项 Zernike 系数$c_i^{xx/xy/yx/yy_\text{real/imag}}$的偏导数为

$$\begin{aligned} \frac{\partial F_{\text{VPO}}}{\partial c_i^{xx\_\text{real}}} = & \sum_{x_s y_s} \frac{4a}{Q_{\text{sum}}} \times Q(x_s, y_s) \\ & \times \sum_{mn} \Lambda_{\text{VPO}} \odot \Big(\text{Re}\Big\{ F^{-1}\Big[V_{11} \Gamma_i(\rho,\theta) E_{\text{pupil}\_x} \odot (E_{x,mn}^{x_s y_s})^* \Big] \Big\} \\ & + \text{Re}\Big\{ F^{-1}\Big[V_{21} \Gamma_i(\rho,\theta) E_{\text{pupil}\_x} \odot (E_{y,mn}^{x_s y_s})^* \Big] \Big\} \\ & + \text{Re}\Big\{ F^{-1}\Big[V_{31} \Gamma_i(\rho,\theta) E_{\text{pupil}\_x} \odot (E_{z,mn}^{x_s y_s})^* \Big] \Big\} \Big) \end{aligned} \tag{4.66}$$

$$\begin{aligned} \frac{\partial F_{\text{VPO}}}{\partial c_i^{xx\_\text{imag}}} = & \sum_{x_s y_s} \frac{4a}{Q_{\text{sum}}} \times Q(x_s, y_s) \\ & \times \sum_{mn} \Lambda_{\text{VPO}} \odot \Big(\text{Re}\Big\{ F^{-1}\Big[\mathrm{i} V_{11} \Gamma_i(\rho,\theta) E_{\text{pupil}\_x} \odot (E_{x,mn}^{x_s y_s})^* \Big] \Big\} \\ & + \text{Re}\Big\{ F^{-1}\Big[\mathrm{i} V_{21} \Gamma_i(\rho,\theta) E_{\text{pupil}\_x} \odot (E_{y,mn}^{x_s y_s})^* \Big] \Big\} \\ & + \text{Re}\Big\{ F^{-1}\Big[\mathrm{i} V_{31} \Gamma_i(\rho,\theta) E_{\text{pupil}\_x} \odot (E_{z,mn}^{x_s y_s})^* \Big] \Big\} \Big) \end{aligned} \tag{4.67}$$

$$\begin{aligned}\frac{\partial F_{\mathrm{VPO}}}{\partial c_i^{xy\_\mathrm{real}}}=&\sum_{x_s y_s}\frac{4a}{Q_{\mathrm{sum}}}\times Q(x_s,y_s)\\&\times\sum_{mn}\varLambda_{\mathrm{VPO}}\odot\left(\mathrm{Re}\left\{F^{-1}\left[V_{11}\varGamma_i(\rho,\theta)E_{\mathrm{pupil\_}y}\odot(E_{x,mn}^{x_s y_s})^*\right]\right\}\right.\\&+\mathrm{Re}\left\{F^{-1}\left[V_{21}\varGamma_i(\rho,\theta)E_{\mathrm{pupil\_}y}\odot(E_{y,mn}^{x_s y_s})^*\right]\right\}\\&\left.+\mathrm{Re}\left\{F^{-1}\left[V_{31}\varGamma_i(\rho,\theta)E_{\mathrm{pupil\_}y}\odot(E_{z,mn}^{x_s y_s})^*\right]\right\}\right)\end{aligned}\tag{4.68}$$

$$\begin{aligned}\frac{\partial F_{\mathrm{VPO}}}{\partial c_i^{xy\_\mathrm{imag}}}=&\sum_{x_s y_s}\frac{4a}{Q_{\mathrm{sum}}}\times Q(x_s,y_s)\\&\times\sum_{mn}\varLambda_{\mathrm{VPO}}\odot\left(\mathrm{Re}\left\{F^{-1}\left[\mathrm{i}V_{11}\varGamma_i(\rho,\theta)E_{\mathrm{pupil\_}y}\odot(E_{x,mn}^{x_s y_s})^*\right]\right\}\right.\\&+\mathrm{Re}\left\{F^{-1}\left[\mathrm{i}V_{21}\varGamma_i(\rho,\theta)E_{\mathrm{pupil\_}y}\odot(E_{y,mn}^{x_s y_s})^*\right]\right\}\\&\left.+\mathrm{Re}\left\{F^{-1}\left[\mathrm{i}V_{31}\varGamma_i(\rho,\theta)E_{\mathrm{pupil\_}y}\odot(E_{z,mn}^{x_s y_s})^*\right]\right\}\right)\end{aligned}\tag{4.69}$$

$$\begin{aligned}\frac{\partial F_{\mathrm{VPO}}}{\partial c_i^{yx\_\mathrm{real}}}=&\sum_{x_s y_s}\frac{4a}{Q_{\mathrm{sum}}}\times Q(x_s,y_s)\\&\times\sum_{mn}\varLambda_{\mathrm{VPO}}\odot\left(\mathrm{Re}\left\{F^{-1}\left[V_{12}\varGamma_i(\rho,\theta)E_{\mathrm{pupil\_}x}\odot(E_{x,mn}^{x_s y_s})^*\right]\right\}\right.\\&+\mathrm{Re}\left\{F^{-1}\left[V_{22}\varGamma_i(\rho,\theta)E_{\mathrm{pupil\_}x}\odot(E_{y,mn}^{x_s y_s})^*\right]\right\}\\&\left.+\mathrm{Re}\left\{F^{-1}\left[V_{32}\varGamma_i(\rho,\theta)E_{\mathrm{pupil\_}x}\odot(E_{z,mn}^{x_s y_s})^*\right]\right\}\right)\end{aligned}\tag{4.70}$$

$$\begin{aligned}\frac{\partial F_{\mathrm{VPO}}}{\partial c_i^{yx\_\mathrm{imag}}}=&\sum_{x_s y_s}\frac{4a}{Q_{\mathrm{sum}}}\times Q(x_s,y_s)\\&\times\sum_{mn}\varLambda_{\mathrm{VPO}}\odot\left(\mathrm{Re}\left\{F^{-1}\left[\mathrm{i}V_{12}\varGamma_i(\rho,\theta)E_{\mathrm{pupil\_}x}\odot(E_{x,mn}^{x_s y_s})^*\right]\right\}\right.\\&+\mathrm{Re}\left\{F^{-1}\left[\mathrm{i}V_{22}\varGamma_i(\rho,\theta)E_{\mathrm{pupil\_}x}\odot(E_{y,mn}^{x_s y_s})^*\right]\right\}\\&\left.+\mathrm{Re}\left\{F^{-1}\left[\mathrm{i}V_{32}\varGamma_i(\rho,\theta)E_{\mathrm{pupil\_}x}\odot(E_{z,mn}^{x_s y_s})^*\right]\right\}\right)\end{aligned}\tag{4.71}$$

$$\begin{aligned}\frac{\partial F_{\mathrm{VPO}}}{\partial c_i^{yy\_\mathrm{real}}}=&\sum_{x_s y_s}\frac{4a}{Q_{\mathrm{sum}}}\times Q(x_s,y_s)\\&\times\sum_{mn}\varLambda_{\mathrm{VPO}}\odot\left(\mathrm{Re}\left\{F^{-1}\left[V_{12}\varGamma_i(\rho,\theta)E_{\mathrm{pupil\_}y}\odot(E_{x,mn}^{x_s y_s})^*\right]\right\}\right.\\&+\mathrm{Re}\left\{F^{-1}\left[V_{22}\varGamma_i(\rho,\theta)E_{\mathrm{pupil\_}y}\odot(E_{y,mn}^{x_s y_s})^*\right]\right\}\\&\left.+\mathrm{Re}\left\{F^{-1}\left[V_{32}\varGamma_i(\rho,\theta)E_{\mathrm{pupil\_}y}\odot(E_{z,mn}^{x_s y_s})^*\right]\right\}\right)\end{aligned}\tag{4.72}$$

$$\frac{\partial F_{\text{VPO}}}{\partial c_i^{yy\_\text{imag}}}=\sum_{x_s y_s}\frac{4a}{Q_{\text{sum}}}\times Q(x_s,y_s)$$
$$\times\sum_{mn}\Lambda_{\text{VPO}}\odot\Big(\text{Re}\Big\{F^{-1}\Big[\text{i}V_{12}\Gamma_i(\rho,\theta)E_{\text{pupil}\_y}\odot(E_{x,mn}^{x_s y_s})^*\Big]\Big\}$$
$$+\text{Re}\Big\{F^{-1}\Big[\text{i}V_{22}\Gamma_i(\rho,\theta)E_{\text{pupil}\_y}\odot(E_{y,mn}^{x_s y_s})^*\Big]\Big\}$$
$$+\text{Re}\Big\{F^{-1}\Big[\text{i}V_{32}\Gamma_i(\rho,\theta)E_{\text{pupil}\_y}\odot(E_{z,mn}^{x_s y_s})^*\Big]\Big\}\Big) \tag{4.73}$$

其中

$$\Lambda_{\text{VPO}}=(\tilde{Z}-Z_{\text{VPO}})\odot Z_{\text{VPO}}\odot(1-Z_{\text{VPO}}) \tag{4.74}$$

V_{11}、V_{12}、V_{21}、V_{22}、V_{31}和V_{32}是修正过的坐标转换矩阵V'的各个元素，即

$$V'=\begin{bmatrix}V_{11} & V_{12}\\ V_{21} & V_{22}\\ V_{31} & V_{32}\end{bmatrix} \tag{4.75}$$

VPO 技术的优化流程如表 4.15 所示。

表 4.15　VPO 技术的优化流程

1. 输入仿真中光刻系统的参数，包括光源图形和掩模图形、照明波长、照明偏振模式、投影物镜的 NA 和偏振像差等数据
2. 初始化迭代次数 k=0，所有 Zernike 系数 $c_i^{xx/xy/yx/yy\_\text{real/imag}}$ 的初始值 $c_i^{xx/xy/yx/yy\_\text{real/imag}(0)}=0.0000001$，VPO 技术的优化步长 S_V，最大迭代次数 l_{VPO}，初始 $P_i^{xx/xy/yx/yy\_\text{real/imag}(0)}=-\nabla F_{\text{VPO}}(c_i^{xx/xy/yx/yy\_\text{real/imag}(0)})$
3. 更新各 Zernike 系数 $c_i^{xx/xy/yx/yy\_\text{real/imag}}$
while　$k<l_{\text{VPO}}$
$k=k+1$；
利用式(4.66)～式(4.73)计算并存储目标函数 F_{VPO} 对当前各 Zernike 系数 $c_i^{xx/xy/yx/yy\_\text{real/imag}(k)}$ 的梯度 $\nabla F_{\text{VPO}}(c_i^{xx/xy/yx/yy\_\text{real/imag}(k)})$；
计算 $\beta^{(k)}=\dfrac{\left\Vert\nabla F_{\text{VPO}}(c_i^{xx/xy/yx/yy\_\text{real/imag}(k)})\right\Vert_2^2}{\left\Vert\nabla F_{\text{VPO}}(c_i^{xx/xy/yx/yy\_\text{real/imag}(k-1)})\right\Vert_2^2}$；
更新 $P^{(k)}=-\nabla F_{\text{VPO}}(c_i^{xx/xy/yx/yy\_\text{real/imag}(k)})+\beta^{(k)}P^{(k-1)}$；
更新各 Zernike 系数 $c_i^{xx/xy/yx/yy\_\text{real/imag}(k)}$：
$c_i^{xx/xy/yx/yy\_\text{real/imag}(k)}=c_i^{xx/xy/yx/yy\_\text{real/imag}(k-1)}+S_V P^{(k)}$，并使用式(4.63)和式(4.64)更新矢量光瞳分布函数 J_{VP}；
end
4. 将当前矢量光瞳分布函数 J_{VP} 作为优化结果输出

3) 数值计算与分析

为论证本章提出的 VPO 技术的正确性和有效性，采用图 4.75 所示的两种测试掩模图形进行仿真实验。其中，目标图形 3 为 28nm 技术节点(CD = 45nm)的线条图形；目标图形 4 为 10nm 技术节点(CD = 22nm)的线条图形；目标图形 3 的矩阵维度为 301×301，在硅片侧的像素尺寸为 5nm×5nm；目标图形 4 的矩阵维度为

201×201，在硅片侧的像素尺寸为 2.444nm×2.444nm。

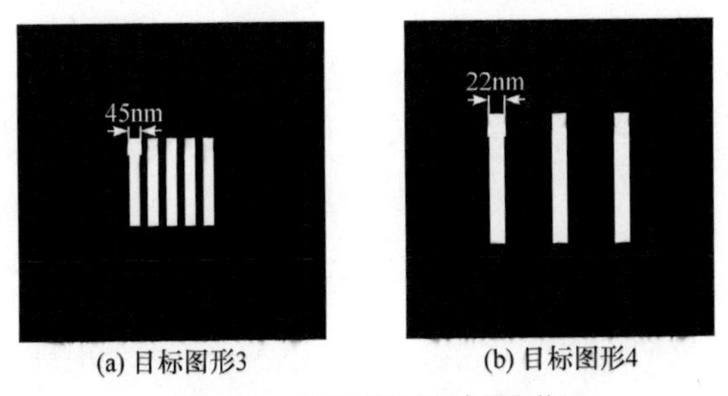

(a) 目标图形3　(b) 目标图形4

图 4.75　两种测试目标图形

仿真中使用的偏振像差数据如图 4.68 所示。仿真使用 NA = 1.35 的 DUV 浸没式光刻投影物镜，其浸没液体折射率为 1.44，缩小倍率为 4 倍。图 4.76 给出了仿真中使用的偏振像差数据。该数据是针对光刻投影物镜的边缘视场点，从光学设计商业软件 CODE V 中导出的。由于两种测试图形均为竖直线条图形，因此照明模式选择 Y 偏振。

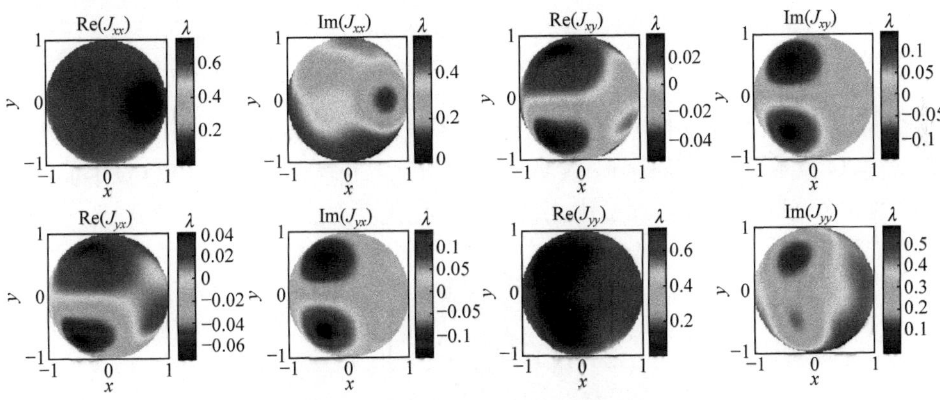

图 4.76　仿真中使用的偏振像差数据

(1) 28nm 技术节点的线条目标图形的仿真结果。

在进行 VPO 之前，首先采用 4.1.3 节建立的考虑单视场点偏振像差的 SMO 技术在薄掩模假设下优化得到光源图形和掩模图形(图 4.77)。然后，将该光源图

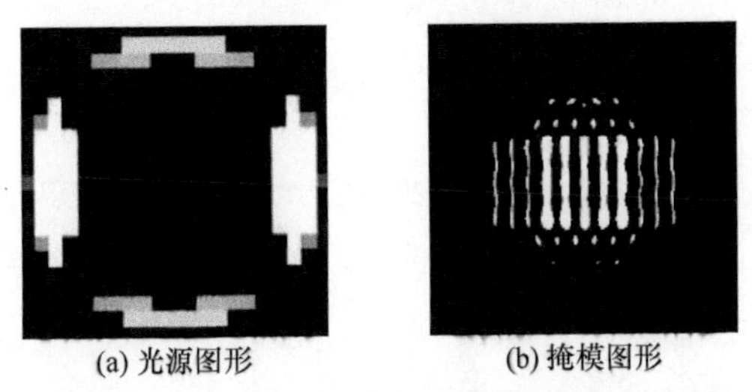
(a) 光源图形　(b) 掩模图形

图 4.77　考虑偏振像差的 SMO 技术优化得到的光源图形和掩模图形(目标图形 3)

形和掩模图形导入商业光刻仿真分析软件 PROLITH 中的 FDTD 仿真模块中，计算厚掩模的衍射场。

在存在厚掩模偏振效应和投影物镜偏振像差时，传统 PWO 技术和 VPO 技术的收敛曲线对比如图 4.78 所示。相比传统 PWO 技术，VPO 技术能够获得更小的 PAE，即更高的图形保真度和光刻成像质量。

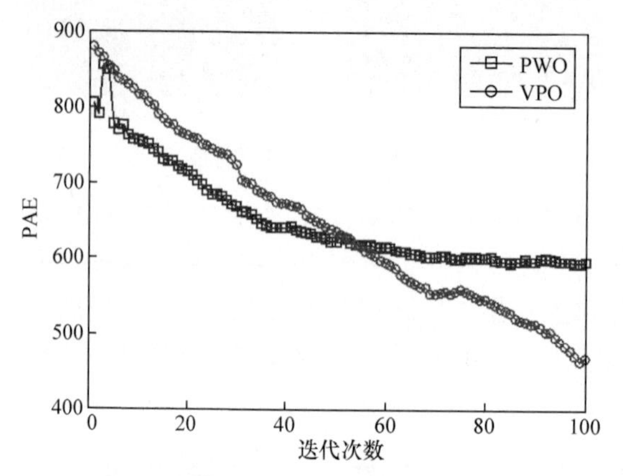

图 4.78　传统 PWO 技术和 VPO 技术的收敛曲线对比(目标图形 3)

PWO 技术和 VPO 技术的优化结果如图 4.79 和图 4.80 所示。在图 4.79 中，传统 PWO 技术仅能优化得到一个光瞳相位分布。在图 4.80 中，VPO 技术能够优化得到 8 个光瞳，大大增加了优化自由度和优化潜力。

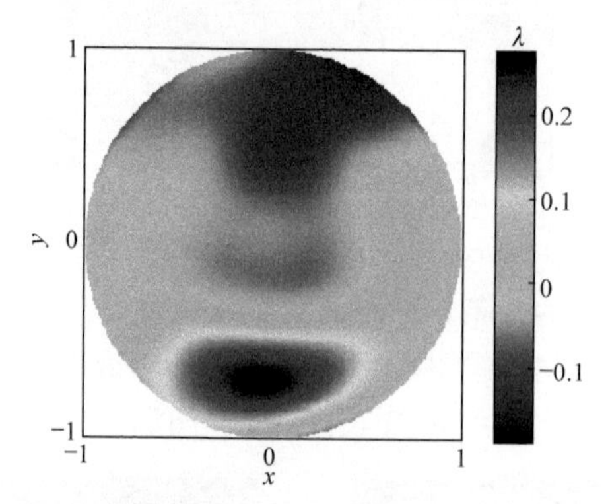

图 4.79　PWO 技术的优化结果(目标图形 3)

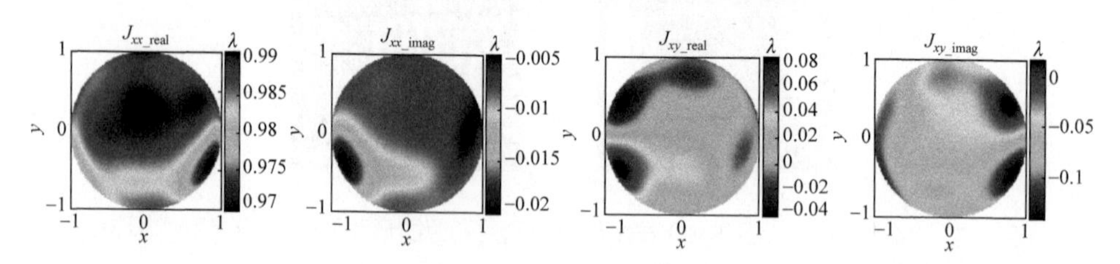

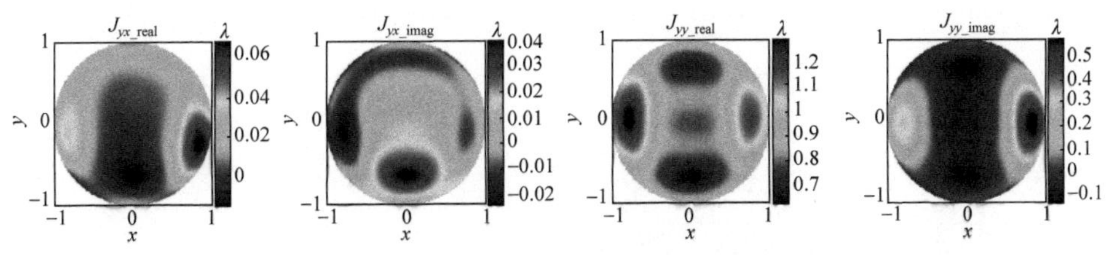

图 4.80　VPO 技术的优化结果(目标图形 3)

未优化的初始情况下,PWO 技术和 VPO 技术获得的光刻胶成像图形如图 4.81 所示。相比未优化的初始情况，VPO 技术的 PAE 由 886 降到 468，降低了 47.1%；相比传统的 PWO 技术，VPO 技术的 PAE 由 596 降到 468，降低了 21.5%。

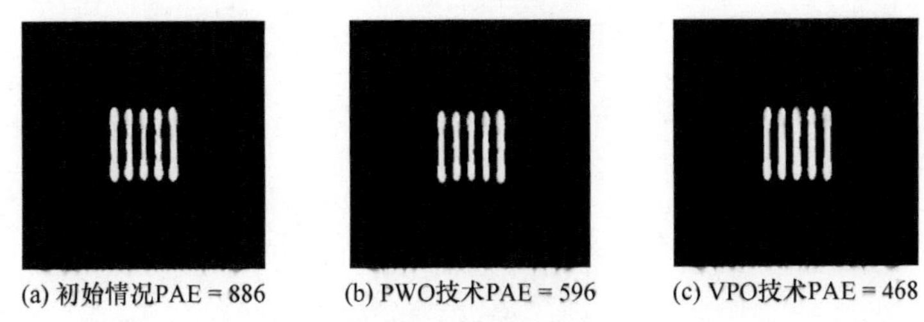

图 4.81　初始情况、PWO 技术和 VPO 技术对应的光刻胶成像及 PAE(目标图形 3)

仿真结果表明，VPO 技术能够充分补偿光刻系统中的各种偏振误差，提高光刻成像质量。

(2) 10nm 技术节点的线条掩模图形的仿真结果。

在薄掩模假设下，考虑偏振像差的 SMO 技术得到的光源图形和掩模图形如图 4.82 所示。我们将其导入商业光刻仿真分析软件 PROLITH 中的 FDTD 仿真模块中，计算厚掩模的衍射场。

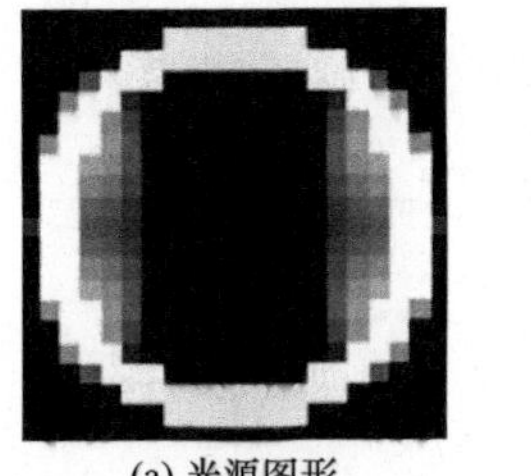

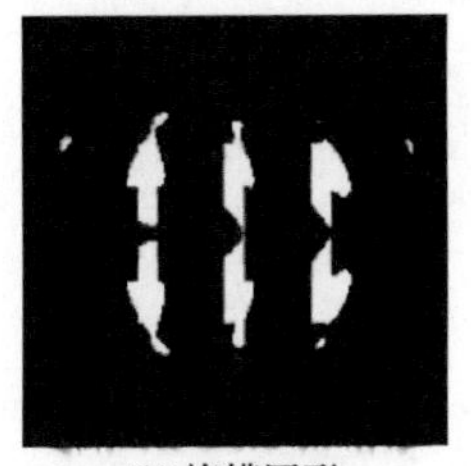

图 4.82　考虑偏振像差的 SMO 技术得到的光源图形和掩模图形(目标图形 4)

考虑厚掩模偏振效应和投影物镜偏振像差的情况下，传统 PWO 技术和 VPO 技术的收敛曲线如图 4.83 所示。相比传统 PWO 技术，VPO 技术的光刻胶成像 PAE 更小，可以实现更高的图形保真度和光刻成像质量。

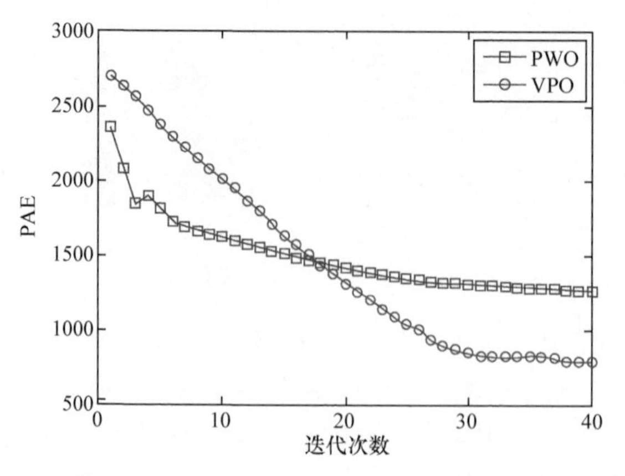

图 4.83　传统 PWO 技术和 VPO 技术的收敛曲线(目标图形 4)

PWO 技术和 VPO 技术的优化结果如图 4.84 和图 4.85 所示。

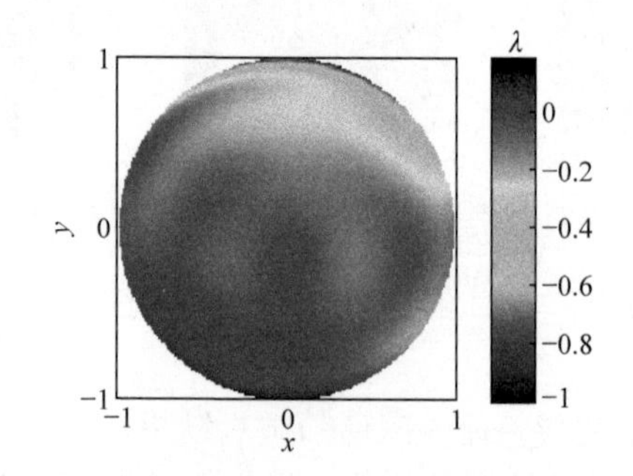

图 4.84　PWO 技术的优化结果(目标图形 4)

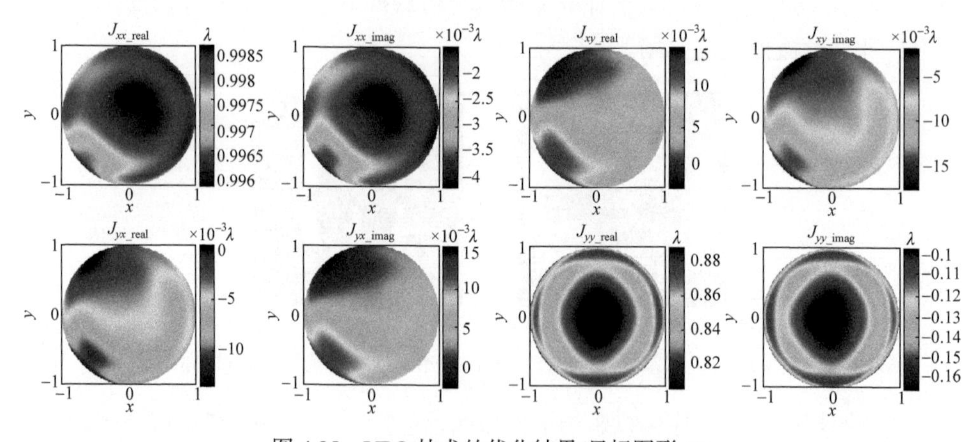

图 4.85　VPO 技术的优化结果(目标图形 4)

初始情况、PWO 技术和 VPO 技术对应的光刻胶成像及 PAE 如图 4.86 所示。VPO 技术得到的光刻胶成像图形保真度最高。相比未优化的初始情况，VPO 技术的 PAE 由 2786 降到 792，降低了 71.6%；相比传统的 PWO 技术，VPO 技术的 PAE 由 1261 降到 792，降低了 37.2%。

(a) 初始情况PAE = 2786

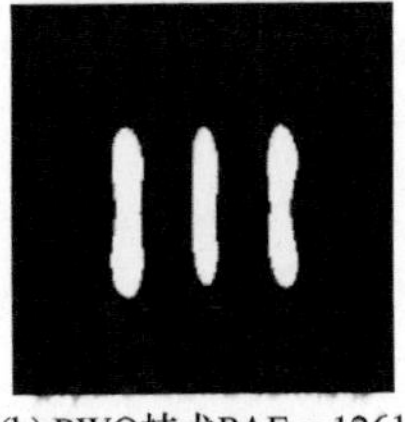
(b) PWO技术PAE = 1261

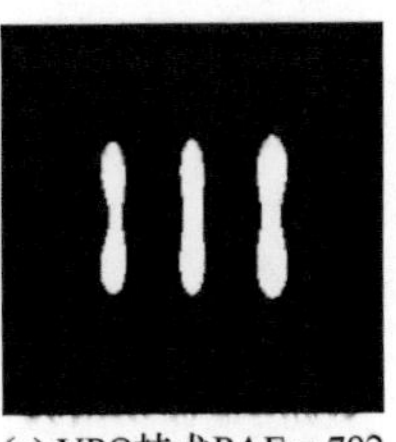
(c) VPO技术PAE = 792

图 4.86　初始情况、PWO 技术和 VPO 技术对应的光刻胶成像及 PAE(目标图形 4)

仿真结果表明，VPO 技术能够充分补偿光刻系统中的各种偏振误差，提高光刻成像质量。

2. 全视场矢量光瞳优化技术

1) MOVPO 技术的数学模型

为了同时补偿光刻物镜多个视场点的偏振像差，本节介绍一种全视场 MOVPO 技术，以降低投影物镜不同视场点的偏振像差对光刻成像的影响，并提高全视场光刻成像质量的均匀性。

将各视场点目标函数 F_m^{VPO} 的加权和构造为新型的多目标评价函数，即

$$F_{\text{MOVPO}} = \sum_m \omega_m F_m^{\text{VPO}} \tag{4.76}$$

其中，ω_m 为第 m 个视场点的权重因子。

由于在计算第 m 个视场点目标函数 F_m^{VPO} 的过程中已经考虑第 m 个视场点的偏振像差，因此多目标函数 F_{MOVPO} 中包含投影物镜多个视场点的偏振像差信息。

在 MOVPO 技术中，需要找到最恰当的 Zernike 系数 $\hat{c}_i$ 使式(4.76)中的多目标函数降至最低。MOVPO 优化模型在数学可以表述为

$$\hat{c}_i^{xx/xy/yx/yy\_\text{real/imag}} = \underset{c_i^{xx/xy/yx/yy\_\text{real/imag}}}{\arg\min} F \tag{4.77}$$

同样使用 CG 方法求解式(4.77)所示的 MOVPO 问题。在 CG 方法中，需要使用目标函数 F_{MOVPO} 对 Zernike 系数 c_i 的梯度。根据式(4.76)，梯度 $\nabla F_{\text{MOVPO}}(c_i)$ 可表示为

$$\nabla F_{\text{MOVPO}}(c_i) = \sum_m \omega_m \nabla F_m^{\text{VPO}}(c_i) \tag{4.78}$$

2) MOVPO 技术的优化流程

根据单视场点 VPO 的相关工作，表 4.16 以伪代码的形式提供 MOVPO 技术

的求解过程。CG 算法用于解决 MOVPO 问题。

表 4.16　MOVPO 技术流程的伪代码

1. 输入仿真参数，包括目标图案，照明的偏振、波长，投影光学器件的 NA 和偏振像素等

2. 初始化 $k=0$，所有 Zernike 系数 $c_i^{xx/xy/yx/yy\_\mathrm{real/imag}(0)}=0.0000001$，VPO 技术的优化步长 sc，最大迭代次数 l_{VPO} 和 $P_i^{xx/xy/yx/yy\_\mathrm{real/imag}(0)}=-\nabla F(c_i^{xx/xy/yx/yy\_\mathrm{real/imag}(0)})$

3. 更新 Zernike 系数 $c_i^{xx/xy/yx/yy\_\mathrm{real/imag}(k+1)}$：

while　$k\leqslant l_{\mathrm{VPO}}$

$k=k+1$；

利用式(4.66)～式(4.73)计算并存储目标函数 F_{MOVPO} 对当前各 Zernike 系数 $c_i^{xx/xy/yx/yy\_\mathrm{real/imag}(k)}$ 的梯度 $\nabla F_{\mathrm{MOVPO}}(c_i^{xx/xy/yx/yy\_\mathrm{real/imag}(k)})$；

计算 $\beta^{(k)}=\dfrac{\left\|\nabla F_{\mathrm{MOVPO}}(c_i^{xx/xy/yx/yy\_\mathrm{real/imag}(k)})\right\|_2^2}{\left\|\nabla F_{\mathrm{MOVPO}}(c_i^{xx/xy/yx/yy\_\mathrm{real/imag}(k-1)})\right\|_2^2}$；

更新 $P^{(k)}=-\nabla F_{\mathrm{MOVPO}}(c_i^{xx/xy/yx/yy\_\mathrm{real/imag}(k)})+\beta^{(k)}P^{(k-1)}$；

更新各 Zernike 系数 $c_i^{xx/xy/yx/yy\_\mathrm{real/imag}(k+1)}$：

$c_i^{xx/xy/yx/yy\_\mathrm{real/imag}(k+1)}=c_i^{xx/xy/yx/yy\_\mathrm{real/imag}(k)}+S_V P^{(k)}$，并使用式(4.63)和式(4.64)更新矢量光瞳分布函数 J_{VP}；

end

4. 将当前矢量光瞳分布函数 J_{VP} 作为优化结果输出

3) 数值计算与分析

本节比较 VPO 技术和 MOVPO 技术的光刻性能，证明 MOVPO 技术在全视场情况下的有效性和优越性。在仿真中，光刻系统的照射波长为 193nm，照射偏振为 Y 偏振，缩小倍率为 4，硅片侧的 NA = 1.2。仿真使用的投影光学系统及其偏振像差与全视场 MOSMO 所用的物镜系统相同。

仿真中使用的目标图形如图 4.87 所示。光刻技术节点为 28nm(CD = 45nm)、掩模图形矩阵维度为 200×200、在硅片侧的像素尺寸 5.625nm×5.625nm，即掩模尺寸为 4500nm×4500nm。

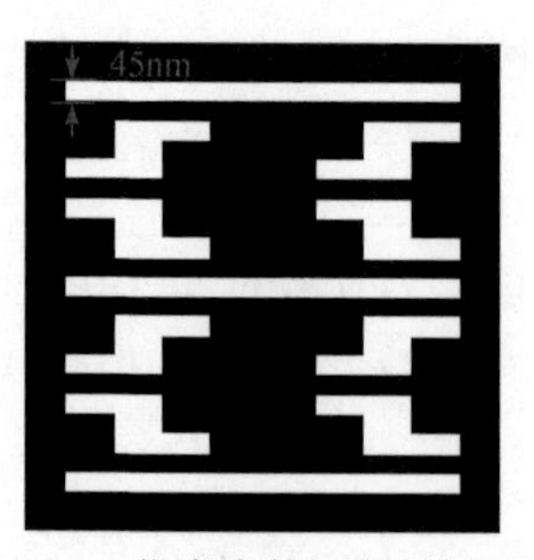

图 4.87　仿真中使用的目标图形

考虑单视场点偏振像差的 SMO 技术优化得到光源图形和掩模图形如图 4.88 所示。针对该光源和掩模，由商业软件 PROLITH 计算厚掩模的衍射谱。在仿真

中，掩模吸收层由 55nm 的 Cr(折射率为 1.48 + 1.76i)和 18nm 的 CrO(折射率为 1.97 + 1.2i)组成。

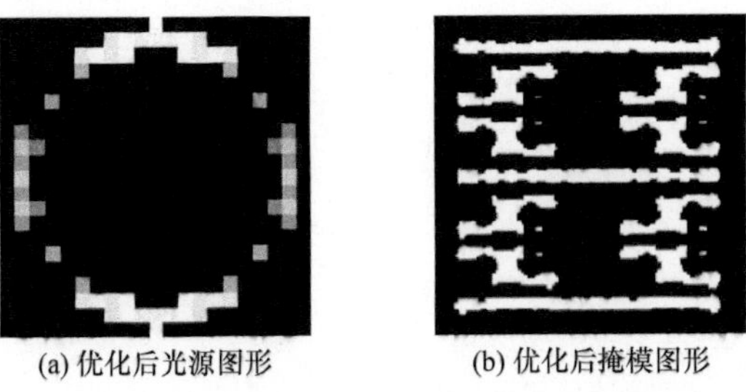

(a) 优化后光源图形　(b) 优化后掩模图形

图 4.88　MOVPO 技术中用于目标图形的光源图形和掩模图形

VPO 技术和 MOVPO 技术的优化结果如图 4.89 和图 4.90 所示。可见，两种方法优化获得的最佳光瞳有明显区别。

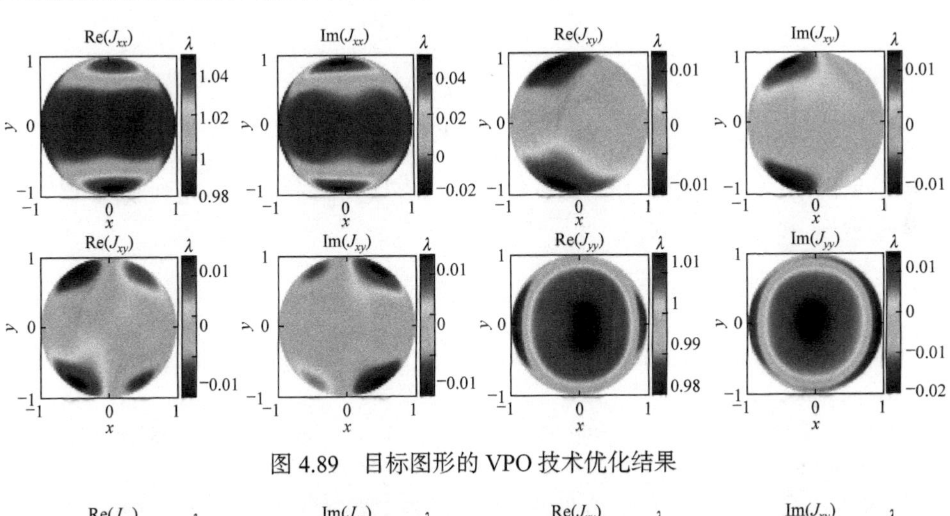

图 4.89　目标图形的 VPO 技术优化结果

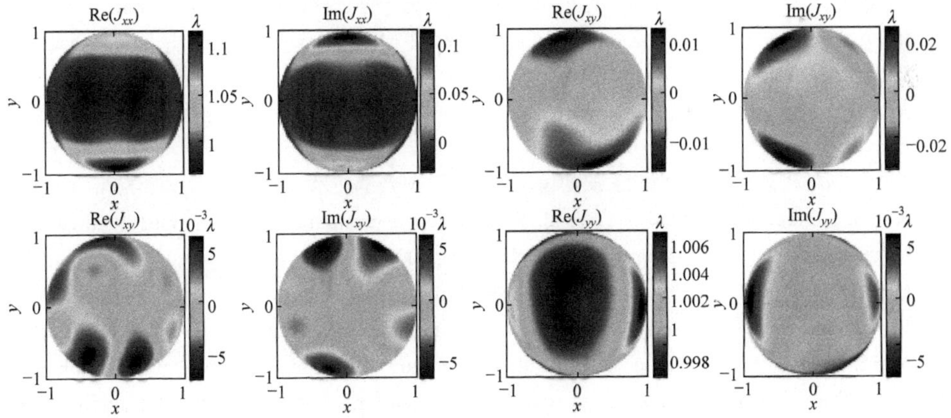

图 4.90　目标图形的 MOVPO 技术的优化结果

未进行光瞳优化时，VPO 技术和 MOVPO 技术的 PW 如图 4.91 所示。未进行光瞳优化时的 PW 是最小的，MOVPO 技术优化后获得的 PW 最大。

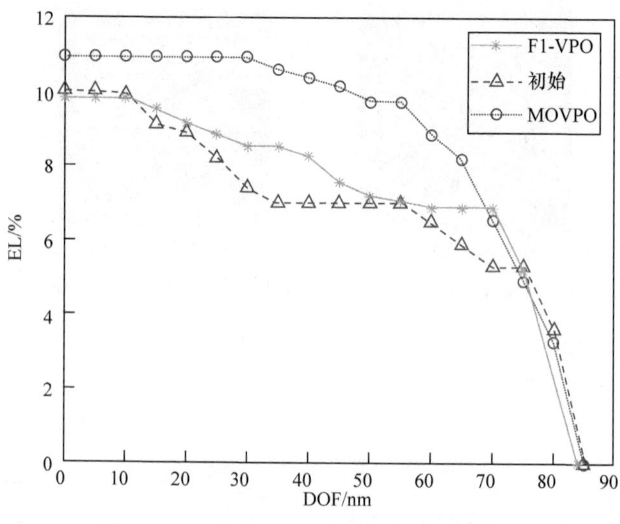

图 4.91　VPO 技术和 MOVPO 技术的 PW

结果证明，本节介绍的 MOVPO 技术可以有效提高全视场的光刻成像均匀性，扩大全视场 PW。

参 考 文 献

[1] Mahajan V N. Optical imaging and aberrations: Part I. ray geometrical optics. Journal of Optics, 1999, 28(1): 53-54.

[2] Noll R J. Zernike polynomials and atmospheric turbulence. Journal of the Optical Society of America, 1976, 66(3): 207-211.

[3] Dirksen P , Braat J J M , Janssen A J E M , et al. Aberration retrieval for high-NA optical systems using the extended Nijboer-Zernike theory// Optical Microlithography XVIII, San Jose, 2005, 2754: 262-273.

[4] 陈卫斌，顾培夫，郑臻荣．投影光学系统中的偏振像差分析．光学学报，2005，25(5): 696-700.

[5] 李刚，高劲松，孙连春．光学系统的偏振像差研究．光学技术，2003, 29(5): 555-558.

[6] Kye J, McIntyre G, Norihiro Y, et al. Polarization aberration analysis in optical lithography systems// Optical Microlithography XIX, San Jose, 2006, 6154: 144-154.

[7] Geh B, Ruoff J, Zimmermann J, et al. The impact of projection lens polarization properties on lithographic process at hyper-NA// Optical Microlithography XX, San Jose, 2007, 6520: 186-203.

[8] McIntyre G R, Kye J, Levinson H, et al. Polarization aberrations in hyper-numerical-aperture projection printing: a comparison of various representations. Journal of Micro/Nanolithography, MEMS, and MOEMS, 2006, 5(3): 33001.

[9] 贾玉娥. 偏振像差对光刻性能的影响及其补偿方法研究. 北京: 北京理工大学, 2015.
[10] Ruoff J, Totzeck M. Orientation Zernike polynomials: a useful way to describe the polarization effects of optical imaging systems. Journal of Micro/Nanolithography, MEMS, and MOEMS, 2009, 8(3): 31404.
[11] 董立松. 矢量光刻成像理论与分辨率增强技术研究. 北京: 北京理工大学, 2014.
[12] Aoyama H, Mizuno Y, Hirayanagi N, et al. Impact of realistic source shape and flexibility on source mask optimization. Journal of Micro/Nanolithography, MEMS, and MOEMS, 2014, 13(1): 11005.
[13] Mack C. Fundamental Principles of Optical Lithography: The Science of Microfabrication. Chichester: John Wiley & Sons, 2007.
[14] 马小姝, 李宇龙, 严浪. 传统多目标优化方法和多目标遗传算法的比较综述. 电气传动自动化, 2010 (3): 48-50.
[15] Jia N, Yang S H, Kim S, et al. Study of lens heating behavior and thick mask effects with a computational method// Optical Microlithography XXVII, San Jose, 2014: 905209.
[16] Sturtevant J, Tejnil E, Lin T, et al. Impact of 14-nm photomask uncertainties on computational lithography solutions. Journal of Micro/Nanolithography, MEMS, and MOEMS, 2014, 13(1): 11004.
[17] Ma X, Han C Y, Li Y Q, et al. Hybrid source mask optimization for robust immersion lithography. Applied Optics, 2013, 52(18): 4200-4211.
[18] 韩春营. 浸没式光刻中矢量光源-掩模优化技术研究. 北京: 北京理工大学, 2015.
[19] Mahajan V N. Zernike circle polynomials and optical aberrations of systems with circular pupils. Applied Optics, 1994, 33(34): 8121-8124.
[20] Granik Y, Cobb N B, Do T. Universal process modeling with VTRE for OPC// Optical Microlithography XV, Santa Clara, 2002, 4691: 377-394.
[21] Liu X L, Li Y Q, Liu K. Polarization aberration control for hyper-NA lithographic projection optics at design stage// International Conference on Optical Instruments and Technology: Optical Systems and Modern Optoelectronic Instruments, Beijing, 2015: 96180H.
[22] Li Y Q, Guo X J, Liu X L, et al. A technique for extracting and analyzing the polarization aberration of hyper-numerical aperture image optics// International Conference on Optical Instruments and Technology: Optical Systems and Modern Optoelectronic Instruments, Beijing, 2013: 904204.
[23] 李艳秋, 郭学佳. PolAnalyst 偏振像差获取分析软件 V1. 0. 北京理工大学, 2012.
[24] Han C Y, Li Y, Dong L, et al. Inverse pupil wavefront optimization for immersion lithography. Applied Optics, 2014, 53(29): 6861-6871.
[25] Hao Y Y, Li Y Q, Li T, et al. The calculation and representation of polarization aberration induced by 3D mask in lithography simulation// AOPC 2017: Optoelectronics and Micro/Nano-Optics, Beijing, 2017: 104601J.
[26] Li T, Liu Y, Sun Y Y, et al. Multiple-field-point pupil wavefront optimization in computational lithography. Applied Optics, 2019, 58(30): 8331-8338.
[27] Li T, Liu Y, Sun Y Y, et al. Vectorial pupil optimization to compensate polarization distortion in

immersion lithography system. Optics Express, 2020, 28(4): 4412-4425.

[28] Yuan M, Sun Y Y, Wei P Z, et al. Vectorial pupil optimization to compensate for a polarization effect at full exposure field in lithography. Applied Optics, 2021, 60(31): 9681-9690.

[29] Staals F, Andryzhyieuskaya A, Bakker H, et al. Advanced wavefront engineering for improved imaging and overlay applications on a 1. 35 NA immersion scanner// Optical Microlithography XXIV, San Jose, 2011: 79731G.

[30] Ohmura Y, Ogata T, Hirayama T, et al. An aberration control of projection optics for multi-patterning lithography// Optical Microlithography XXIV, San Jose, 2011: 79730W.

[31] Shen Y J. Level-set-based inverse lithography for photomask synthesis. Optics Express, 2009, 17(26): 23690-23701.

[32] Geng Z, Shi Z, Yan X L, et al. Regularized level-set-based inverse lithography algorithm for IC mask synthesis. Journal of Zhejiang University Science C, 2013, 14: 799-807.

[33] Liu W, Liu S Y, Shi T L, et al. Generalized formulations for aerial image based lens aberration metrology in lithographic tools with arbitrarily shaped illumination sources. Optics Express, 2010, 18(19): 20096-20104.

[34] 李铁. 全视场低像差敏感度的新型计算光刻技术研究. 北京: 北京理工大学, 2020.

[35] 李艳秋, 闫旭, 郝倩, 等. 一种折反式深紫外光刻物镜系统设计方法. 中国, CN202110141736.0. 2021-08-21.

第 5 章　光源-掩模-工艺多参数协同计算光刻技术

第 2～4 章阐述了矢量计算光刻，对光源-掩模-光瞳进行了优化，可以进一步提高光刻成像性能。但是，矢量计算光刻采纳恒定阈值光刻胶模型，没有考虑实际光刻工艺。因此，需要建立包含光刻工艺参数优化的计算光刻技术，实现更符合实际的工艺参数优化，进一步提高光刻成像性能，增大 PW。

本章阐述光源-掩模-工艺多参数协同计算光刻技术。该技术综合多项光刻成像性能指标作为目标函数，将光源-掩模-工艺多项参数作为优化自变量，进一步提高图形保真度，扩大 PW。同时，将该技术分别应用于零误差光刻系统和非零误差光刻系统(存在杂散光、偏振像差、工件台振动误差、工件台运动标准偏差(moving standard deviation，MSD)等)。实验表明，通过光刻照明系统、物镜、掩模和工艺多参数协同优化，能够实现高性能、高稳定计算光刻。

5.1　多参数协同优化技术基础

多参数协同优化计算光刻存在非线性、难收敛等问题。本节聚焦多参数协同优化技术，包括构建多目标函数、多参数协同优化方法。多目标函数包含 PAE、NILS、DOF 等光刻成像性能指标，可以综合评价光刻成像性能。多参数协同优化方法可以获得光源-掩模-工艺参数全局最优解。

5.1.1　工艺参数对图形保真的影响

投影光刻工艺流程示意图如图 5.1 所示。它主要包括晶圆预处理(prepare wafer)、涂胶(coating)、前烘(post-apply bake，PAB)、曝光(exposure)、后烘(post-exposure bake，PEB)、显影(development)、刻蚀(etch)等工艺流程。

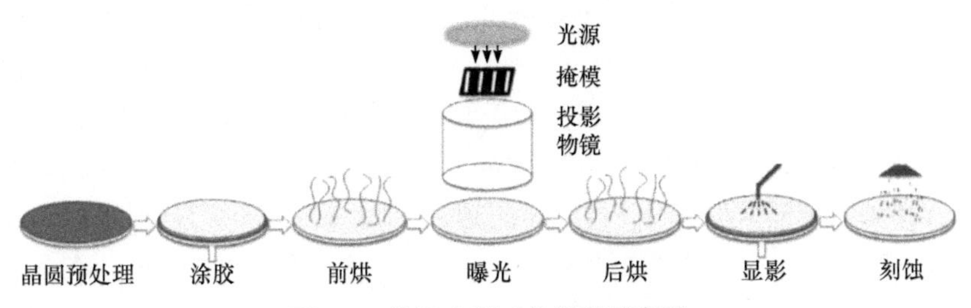

图 5.1　投影光刻工艺流程示意图

影响图形保真的主要光刻工艺参数包括 PAB 时间、显影时间、PEB 时间、工艺叠层(film stack)厚度等。PAB 能改善光刻胶的黏附性，提高光刻胶的均匀性、刻蚀图形 CD 的均匀性[1]。针对化学放大型光刻胶(chemically amplified resist，CAR)，PAB 能在一定程度上改变光酸的扩散长度，并提高图像对比度。多数情况下，PAB 对 CD，以及 DOF 的影响较小。PEB 使曝光过程中产生的光酸发生扩散，保证光刻胶产生化学反应更充分。同时，光酸充分扩散能降低驻波效应，使光刻图形轮廓更加陡直，从而提高图形保真度和 PW[2]。

针对 PAB、PEB 中光刻胶温度与时间的函数关系，常见的烘烤模型[3]包括恒温烘烤模型(理想模型)、Double Bake 模型、3-Stage 模型。恒温烘烤模型假定 PAB、PEB 过程中，硅片温度保持恒定；Double Bake 模型假定加热和冷却时，光刻胶温度存在先高温后低温两种状态；3-Stage 模型包括光刻胶在热板上加热(hotplate)，热板和冷板之间转移(transition)，以及在冷板冷却(chillplate)。三种烘烤模型温度随时间的变化如图 5.2 所示。

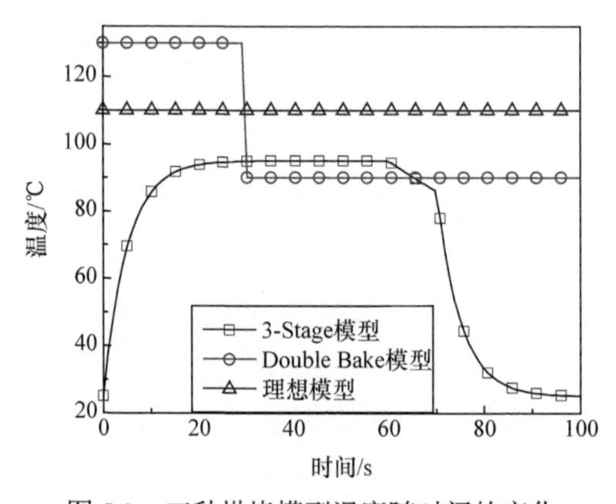

图 5.2　三种烘烤模型温度随时间的变化

由于 3-Stage 模型最接近实际光刻工艺中的温度变化过程，因此后续对 PAB、PEB 的仿真均采用该模型。如图 5.3 所示，横坐标表示的参数变化量“0%”对应的热板、转移、冷板时间分别为 60s、10s、30s，参数变化范围 ± 10%。结果表明，PEB 对 CD 的影响较大。因此，5.2 节针对 PEB 时间进行参数优化。

显影是光刻工艺中关键的一个步骤，是曝光后的光刻胶与显影液相互作用的过程。该过程将连续变化的空间像转化为二元分布的光刻胶像；在旋附浸没式显影(puddle development)过程中，首先将显影液倒入缓慢转动的硅片上，然后硅片停止旋转进行显影，最后将硅片旋转冲洗并干燥；光刻胶与显影液互相作用能够明显影响光刻胶的轮廓和 CD，显影时间越长，CD 越小[1]。显影时间对 CD 的影响如图 5.4 所示。其中，参数变化量“0%”对应的显影时间为 12s，在此基础上进行 ± 10%的对应参数变化。

的参数极有可能会被低数量级的参数限制，导致无法得到充分的优化。因此，需要先对优化参数作归一化处理，使待优化参数都处于[0, 1]。归一化表达式为

$$\overline{x}=\frac{x-x_{\min}}{x_{\max}-x_{\min}} \tag{5.10}$$

其中，$x_{\min}$ 和 $x_{\max}$ 为优化参数向量 x 各元素位置的最小值和最大值构成的行向量。

使用归一化后的参数的优化方法称为归一化共轭梯度(normalized conjugate gradient，NCG)算法

在求差商和一维搜索时，需将被优化参数导入光刻仿真软件 PROLITH 中计算 PW。因此，在将被优化参数导入 PROLITH 时，需将被优化的参数由归一化的后的值还原到归一化前的值，即去归一化为

$$x=x_{\min}+\overline{x}\cdot(x_{\max}-x_{\min}) \tag{5.11}$$

表 5.2 所示为 CG 多参数协同优化流程。表 5.3 所示为 NCG 多参数协同优化流程。

表 5.2　CG 多参数协同优化流程

1. 初始化：初始参数向量 $x^{(0)}$ 赋值，优化步长 $\Lambda=0.5$，差商计算间隔 Δx，最大迭代次数 $l=30$，初始迭代数 $k=0$

初始下降方向 $d^{(0)}\approx-\dfrac{F(x^{(0)})-F(x^{(0)}-\Delta x)}{\Delta x}$

2. 根据式(5.2)设置多目标函数作为目标函数

3. 更新工艺参数

while　$k<l$

计算多目标函数值 $F(x^{(k)})=\sum_{i=1}^{n}\omega_i\cdot F(x^{(k)})_i$；

利用式(5.3)计算差商 $\nabla F(x^{(k)})\approx\dfrac{F(x^{(k)})-F(x^{(k)}-\Delta x)}{\Delta x}$；

计算搜索方向 $d^{(k+1)}=-\nabla F(x^{(k+1)})+\beta^{(k+1)}\cdot d^{(k)}$

其中 $\beta^{(k+1)}=\dfrac{\left\|\nabla F(x^{(k+1)})\right\|_2^2}{\left\|\nabla F(x^{(k)})\right\|_2^2}$

更新优化参数 $x^{(k+1)}=x^{(k)}+\Lambda d^{(k+1)}$；

$k=k+1$；

end

4. 将当前光刻工艺参数作为优化结果输出

表 5.3　NCG 多参数协同优化流程

1. 初始化：初始参数向量 $x^{(0)}$ 赋值，优化步长 $\Lambda=0.5$，差商计算间隔 $\Delta\overline{x}_i=0.1(i=1,2,\cdots)$，最大迭代次数 $l=30$，初始迭代数 $k=0$

2. 根据式(5.2)设置多目标函数作为目标函数

3. 参数归一化 $\overline{x}$，初始下降方向 $d^{(0)}\approx-\dfrac{F(\overline{x}^{(0)})-F(\overline{x}^{(0)}-\Delta\overline{x})}{\Delta\overline{x}}$

4. 更新工艺参数

续表

while $k < l$

计算多目标函数值 $F(\bar{x}^{(k)}) = \sum_{i=1}^{n} \omega_i \cdot F(\bar{x}^{(k)})_i$ ；

利用式(5.3)计算差商 $\nabla F(\bar{x}^{(k)}) \approx \dfrac{F(\bar{x}^{(k)}) - F(\bar{x}^{(k)} - \Delta\bar{x})}{\Delta\bar{x}}$ ；

计算搜索方向 $d^{(k+1)} = -\nabla F(\bar{x}^{(k+1)}) + \beta^{(k+1)} \cdot d^{(k)}$ ，其中 $\beta^{(k+1)} = \dfrac{\left\|\nabla F(\bar{x}^{(k+1)})\right\|_2^2}{\left\|\nabla F(\bar{x}^{(k)})\right\|_2^2}$ ；

更新优化参数 $\bar{x}^{(k+1)} = \bar{x}^{(k)} + \Lambda d^{(k+1)}$ ；

$k = k + 1$ ；

end

5. 将归一化参数还原 $x = x_{\min} + \bar{x} \cdot (x_{\max} - x_{\min})$ ；

6. 将当前光刻工艺参数作为优化结果输出

综上，本节阐述的多参数协同优化方法利用CG、NCG算法(梯度以差商代替)，在参数多维解空间寻找全局最优解。

5.2 多参数协同优化技术及应用

5.2.1 零误差光刻系统的多参数协同优化技术及应用

本节采用 5.1.3 节介绍的用差商代替导数的方法，利用 PROLITH 中的全物理光刻胶模型，协同优化光源、掩模、工艺参数。

本节零误差光刻系统是指光刻机中所有子系统均为无误差的理想状态，如工件台无振动，投影物镜无像差、杂散光，所有参数控制精确、无误差等。

1. 仿真条件

采用 28nm 技术节点一维无限长半密集线条(line/space)和密集接触孔作为仿真图形，CD 分别为 45nm 和 60nm，占空比分别为 1：2 和 1：1。下面阐述多参数协同优化技术的正确性与有效性。

对于光源结构、参数[4]，选取参数化的 AI，固定内外相干因子之差为 0.15，优化外相干因子 σ_{out}。优化过程中设置外相干因子的最大变化范围为[0.15, 1]。此外，优化光刻机投影物镜 NA，以增大 DOF。NA 的最大变化范围为[1, 1.35]，参数范围均在光刻机公司 ASML 产业化光刻机 TWINSCAN NXT:1970Ci 的可变范围之内[5]。

掩模 Bias(偏置量)和透过率取值同样采用参数化的掩模，针对一维无限长线条和接触孔，为了校正光学邻近效应，选取掩模边缘的偏置量(改变掩模 Bias 即可改变掩模图形宽度)为优化对象。由于掩模图形透过率对图形保真有较大影响，且光刻技术已采纳了可调透过率掩模，可在较大范围内变化掩模图形透过率[6-8]，因此同时选取掩模图形透过率作为掩模优化的对象。在优化过程中，掩模图形透过率控制在[0.03, 0.3]。

选择优化 PEB 时间和显影时间参数作为工艺参数优化对象。优化 PEB 时采用 3-Stage 模型，优化硅片在热板、冷板上，以及硅片转移的时间，控制光刻胶的化学反应时间。同时，优化显影时间。为了使被优化参数更接近实际光刻工艺中使用的值，优化过程中设置热板、转移、冷板时间的最大变化范围分别为[10s, 100s]、[2s, 20s]、[10s, 60s]，显影时间变化范围在[5s, 60s]，参数的可变化范围均在文献[9]～[12]所用的范围内。

仿真过程应用可变 NA 的浸没式投影物镜，浸没液体的折射率为 1.44。为了提高对比度，针对一维半密集线条，采用和线条方向一致的 Y 偏振光照明；针对接触孔，采用 TE 偏振光照明；波长 $\lambda = 193\text{nm}$。光刻胶为经过校准的 JSR ARX2895JN，针对一维半密集线条，光刻胶厚度为 120nm；针对接触孔，光刻胶厚度为 102nm。为了降低硅衬底的反射率，消除驻波效应，采用抗反射层优化模块优化 BARC。针对一维半密集线条，抗反射层 BARC1 和 BARC2 的厚度分别为 33nm 和 43nm；针对接触孔，抗反射层 BARC1 和 BARC2 的厚度分别为 24nm 和 43nm。PEB 过程中初始温度为 25℃，热板、转移、冷板过程中的温度分别为 110℃、45℃、25℃[12]。除了 PEB 模型，其他的仿真参数设置均和文献[13]中的一致。

2. 目标函数

本节采用 CDE 小于±10% CD、侧壁角大于 80°、光刻胶损失小于 10%光刻胶厚度为 PW 的约束[2]。

利用式(5.2)构建多目标函数，包含 NILS、成像对比度、EL = 5%时的 DOF($F_{\text{DOF@EL=5\%}}$)和 EL=3%的 DOF($F_{\text{DOF@EL=3\%}}$)[14]。仿真使用的多目标函数为

$$F = \omega_1 F_{\text{NILS}} + \omega_2 F_{\text{Contrast}} + \varepsilon_1 F_{\text{DOF@EL=5\%}} + \varepsilon_2 F_{\text{DOF@EL=3\%}} \tag{5.12}$$

为着重控制 DOF，权重因子设置为 $\omega_1 = 0.2$、$\omega_2 = 0.1$、$\varepsilon_1 = 10$、$\varepsilon_2 = 2$。

3. 仿真结果与分析

所有被优化参数的初始值、最大值、最小值，以及各参数用于求差商的微小增量均在表 5.4 和表 5.5 中列出。CG 的增量均为各参数的实际值，NCG 的增量为归一化之后的值，因此 NCG 中所有参数的增量均可设为同一值。

优化在经过 20 轮后停止，CG 和 NCG 对光源 σ_{out}、物镜像方 NA、PEB 热板时间、PEB 转移时间、PEB 冷板时间、显影时间、掩模 Bias、掩模透过率的优化

结果如表 5.4 和表 5.5 所示。

表 5.4　一维半密集线条优化参数设置及结果

参数	初始值	最小值	最大值	CG 增量	NCG 增量	CG 结果	NCG 结果
光源 σ_{out}	0.78	0.65	0.99	0.02	0.1	0.86	0.84
像方 NA	1.2	1	1.35	0.02	0.1	1	1
PEB 热板时间/s	60	10	100	5	0.1	60	10.03
PEB 转移时间/s	10	2	20	2	0.1	10	6.93
PEB 冷板时间/s	30	10	60	5	0.1	30	13
显影时间/s	30	5	60	2	0.1	30	60
掩模 Bias/nm	10	0	40	5	0.1	10	39.98
掩模透过率	0.06	0.03	0.3	0.01	0.1	0.167	0.108

表 5.5　接触孔优化参数设置及结果

参数	初始值	最小值	最大值	CG 增量	NCG 增量	CG 结果	NCG 结果
光源 σ_{out}	0.86	0.65	0.99	0.05	0.05	0.92	0.92
像方 NA	1.2	1	1.35	0.05	0.05	1	1
PEB 热板时间/s	60	10	100	5	0.05	60	59.8
PEB 转移时间/s	10	2	20	2	0.05	10	9.96
PEB 冷板时间/s	30	10	60	5	0.05	30	29.91
显影时间/s	12	5	60	2	0.05	12	24.37
掩模 Bias /nm	10	0	30	5	0.05	10	16.31
掩模透过率	0.06	0.03	0.3	0.02	0.05	0.058	0.166

对比优化前后的参数值可发现，在 CG 方法中，PEB 热板时间、PEB 转移时间、PEB 冷板时间、显影时间、掩模 Bias 均未发生改变，外相干因子 σ_{out}、NA、透过率都得到较好的优化。该结果表明，在 CG 方法中，大数量级参数的优化步长会被小数量级参数所限制，当同时优化不同数量级的参数时，大数量级参数的搜索范围只在其初始值周围很小的范围内。当所有的参数被归一化后，参数的变化区间均在[0, 1]，更易跳出局部最优解。

参数归一化后可极大地促进优化的收敛，NCG 算法的多参数协同优化目标函数收敛曲线如图 5.7 所示。

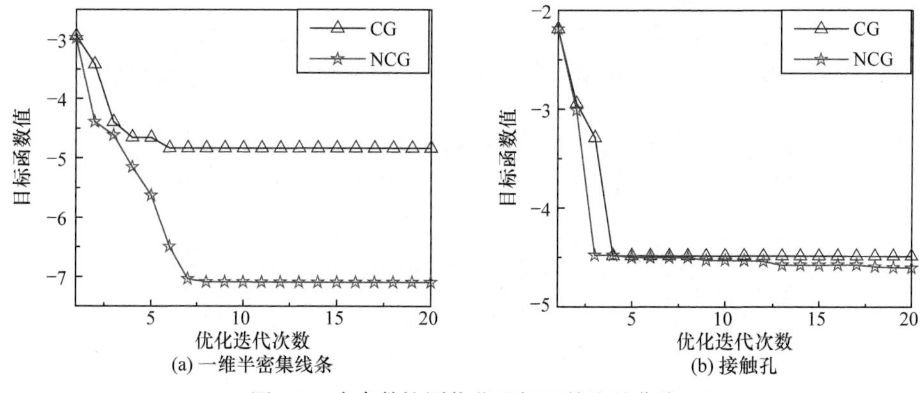

图 5.7　多参数协同优化目标函数收敛曲线

由此可知，NCG 方法收敛比 CG 迅速，并且优化后的最终目标函数值更小。在 NCG 方法中，所有的光源、掩模、工艺参数均得到了很好的优化。

优化后的 NA 和相干因子值可满足光刻机控制精度的要求[15,16]。初始的 PEB 时间为 100s，经 NCG 方法优化后的 PEB 时间有所减少，针对一维半密集线条和接触孔，PEB 的时间分别为 29.96s 和 99.67s，控制 PEB 时间可以精确控制光刻胶中的化学反应，实现高的图形保真度。优化前后温度随时间变化曲线如图 5.8 所示。在图 5.8(a)中，一维半密集线条 PEB 时间优化结果表明，NCG 优化值相较于初始值有明显不同，而 CG 优化值与初始值重合；在图 5.8(b)中，接触孔 PEB 时间优化结果表明，NCG 优化值与 CG 优化值和初始值重合。

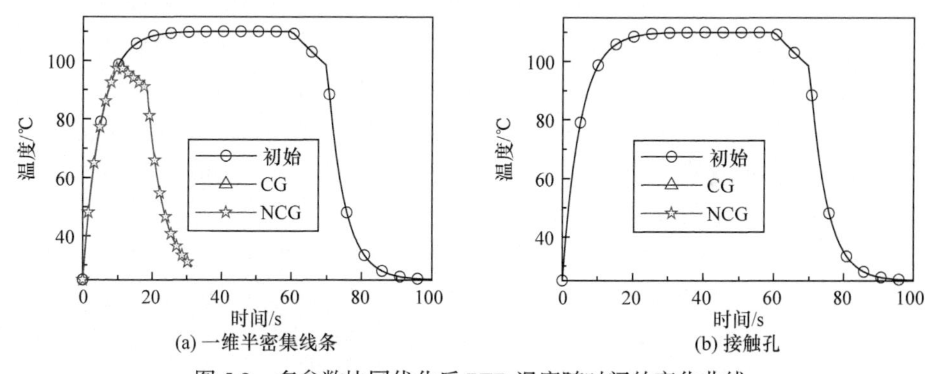

图 5.8　多参数协同优化后 PEB 温度随时间的变化曲线

如图 5.9(a)所示，一维半密集线条在最佳焦面、100nm 离焦面、200nm 离焦面的光刻胶图形(侧视图)。如图 5.9(b)所示，接触孔在最佳焦面、100nm 离焦面、150nm 离焦面的光刻胶图形(俯视图)。图中，“×”表示不满足 CDE < 10%要求的光刻胶图形。

对于一维半密集线条图形，若光源-掩模-工艺参数未经优化，在 200nm 离焦

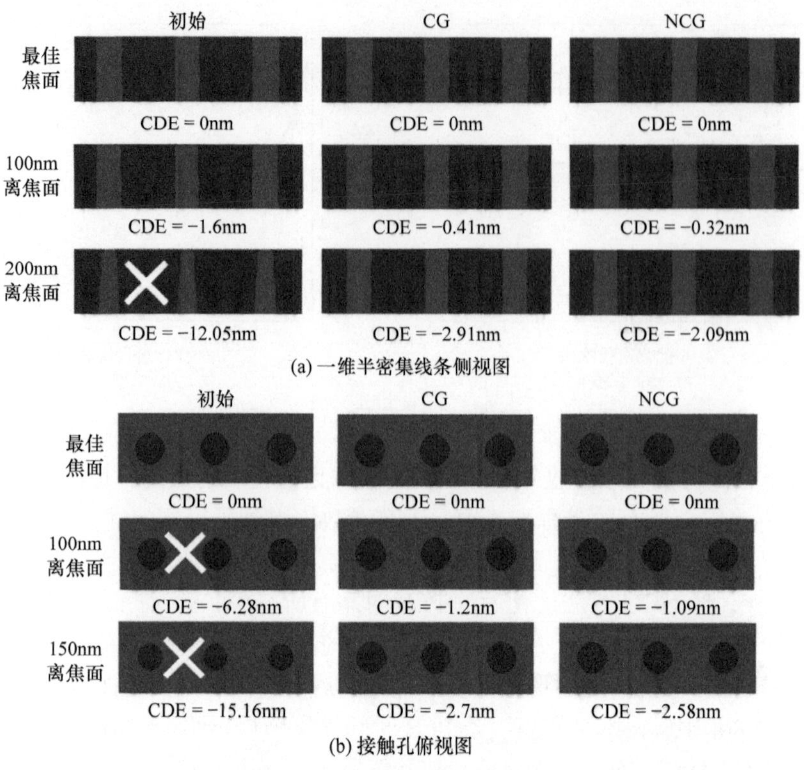

图 5.9　不同焦面光刻胶图形对比

面处光刻胶图形 CDE 为−12.05nm，光刻胶侧壁不陡直，不满足图形保真的要求。用 CG 优化光源-掩模-工艺参数，在 200nm 离焦范围内，可获得高保真光刻成像。采用 NCG 优化后，在 200nm 离焦范围内的 CDE 均小于 CG 优化结果。

对于接触孔图形，若光源-掩模-工艺参数未经优化，在 100nm 和 150nm 离焦面处均不满足图形保真的要求。经过 CG 和 NCG 优化后，150nm 离焦范围内光刻胶图形都可满足图形保真的要求。

因此，利用 CG 和 NCG 方法协同优化光源-掩模-工艺参数后，可在大的 DOF 范围内获得高保真光刻图形，并且 NCG 方法可以获得更高的图形保真度。

多参数协同优化后 PW 如图 5.10 所示。EL = 5%对应的 DOF 用虚线表示。

对于一维半密集线条，EL = 5%时未优化的初始 DOF = 0.205μm，CG 优化后 DOF = 0.349μm，NCG 优化后 DOF = 0.558μm。相比未优化的初始 DOF，CG 和 NCG 优化后 DOF 分别增大 70.24%和 172.2%。

对于接触孔图形，EL = 5%时未优化的初始 DOF = 0.163μm，CG 优化后 DOF = 0.344μm，NCG 优化后 DOF = 0.356μm。相比初始 DOF，CG 和 NCG 优化后 DOF 分别增大 111.04%和 118.05%。

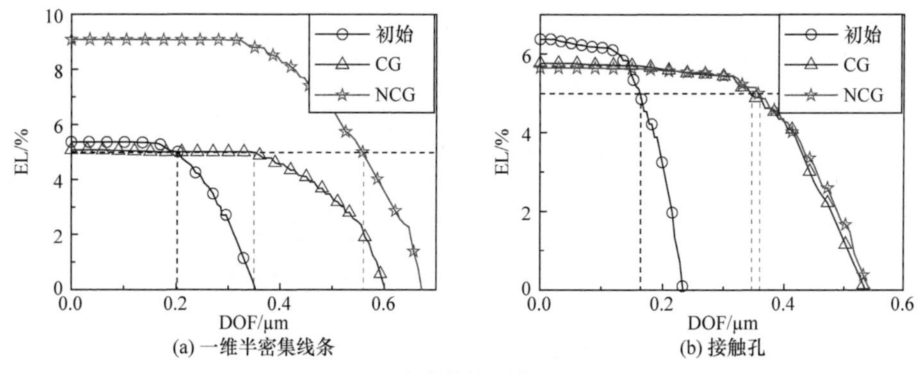

图 5.10　多参数协同优化后 PW

未经优化的初始 DOF 很小，采用 CG 方法优化时，大数量级的工艺参数(例如 PEB 时间、显影时间)基本没有改变。经过 NCG 后，光源-掩模-工艺多参数协同优化，DOF 进一步提高。图 5.10 表明，NCG 方法能够有效地跳出局部最优解，获得更大的 PW。

5.2.2　非零误差光刻系统的多参数协同优化技术及应用

本节利用 5.2.1 节相同的仿真参数区间设置，首先对仅存在偏振像差的光刻系统进行多参数协同优化。然后，对同时存在偏振像差、杂散光、工件台运动标准偏差、工件台 z 方向振动误差的光刻系统，进行多参数协同优化。仿真结果证明，多参数协同优化技术能够更好地优化非零误差光刻系统的成像性能。

1. 存在偏振像差的光刻系统的多参数协同优化应用

本节通过协同优化光源-掩模-工艺参数，降低偏振像差的影响，在较大 PW 内，实现高保真光刻图形。

首先，采用 5.2.1 节优化获得的光源-掩模-工艺参数设置，将偏振像差纳入光刻成像仿真分析软件，分析偏振像差对光刻仿真图形保真度和 PW 的影响。在无偏振像差和存在偏振像差时，一维半密集线条图形与接触孔图形光刻图形保真度的对比如图 5.11 所示。在无偏振像差和存在偏振像差时，一维半密集线条图形与接触孔图形的 PW 对比如图 5.12 所示。结果显示，偏振像差对接触孔图形的影响较大。

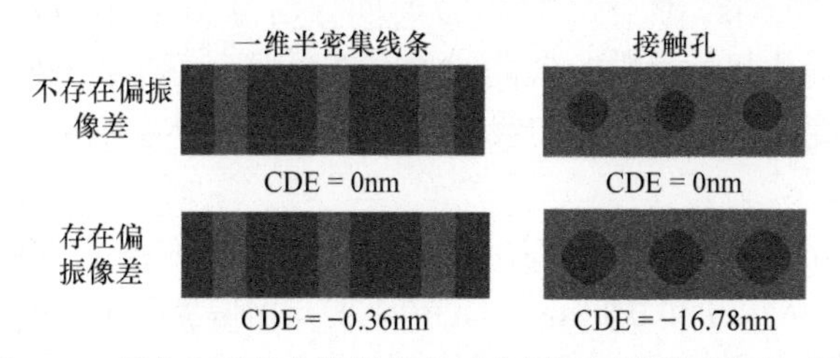

图 5.11　存在和不存在偏振像差时光刻胶图形保真度的对比

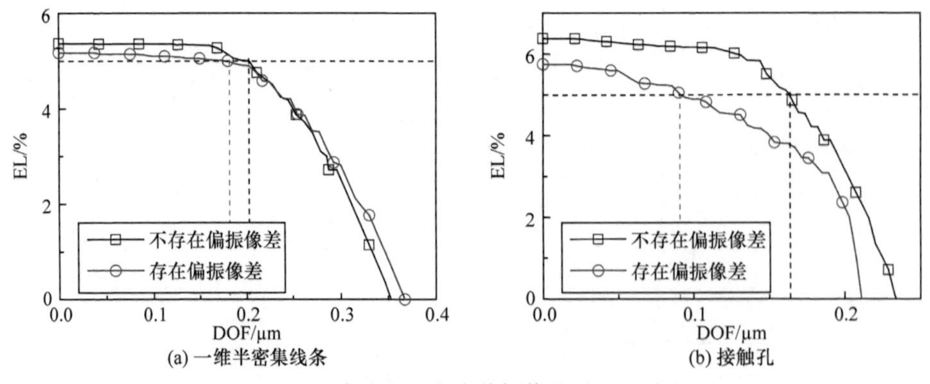

(a) 一维半密集线条　　(b) 接触孔

图 5.12　存在和不存在偏振像差时 PW 对比

如图 5.12 所示，EL = 5%时，一维半密集线条的 DOF 从 0.205μm 降到 0.18μm，接触孔的 DOF 从 0.163μm 降到 0.092μm。偏振像差的存在使 PW 有所减小。

本节采用 5.2.1 节优化后的参数配置作为初始值进行优化，为了减小偏振像差的影响，利用 NCG 方法对光源 σ_{out}、物镜像方 NA、PEB 热板时间、PEB 转移时间、PEB 冷板时间、显影时间、掩模 Bias、掩模透过率等参数协同优化，结果如表 5.6 所示。

表 5.6　存在偏振像差时多参数协同优化结果

优化参数	一维半密集线条优化结果	接触孔优化结果
光源 σ_{out}	0.83	0.9
像方 NA	1	1.09
PEB 热板时间/s	36.26	59.99
PEB 转移时间/s	10.21	10
PEB 冷板时间/s	14.63	30
显影时间/s	34.26	22.64
掩模 Bias/nm	26.26	15.67
掩模透过率	0.169	0.041

针对一维半密集线条和接触孔，优化后的显影时间相比初始值均有所增加，分别为 34.26s 和 22.64s，优化后的 PEB 时间分别为 61.1s 和 99.99s。存在偏振像差时多参数协同优化目标函数收敛曲线如图 5.13 所示。存在偏振像差时多参数协同优化，PEB 温度随时间的变化曲线如图 5.14 所示。存在偏振像差时 PW 优化结果如图 5.15 所示。

优化后的 PW 显著增大。针对一维半密集线条和接触孔，优化后 EL = 5%时的 DOF 分别为 0.462μm 和 0.23μm。DOF 比不存在偏振像差时光刻系统能得到的 DOF 分别小 0.096μm 和 0.126μm。

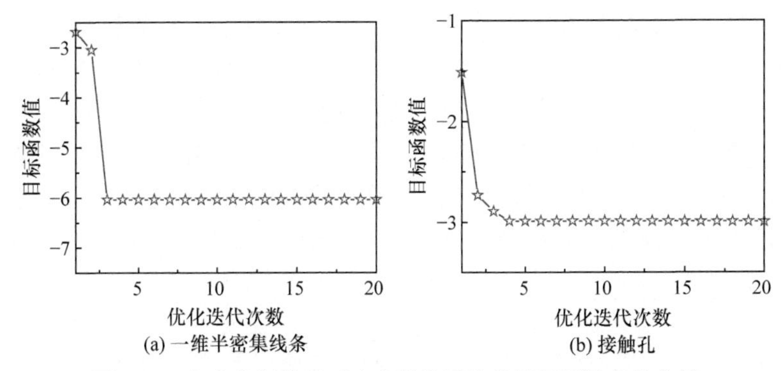

图 5.13　存在偏振像差时多参数协同优化目标函数收敛曲线

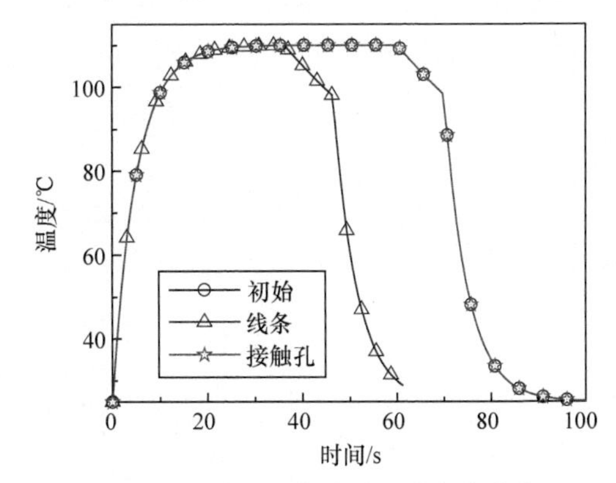

图 5.14　PEB 温度随时间的变化曲线

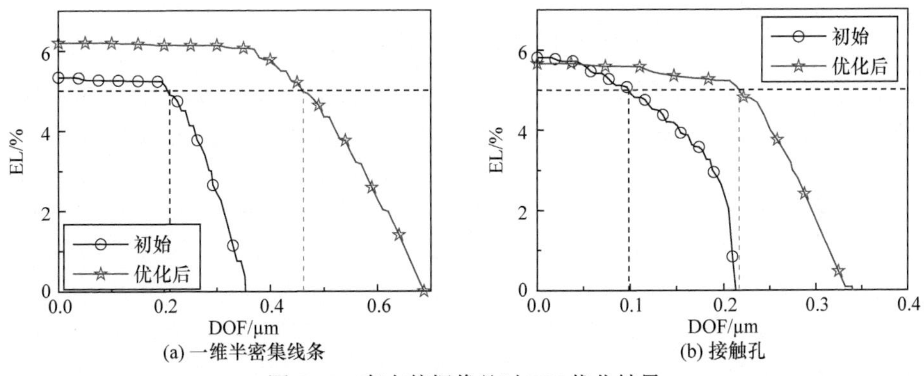

图 5.15　存在偏振像差时 PW 优化结果

从优化结果分析可知，偏振像差会导致 PW 减小，采用协同优化光源-掩模-工艺参数的方法可以降低偏振像差带来的影响，优化后可以实现较大的 PW。

2. 存在多种误差的光刻系统的多参数协同优化应用

由于光刻系统存在偏振像差、杂散光、工件台 MSD、工件台 z 方向振动等，会对光刻性能产生显著的影响[17-19]。通常，DUV 光刻机中的杂散光在 0.5%～5% 范围内[20-22]，工件台 MSD 可控制在 5nm 左右，z 方向振动控制在 20nm 左右[23]。在多参数协同优化技术中，采用上节所述偏振像差值、杂散光为 5%、工件台运动 MSD = 10nm、z 方向振动为 20nm。首先，分析上述多误差因素对成像性能的影响，然后通过协同优化光源-掩模-工艺参数的计算光刻技术，协同补偿这些因素对光刻成像性能的影响，实现高分辨、高保真、大 PW 的高性能光刻成像。

下面分析多种误差因素对成像性能的影响，将光源-掩模-工艺参数优化后的参数配置作为包含多误差(偏振像差、杂散光、工件台运动 MSD、工件台 z 方向振动误差)光刻系统优化的初始配置。优化前，单个误差因素和全部误差因素共同对 PW 的影响，如图 5.16 所示。图中，“初始”为仅存在偏振像差时的 PW，“全部”为所有误差均存在时的 PW。全部误差均存在时的 PW 显著变小。

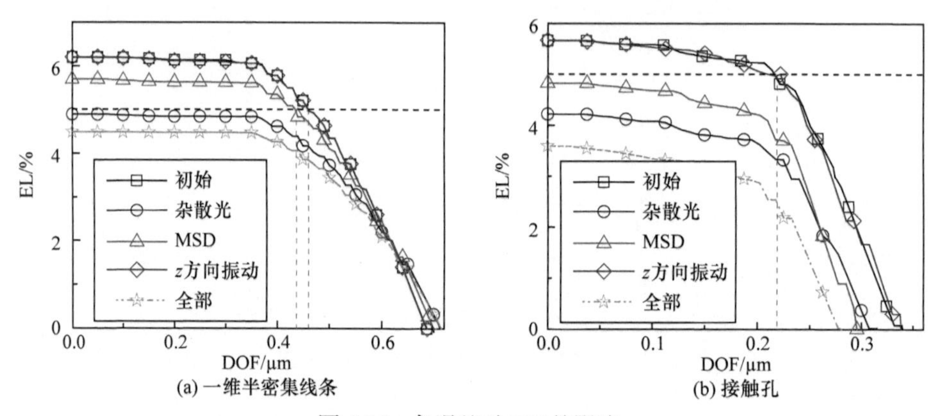

(a) 一维半密集线条　(b) 接触孔

图 5.16　各误差对 PW 的影响

利用 NCG 方法对光源 σ_{out}、物镜像方 NA、PEB 热板时间、PEB 转移时间、PEB 冷板时间、显影时间、掩模 Bias、掩模透过率进行协同优化，结果如表 5.7 所示。

表 5.7　光刻机多参数协同优化结果

被优化参数	一维半密集线条优化结果	接触孔优化结果
光源 σ_{out}	0.85	0.963
物镜像方 NA	1	1.05
PEB 热板时间/s	10	60
PEB 转移时间/s	10.18	10
PEB 冷板时间/s	14.12	30
显影时间/s	34.49	26.5
掩模 Bias/nm	25.443	29.24
掩模透过率	0.167	0.072

如图 5.17 所示，经过两到三轮的优化即可快速收敛到极小值点，实现光刻设备-掩模-工艺的多参数协同优化。

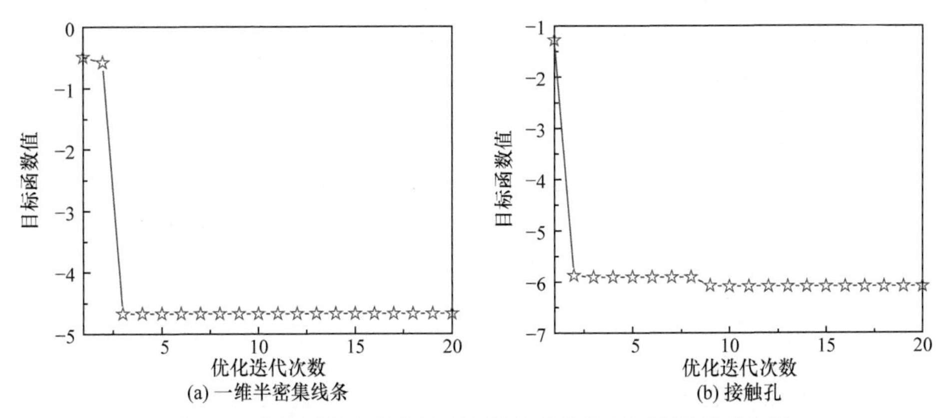

图 5.17　非零误差光刻系统多参数协同优化目标函数收敛曲线

非零误差光刻系统多参数协同优化 PW 结果如图 5.18 所示。针对一维半密集线条和接触孔图形，在多参数协同优化前 EL = 5%时对应的 DOF 均为 0，优化后 EL = 5%时对应的 DOF 分别为 0.469μm 和 0.381μm，较理想光刻机优化后的 0.558μm 和 0.356μm，分别小 0.089μm 和大 0.025μm。

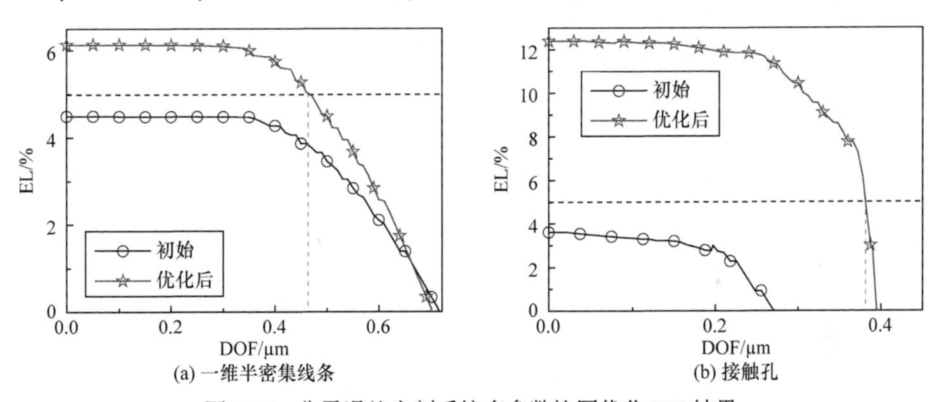

图 5.18　非零误差光刻系统多参数协同优化 PW 结果

结果表明，光刻机中存在偏振像差、杂散光、工件台运动 MSD、工件台振动误差时，会导致 PW 显著减小。为了降低这些误差的影响，协同优化光源-掩模-工艺参数可明显提高光刻成像的 PW。

参 考 文 献

[1] 伍强. 衍射极限附近的光刻工艺. 北京: 清华大学出版社, 2020.

[2] Mack C A. Fundamental Principles of Optical Lithography: the Science of Microfabrication. New

York: John Wiley and Sons, 2007.

[3] Smith M D, Mack C, Pertersen J S. Modeling the impact of thermal history during post exposure bake on the lithographic performance of chemically amplified resists// Advances in Resist Technology and Processing XVIII ,San Jose, 2001, 4345: 1013-1021.

[4] Granik Y. Source optimization for image fidelity and throughput. Journal of Micro/Nanolithography, MEMS, and MOEMS, 2004, 3(4): 509-522.

[5] Weichselbaum S, Bornebroek F, Kort T, et al. Immersion and dry scanner extensions for sub-10nm production nodes// Optical Microlithography XXVIII, San Jose, 2015: 942616.

[6] Kasprowicz B S, Conley W, Ham Y, et al. Tunable transmission phase mask options for 65/45nm node gate and contact processing// Optical Microlithography XVIII, San Jose, 2005, 5754: 1469-1477.

[7] Kachwala N, Petersen J S, McCallum M. High-transmission attenuated PSM: benefits and limitations through a validation study of 33%, 20%, and 6% transmission masks// Optical Microlithography XIII, San Jose, 2000, 4000: 1163-1174.

[8] Yang M C. Analytical optimization of high-transmission attenuated phase-shifting reticles. Journal of Micro/Nanolithography MEMS and MOEMS, 2009, 8(1): 13015.

[9] Lewellen J, Gurer E, Lee E, et al. Effect of PEB temperature profile on CD for DUV resist// Integraged Circuit Manufacturing V, Santa Clara, 1999, 3882: 45-54.

[10] Kang D, Robertson S. Measuring and simulating postexposure bake temperature effects in chemically amplified photoresists// Advances in Resist Technology and Processing XIX, Santa Clara, 2002, 4690: 963-970.

[11] Hansen S G. The resist vector: Connecting the aerial image to reality// Advances in Resist Technology and Processing XIX, Santa Clara, 2002, 4690: 366-380.

[12] Guo X J, Li Y Q, Dong L S, et al. Co-optimization of mask, process, and lithography-tool parameters to extend the process window. Journal of Micro/Nanolithography, MEMS, and MOEMS, 2014, 13(1): 13015.

[13] Ma X, Han C Y, Li Y Q, et al. Hybrid source mask optimization for robust immersion lithography. Applied Optics, 2013, 52(18): 4200-4211.

[14] Pret A V, Capetti G, Bollin M, et al. Combined mask and illumination scheme optimization for robust contact patterning on 45nm technology node flash memory devices// Optical Microlithography XXI, San Jose, 2008: 69243B.

[15] Rubingh R, Moers M, Suddendorf M, et al. Lithographic performance of a dual stage, 0.93NA ArF step & scan system// Optical Microlithography XVIII, San Jose, 2005, 5754: 681-692.

[16] 黄庆红. 国际半导体技术发展路线图(ITRS)2013 版综述(1). 中国集成电路, 2014, 23(09): 25-45.

[17] Renwick S P, Slonaker S D, Ogata T. Size-dependent flare and its effect on imaging// Optical Microlithography XVI, Santa Clara, 2003, 5040: 24-32.

[18] Jeong T M, Choi S W, Park J R, et al. Flare in microlithographic exposure tools. Japanese Journal of Applied Physics, 2002, 41: 5113-5119.

[19] Owa S, Nagasaka H. Immersion lithography: its potential performance and issues// Optical

Microlithography XVI, Santan Clara, 2003, 5040: 724-733.

[20] Matsumoto K, Matsuyama T, Hirukawa S. Analysis of imaging performance degradation// Optical Microlithography XVI, Santa Clara, 2003, 5040: 131.

[21] Fontaine B L, Dusa M, Acheta A, et al. Analysis of flare and its impact on low-k1 KrF and ArF lithography// Optical Microlithography XV, Santa Clara, 2002, 4691: 44-56.

[22] Yoshimura K, Nakano H, Hata H, et al. Performance of the FPA-7000AS7 1.35 NA immersion exposure system for 45-nm mass production// Optical Microlithography XXI, San Jose, 2008: 692410.

[23] Bouchoms I, Leenders M, Kuit J J, et al. Extending 1.35 NA immersion lithography down to X nm production nodes// Optical Microlithography XXV, San Jose, 2012: 83260L.